WebGIS开发

从入门到实践

吕利利　牛健平 ◎ 编著

清华大学出版社
北京

内 容 简 介

本书基于开源的 WebGIS 开发技术,内容涵盖 WebGIS 开发的基础知识和技术要点,并通过实际应用和案例分析,帮助读者更好地掌握相关知识,理解 WebGIS 的应用场景和开发需求。

本书共 12 章,系统论述 WebGIS 开发的技术要点和项目实践。其中:第 1～3 章为基础篇,第 1 章主要讲解 WebGIS 开发中的 Web 基础,第 2 章为 GIS 基础介绍,第 3 章介绍开源的 WebGIS 开发框架。第 4～10 章为高级篇,是基础篇的提升,内容涵盖 WebGIS 开发中的大部分技能和知识点。第 4 章为 GIS 应用服务介绍,第 5 章介绍使用较多的开源 GIS 服务器 GeoServer,第 6 章为空间数据管理的相关知识,第 7 章和第 8 章主要讲解 WebGIS 开发中的矢量数据和栅格数据渲染,第 9 章为地图控件的使用,第 10 章讲解常用的地图交互。三维篇是第 11 章,主要介绍 Cesium 框架的使用。实践篇是第 12 章,通过一个完整的案例,介绍 WebGIS 系统开发的全流程,对 WebGIS 开发的常用知识和技术点进行全面的贯穿和实践。

本书适用于 WebGIS 开发人员、GIS 系统管理员、相关 GIS 研究和开发人员、地理信息科学专业学生等人群,也适用于地理信息技术爱好者和其他相关领域的人员。

图书在版编目(CIP)数据

WebGIS 开发从入门到实践 / 吕利利,牛健平编著.
北京:清华大学出版社,2024. 10. -- ISBN 978-7-302-
67356-9

Ⅰ. P208
中国国家版本馆 CIP 数据核字第 2024TY8590 号

责任编辑: 袁金敏
封面设计: 杨玉兰
版式设计: 方加青
责任校对: 徐俊伟
责任印制: 宋 林

出版发行: 清华大学出版社
   网 址: https://www.tup.com.cn,https://www.wqxuetang.com
   地 址: 北京清华大学学研大厦 A 座   **邮 编:** 100084
   社 总 机: 010-83470000   **邮 购:** 010-62786544
   投稿与读者服务: 010-62776969,c-service@tup.tsinghua.edu.cn
   质 量 反 馈: 010-62772015,zhiliang@tup.tsinghua.edu.cn
印 装 者: 三河市人民印务有限公司
经 销: 全国新华书店
开 本: 185mm×260mm   **印 张:** 21.25   **字 数:** 504 千字
版 次: 2024 年 10 月第 1 版 **印 次:** 2024 年 10 月第 1 次印刷
定 价: 89.00 元

产品编号:106403-01

什么是 WebGIS？

顾名思义，WebGIS 等于 Web+GIS，它是基于 Web 环境中的 GIS。从字面意思理解，可以认为它是两种技术的融合。实际上，WebGIS 开发是指利用 Web 技术和 GIS 技术，将地理空间数据和地图呈现在 Web 页面上，实现在线地图浏览、查询、分析等功能的开发过程。WebGIS 具有跨平台使用、共享和协作、实时更新、响应式设计、低成本和易维护、大数据处理等优势，为用户提供更加便捷、高效、准确和可靠的空间信息服务。

与传统 PC 端 GIS 相比，WebGIS 应用程序可以通过 Web 浏览器直接访问，不需要在本地计算机上安装软件，应用更加轻量，对硬件的要求也较低。在数据交互方式上，WebGIS 应用程序通常通过地图服务、Web 服务、RESTful API 等方式获取空间数据和地图图层，与后端服务器进行交互，而 PC 端软件通常通过本地数据库或文件系统读写数据。WebGIS 的数据交互方式更加灵活，更便于共享与协作。在用户体验上，WebGIS 应用程序可以通过 Web 浏览器在多种设备上访问，具有良好的响应式设计和跨平台性。另外，它还解决了以文件方式管理大量数据的不便，也有效规避了使用 PC 端软件时的一些性能卡顿、数据管理混乱等问题。

WebGIS 的发展共经历了四个阶段。

（1）WebGIS 开发的起步阶段（20 世纪 90 年代—21 世纪初）：WebGIS 开发的早期阶段主要是以静态地图为主，此时的 WebGIS 应用主要用于展示静态地图和一些简单的查询功能。

（2）动态 WebGIS 开发的发展阶段（2000—2010 年）：随着 Web 技术的不断发展，WebGIS 也得到了快速发展。2005 年，Google 推出了 Google Maps，引领了 WebGIS 的新一轮发展。此时，WebGIS 应用开始具备了更加丰富的功能，如地图缩放、地图拖曳、地图标注等。

（3）移动 WebGIS 开发的兴起阶段（2010—2019 年）：移动设备和 4G 网络的普及，使得 WebGIS 应用开始面向移动设备进行开发。此时，WebGIS 应用主要是以响应式设计为主，适配不同的屏幕尺寸，可以提供更好的用户体验。同时，HTML5 和 CSS3 等技术的发展也为 WebGIS 应用提供了更加丰富的设计和交互效果。

（4）WebGIS 开发的现代化阶段（2020 年至今）：随着人工智能、大数据、云计算等技术的不断发展，WebGIS 应用也不断进行现代化升级。此时，WebGIS 应用开始具备更加高级的功能，如 3D 地图、虚拟现实、智能分析等。同时，WebGIS 应用也开始向云端化、微服务化、开放平台化等方向发展。

如今，WebGIS 应用已经成为现代地理信息技术的重要组成部分，为各种领域的应用提供强大的支持和帮助。使用 WebGIS 可以解决很多与地理信息有关的问题，如进行空间分析和决策支持、实现地图可视化和交互、进行城市规划和管理、环境监测和资源管理、农业生产和精准农业等。

随着地理数据的重要性日益凸显，越来越多的行业和领域需要使用 WebGIS。政府部门、企业、非营利组织和研究机构等都在寻找具备 WebGIS 开发技能的专业人才，以满足其业务需求。学习 WebGIS 开发不仅可以满足市场需求，还可以为读者提供广泛的就业和职场机会。此外，掌握有关地理信息系统、网络技术和数据可视化等多方面的知识，可为读者的个人成长和职业发展奠定坚实基础。

为什么写这本书？

撰写本书的初衷，是源于作者在 WebGIS 行业多年的开发实践与思考，以及对过去工作经历的总结和回顾。WebGIS 开发者需要学习多方面的技能与知识，包括但不限于以下几点。

（1）GIS 基础知识。开发者需要了解地图数据、坐标系与地图投影、投影转换等基础知识，以确保在应用中能够正确处理和展示地理信息。

（2）Web 开发技能。掌握 HTML、CSS、JavaScript 等 Web 开发技术，能够独立开发基础的 Web 应用程序是 WebGIS 开发的前提。

（3）GIS 软件。常用的软件如 ArcGIS、QGIS 等，开发者不仅要了解其功能和应用场景，还需要在 WebGIS 开发中能熟练运用这些工具进行数据处理。另外，对于常见的 GIS 服务器，如 GeoServer、MapServer 等也要有所掌握。

（4）WebGIS 开发框架。二维 WebGIS 开发框架如 OpenLayers、Leaflet、MapboxGL 等，了解各框架的特点和应用场景，熟练掌握各框架的使用。另外，随着 WebGIS 的发展和智慧城市等的推进，三维 WebGIS 开发变得日益重要，要求从业者具备一定的三维 GIS 开发能力，掌握三维 WebGIS 开发框架、开发原理等。

（5）数据库技术。开发者要了解数据库的基本概念和操作，能够熟练使用常用的数据库软件，如 MySQL、PostgreSQL 等，同时也要求对空间数据库有所掌握。

（6）服务器端编程技术。开发者要熟悉服务器端编程语言，如 Java、Python、Node 等，能够进行简单的服务器端程序开发。同时，还需要了解网络知识，熟悉 Web 应用程序的安全性问题，能够进行基本的服务安全保障，掌握基本的安全防范措施。

（7）数据可视化技术。开发者要了解数据可视化的基本原理和技术，能够使用常用的数据可视化工具，如 Canvas、WebGL、three.js、D3.js 等。

WebGIS 是一个相当庞大的知识体系。在实际工作中经常会遇到这样的现象：GIS 专业的学生 Web 开发能力比较薄弱，计算机专业的学生又缺乏 GIS 知识，甚至有很多零基础的开发"小白"，他们完全不清楚 WebGIS 开发该如何学起。顺着这个思路，笔者总结了在实际工作中遇到的各种问题，梳理了 WebGIS 开发中需要具备的相关知识，最终完成了本书。本书所涉及的技术内容立足于真实的市场需求，所有技术总结皆源于实践经验的积淀，可谓是一部"保姆级"的 WebGIS 开发参考书籍。

本书旨在为广大 WebGIS 开发人员提供一份实用性的开发指南，介绍 WebGIS 的基本原理、开发流程、技术选型、开发规范和案例分析等内容，帮助开发人员快速掌握 WebGIS 的开发方法和技巧，提高 WebGIS 应用的质量和效率。本书不仅涵盖 WebGIS 开发的基础知识和技术，还涉及 WebGIS 开发的实际应用和案例分析，以帮助开发人员更好地理解 WebGIS 的应用场景和开发需求。

写作的过程本身就是学习和总结的过程，在写作中需要反复推敲每一段文字、每一章内容，在深入思考的同时也获得了更多的收获。一方面，在与伙伴们讨论、交流和统稿的过程中，彼此学到了更多的知识；另一方面，也有机会对自己的技术有一个更全面的认识，进一步总结、提高。笔者从传统 GIS 转入 WebGIS 开发，这中间有过相当多的疑惑和焦虑。起初，是对于如何开发一无所知，无法融入工作中的开发流程；后来通过不断学习，逐渐掌握了开发新功能的能力，但又对开发出更高质量、更高效率和更高可用性的 WebGIS 系统提出了新的要求。正是在这样不断磨砺的过程中，积累了从零基础到实际 WebGIS 开发的一些经验和心得，并决定将这些经验凝结成本书的内容，供与笔者有相同需求的人借鉴，避免走弯路。

本书内容

本书分为四部分：基础篇、高级篇、三维篇和实践篇。

基础篇包括第 1 ~ 3 章，主要介绍 Web 基础、GIS 基础和 WebGIS 开发框架。首先，Web 作为 WebGIS 开发中的技术基础，第 1 章对 Web 开发语言、开发框架、网络基础、浏览器工作基础与调试方法、服务端基础以及数据库基础进行讲解。其次，GIS 基础是 WebGIS 开发中的思想核心，第 2 章介绍 GIS 数据、投影与坐标转换以及地理编码等内容。最后，第 3 章从核心类到每个具体类的使用，再到使用时的一些技巧，以及常用的三种 WebGIS 开发框架进行详尽讲解。

高级篇包括第 4 ~ 10 章，本篇内容对 WebGIS 从业人员提出了更高的要求，是基础篇内容的提升，涵盖 WebGIS 开发中的高阶知识。第 4 章讲解 GIS 应用服务，包括 OGC 标准介绍、地图切片和 GIS 服务器的相关内容。第 5 章重点介绍开源地图服务器 GeoServer，从 GeoServer 的安装、数据管理、安全等进行全面讲解。第 6 章着重介绍空间数据管理，涵盖地理空间数据在 WebGIS 中的使用、地理空间数据库及服务发布等内容。第 7 章基于第 3 章的内容，详细介绍三种 WebGIS 框架下矢量数据的渲染，深入讲解 WebGIS 中矢量数据的交互格式、数据加载与渲染实现。第 8 章则是对栅格数据的渲染进行说明，包括栅格瓦片的存储、发布、渲染，并结合三种框架对 WMS、WMTS、TMS 等服务的渲染方法和实现逻辑进行讲解。第 9 章介绍什么是地图控件，以及不同框架如何添加和扩展控件的方法。第 10 章为地图交互的相关内容，包括地图交互的解释，地图交互与控件的区别，默认地图交互以及矢量要素交互（选择、绘制、编辑与捕捉），同时还介绍不同框架中地图叠加层（Marker 和 Popup）的使用。

三维篇包括第 11 章，主要介绍三维 WebGIS 开发框架的使用和相关内容，对三维 GIS 最新的发展趋势、概念及三维相关的技术进行介绍，同时就三维 WebGIS 开发最常用的框架 Cesium 的使用进行示例讲解。

实践篇包括第 12 章，是关于 WebGIS 开发的实际应用。以开发一个二维 WebGIS 系统为例，介绍 WebGIS 系统开发的全流程，该流程适用于所有的 Web 系统及二维和三维 WebGIS 系统开发。本章的主要目的是通过一个需求案例，说明地理空间数据在 WebGIS 开发中使用的具体方法和流程，使读者对使用 WebGIS 框架渲染地理空间数据有更加清晰和完整的概念，对开发一个完整需求有全面的认识和了解。

适用对象

笔者在本书编写过程中参考了国内外的相关书籍、文献和资料，力求内容丰富、简明且具有高度的实用性。本书适用于以下读者群体。

WebGIS 开发从业者：不论是初学者还是有经验的开发人员，本书都能提供从基础到高级的技术指导，帮助他们全面掌握 WebGIS 开发的知识体系和实际操作技能。

GIS 系统管理员：本书为 GIS 系统管理员提供关于 WebGIS 系统架构、数据管理、服务发布以及安全保障等方面的深入讲解，帮助他们更好地管理和维护 WebGIS 系统。

地理信息科学专业学生：本书可以作为其重要的学习参考，帮助他们掌握 WebGIS 相关的理论基础和实践技能，拓展他们在地理信息领域的应用能力，为以后的求职就业奠定基础。

地理信息技术爱好者：本书内容覆盖 WebGIS 开发的各个方面，适合对地理信息技术感兴趣的读者深入了解这一领域，并尝试进行实际开发。

其他相关领域的人员：对于从事相关领域工作的人员，如城市规划、环境科学、交通管理等，本书也能够提供有价值的技术参考，助力他们在工作中更有效地利用 WebGIS 技术。

致谢

本书的编写使笔者深感知识的浩瀚与个人力量的有限。能够顺利完成本书离不开许多人的支持与帮助。在此，谨向所有在此过程中给予帮助和支持的老师、同行、朋友、同事和家人，表示最诚挚的感谢。

首先感谢所有在 WebGIS 行业中给予指导和启发的专家学者与同行朋友。你们的无私分享和专业讨论，使我们在 WebGIS 领域不断成长，并积累了丰富的实践经验，这为本书的编写奠定了坚实的基础。尤其感谢那些在我们陷入困惑时给予建议和帮助的人，特别是在本书写作过程中给予帮助的颉耀文老师。曾经在颉老师"地图学"课程中所学习的知识，不仅成为了我们做好 WebGIS 开发的重要基石，也成为了完成本书写作的基础。在本书编写初期，颉老师给出宝贵的指导意见，在最终定稿前，还审阅了第 2 章的内容，细致修正了其中的措辞不当和表达不清之处，确保了这一章内容的准确性。你们的智慧与见解无疑拓宽了本书的深度与广度，而你们的无私帮助更是本书得以顺利完成的关键。

同时，感谢与我们共事的同事和工作伙伴，本书的许多内容来源于我们在实际项目中的合作与经验总结。你们的支持与协作，为本书内容提供了众多真实的案例来源，你们的指导与分享，使本书的内容更加扎实。

最后，感谢广大读者朋友们的支持，你们的需求和期望是我们写作的动力，你们的意见和建议是我们改进的方向，我们诚挚地欢迎大家批评指正，以便在今后不断完善和更新本书内容。

　　本书是多方智慧和努力的结晶，本书的诞生离不开大家的指导与帮助。感谢所有给予我们帮助和支持的人，愿本书能够成为 WebGIS 开发人员、GIS 系统管理员、地理信息科学专业学生，以及所有地理信息技术爱好者的有力工具，帮助你们在 WebGIS 的世界中更好地探索与实践。愿我们在未来的工作中继续携手前行，共同探索 WebGIS 开发中新的可能性。

　　WebGIS 路漫漫其修亦远，吾将上下而求索！

吕利利　　牛健平

2024 年 8 月

目录 CONTENTS

高 级 篇

三 维 篇

实 践 篇

基　础　篇

　　基础篇是 WebGIS 开发需要的基本技能，包括 Web 基础、GIS 基础和 WebGIS 开发框架三部分内容。Web 基础和 GIS 基础是基石，开发框架是借助 Web 开发能力，将一些底层的 GIS 实现封装成更简便通用的方法，使用框架可以免去基础功能的开发，降低开发成本、提高开发质量。读者学习完本篇内容，就可以独立完成一些简单的系统开发。

第1章　　　　　　　Web 基础

　　WebGIS 开发是基于 GIS 业务中对地理数据操作的需要，以 GIS 原理与技术和 Web 技术为基础，开发一个 Web 端易操作的、可交互的应用程序。WebGIS 系统具有轻量、可定制性强等特点，通过使用互联网技术方法来管理地理空间数据，突破了传统 GIS 中数据管理的瓶颈，实现了地理数据在 Web 端的展示和交互。可以说，WebGIS 开发就是 Web 技术和 GIS 技术结合之后的结果，是互联网时代的产物。

　　WebGIS 开发实现了地理空间数据的线上化管理，使得对地理空间数据的操作能够在网页上进行。在这个过程中，Web 技术负责搭建起一个可以在网络环境中运行的基座，GIS 技术、原理和业务特点等为功能开发提供了实现思路，是 WebGIS 系统思想的核心。

　　在实现的分工上，一个 Web 系统的开发一般需要由前端开发和后端开发共同参与完成。前端开发负责页面呈现与交互，后端开发负责数据、服务和业务逻辑等。WebGIS 开发也是同样的模式，只不过，WebGIS 前端开发还需要实现地理数据展示、地理空间数据编辑等，这是与传统 Web 开发最大的不同。其次，WebGIS 开发还需要进行 GIS 服务、GIS 数据等的管理，这也是 WebGIS 开发的重点和难点之一。在后端开发方面，WebGIS 开发除管理地理数据的方式和数据管理模式等不同外，其他都是基于传统后端开发的技术方法体系。

　　在本书中，我们所讲的 WebGIS 开发大多时候都是指 WebGIS 前端开发。WebGIS 开发中，Web 技术能力和 GIS 技术都是必不可少的。其中，Web 基础主要包括 Web 开发语言、开发框架、浏览器、网络问题处理，以及一些服务端和数据库知识等。

1.1　开发语言

　　Web 开发语言主要包括 HTML、CSS 和 JavaScript，它们共同实现一个动态网页。其中，HTML 决定网页结构，CSS 描述网页的外观，JavaScript 实现网页中的交互操作。

1.1.1　HTML

　　HTML 的全称是超文本标记语言（HyperText Markup Language），1989 年由 Tim Berners Lee 发明，较新版在 2014 年 10 月由国际万维网联盟（W3C）公布发行（HTML 5，简称 H5），是当前使用的最新版本的 HTML 标准。

　　HTML 运行在浏览器中，由浏览器负责解析。它的主要功能是编写网页中的内容，一个 HTML 文件可以称为一个文档或者一个 Web 页面。学习 HTML 需要掌握的内容包括 HTML 的文档结构、HTML 的知识结构以及 HTML 5 的相关知识等。

1. HTML 的文档结构

HTML 作为一门标记语言，与编程语言的区别是，标记语言的书写是由一系列标签组成的。HTML 的每一个标签代表网页中的一项内容，一个完整的 HTML 文档需要包含文档声明、根元素标签、头部元素标签、内容标签，头部元素用来定义文档的基础信息，内容标签包含页面中所有可见的内容。

HTML 文档是一个后缀为 .html 或 .htm 的文件，代码 1-1 展示了一个完整 HTML 5 文档的结构，其中：

（1）<!DOCTYPE html> 为文档类型声明，告诉浏览器这个文档是使用 HTML 5 规范编写的。这个声明通常放在 HTML 文档的最前面，它的重要性在于可以帮助浏览器以正确的方式渲染页面，并确保开发者在编写代码时遵循相应的规范。

（2）<html> 为根元素标签。表示 HTML 页面从此处开始编写，这也是浏览器解析文档内容的开始。</html> 表示文档截止，页面的所有内容都需要写在 <html></html> 标签内。

（3）<head> 为头部元素，是一个包含了所有头部标签的容器。<head> 内部的元素可以包含文档的标题（<title>）、指向外部资源（如 CSS 文件）的链接、脚本、样式、元数据等。在元数据标签中，<meta charset="utf-8"> 定义网页使用 utf-8 编码；name="viewport" 说明该 Web 页面可以被用户缩放，并且针对移动端设备进行了优化；content="width=device-width, initial-scale=1.0" 指令中，width=device-width 标记指示视区宽度应为设备的屏幕宽度，initial-scale=1.0 设置了 Web 页面的初始缩放比例。<meta> 标签中还可以设置一些其他的指令，如使用 user-scalable 指定用户是否可以缩放视区（yes 表示允许缩放，no 表示不允许缩放），maximum-scale 和 minimum-scale 用于设置对 Web 页面缩放比例的限制，值的范围为 0.25 ～ 10.0，与 initial-scale 相同，这些指令的值均应用于视区内容的缩放比例。另外，在 <head> 标签中还可以引入一些外部文件，如样式文件、外部脚本等。<title> 标签描述了文档的标题，将上述文档在浏览器中打开，显示在浏览器窗口顶部的内容为该文档的标题，如本示例显示为"html 文档结构"。

（4）<body> 标签包含可见的页面内容，所有页面的元素都在这个标签中编写。如在本示例中，只定义了一个 id 为 app 的 <div> 标签。

代码 1-1　HTML 文档结构

```
<!DOCTYPE html>
<html>
<head>
    <meta charset="utf-8">
    <meta name="viewport" content="width=device-width,initial-scale=1.0">
    <title>html 结构 </title>
</head>
<body>
    <div id="app">html 结构示例 </div>
</body>
</html>
```

将代码保存为 .html 格式的文件，然后使用浏览器打开，效果如图 1-1 所示。这是本书的第一个 HTML 页面，可以看到，上述代码所生成的页面仅包含了一行文字："html 文档结构示例"。

图 1-1　第一个 HTML 页面

2. HTML 的知识结构

HTML 学习的知识结构包括基础语法、常用元素和标签、表单控件、HTML 5 的新增元素、SEO 优化和 Web 安全等。

（1）HTML 基础语法：包括 HTML 文档的基本结构、元素和标签的基本语法、元素和标签的嵌套及属性的使用方法等。

（2）常用 HTML 元素和标签：HTML 有很多常用的元素和标签，如 <h1>、<p>、<a>、<img>、<ul>、<ol> 等，需要掌握它们的语法和用途。

（3）表单控件：表单是 Web 页面中常用的交互元素，HTML 提供多种表单控件，如文本框、单选框、复选框、下拉框等，需要掌握它们的语法和用途。

（4）HTML 5 的新增元素：HTML 5 新增了一些元素，如 <header>、<footer>、<nav>、<section>、<article> 等，需要掌握它们的语法和用途。

（5）SEO 优化：在 Web 开发中，需要了解搜索引擎优化（SEO）的基本知识，例如，如何使用 HTML 元素和标签来提高网站的搜索排名等。

（6）Web 安全：在编写 HTML 代码时需要注意安全性，如了解如何防范跨文档传递（XSS）和跨站点脚本攻击（CSRF）等常见的安全问题。

这些知识可以帮助开发人员编写出高质量、安全、易用的 Web 页面，更多更详细的内容可以查阅相关资料。

3. HTML 5

HTML 5 对以前的版本进行了优化和改进，增加了更多语义化标签，例如：

（1）新增 article、footer、header、nav、section 等新的特殊内容元素。

（2）支持 canvas 绘图，新增 canvas 标签。

（3）新增用于媒介回放的 video 和 audio 标签，可以不使用第三方插件就访问和加载音 / 视频。

（4）增加一些新的表单控件，如 calendar、date、time、email、url、search 等，它们都可以以标签的形式使用。

（5）支持移动端开发、支持本地存储等。可以通过 HTML 5 来开发移动端小程序，还有对本地离线存储的支持，让前端开发的能力得到了很大提升。

HTML 的语义化标签让网页编写更加便捷，语义表达明确，编写的代码清晰易读。HTML 5 的很多新特性给开发带来了极大的便利，WebGIS 开发中经常需要使用标签实现一些效果，如使用 canvas 标签绘制一条路径、通过 DOM 进行点的标注等。后面章节中即将讲解的 WebGIS 开发框架中，MapboxGL 框架是通过 WebGL（使用的 canvas 标签）来渲染矢量数据，Leaflet 框架使用的是 DOM 方法。这些都是 HTML 标签及 HTML 5 新特性的一些具体使用，HTML 在不断发展，HTML 标准也在不断更新，读者需要了解每一种绘图方式的特点和优缺点，掌握 HTML 标签的使用。在开发中，还应该善于使用一些新特性和功能，以便能更好地提高开发效率，提高开发质量。

代码 1-2 是使用 canvas 标签绘制一个简单的矩形。通过 JavaScript 代码实现绘制的方法在 <script> 标签内完成，绘制一个长为 100、宽为 60、边框宽度为 2 个像素、边框颜色为红色的矩形。代码运行后的效果如图 1-2 所示。

代码 1-2　canvas 绘制一个矩形

```
<!DOCTYPE html>
<html>
<head>
    <meta charset="utf-8">
    <meta name="viewport" content="width=device-width,initial-scale=1.0">
    <title>chapter1-2</title>
</head>
<body>
    <div id="app"></div>
    <!-- 定义一个 canvas 标签 -->
    <canvas id="canvas" width="600" height="400"></canvas>
    <script>
        const canvas = document.querySelector('canvas') // 获取 canvas 元素
        let ctx = canvas.getContext('2d') // 获取画布上下文
        ctx.strokeStyle = 'red'          // 设置线条样式 - 红色边框
        ctx.lineWidth = 2                // 设置线宽 - 2 像素
        ctx.strokeRect(20, 20, 100, 60)   // 绘制矩形 ( 长 100 × 宽 60)
    </script>
</body>
</html>
```

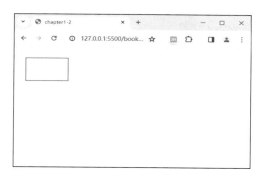

图 1-2　使用 canvas 标签绘制一个矩形

1.1.2　CSS

CSS（Cascading Style Sheets，层叠样式表）用来描述 HTML 文档的样式，决定 HTML 在网页中如何显示，包括针对不同设备和屏幕尺寸的设计与布局、HTML 标签在文档中的样式等。CSS 的主要作用是将样式信息与 HTML 文档分离，使 Web 开发人员可以更轻松地对页面进行样式设计和布局调整。使用 CSS 可以实现以下功能。

（1）定义颜色、字体、大小、边框、背景等基本样式。

（2）控制页面元素的位置、大小、对齐方式等布局属性。

（3）实现响应式设计，使网页可以自适应不同的屏幕大小和设备类型。

（4）实现动画效果和视觉效果，如渐变、阴影、旋转、缩放等。

（5）实现交互效果，如鼠标悬停、单击、选中等。

1. CSS 选择器

CSS 使用选择器（selector）定位 HTML 元素，并通过样式规则（style rules）定义这些元素的样式和布局。样式规则由选择器和一组属性 - 值对（property-value pairs）组成，如下所示：

```
selector {
    property1: value1;
    property2: value2;
    ...
}
```

2. CSS 标准

现行使用的标准规范为 CSS 3，它是由 W3C 在 2001 年 5 月 23 日完成的工作草案。CSS 3 是对 CSS 技术升级的版本，被拆分成了很多个模块，一些重要的模块如选择器、盒模型、背景和边框、文字特效、2D/3D 转换、动画、多列布局、用户界面等，每一个模块内部包含多个 CSS 属性。CSS 规范还会不断开发，在 Web 开发过程中，需要对新升级更新的标准规范不断跟进学习，以便能更好地进行 Web 开发和编写更加优美的 Web 页面。

3. CSS 引用

CSS 必须引用在 HTML 文档中，所设置的样式才能够生效。引用 CSS 常用的方法有四种。

1）外链式

外链式引入是在网页的 <head></head> 标签中，使用 <link> 标签来链接一个外部的 .css 文件。例如，引入 link.css 文件：

```
<link rel="stylesheet" href="./link.css">
```

2）导入式

和外链式差不多，都是在外部创建一个 .css 文件，只不过导入式是在 <style> 标签中通过 @import url(cssUrl) 方式导入，cssUrl 是指 css 文件的路径。例如，导入一个名为 index.css 的文件，可以使用如下方法：

```
<style>
    @import url('./index.css'); // 导入同级目录下的 index.css 文件
</style>
```

导入式和外链式都是引用的外部 .css 文件，但这两种方式在作用到 HTML 时却有很大的不同。首先，从加载顺序上，外链式是先加载 CSS，再显示 HTML；而导入式是先显示 HTML，再加载 CSS。其次，从网页渲染时 HTML 的表现来看，外链式能够保证在 HTML 渲染时就带有完整的样式，而导入式在网络环境不太好的情况下，可以让页面结构先渲染，页面样式等到 CSS 加载完成后再做绘制。两种方式各有优劣，需要结合实际的业务场景进行选择，不过，一般推荐使用外链式引入，这样能够保证页面在渲染出来时就带有设定的样式。

3）内嵌式

内嵌式是在 HTML 中创建一个 <style> 标签，把 CSS 样式写入标签内。<style> 标签可以写在 HTML 文档的任何位置，但通常是在 <head> 标签内。如定义一个 div 标签的样式，可以使用如下方式：

```
<style>
    div {
        height: 100px;              // 高度为 100px
        width: 200px;              // 宽度为 200px
        border: 1px solid black;   // 边框为 1px 的黑色实线
        background-color: pink;    // 背景为粉色
    }
</style>
```

4）行内样式

行内样式是直接把 css 代码放到 HTML 标签里面，作为 style 属性的属性值。如为一个 <div> 标签设置样式：

```
<div id="app" style="
    width: 200px;
    height: 100px;
    border: 1px solid black;
    background-color: red;
">
    我是 my-project 这个项目的第一个标签
</div>
```

上述四种方式引入 CSS 的区别是，它们的作用优先级不一样。其中，优先级最高的是行内样式，其次是内嵌式，再是导入式，最后是外链式。

通过修改 div 背景颜色的方法来观察不同方式 CSS 引入的优先级顺序。分别按照以下步骤创建和引入文件。

第一步，新建一个 import.css 的文件，用于导入式的样式。写入以下样式代码，将 div 的背景设置为蓝色。

```
div {
    height: 100px;
    width: 200px;
    border: 1px solid black;
    background-color: blue; // 背景为蓝色
}
```

第二步，新建一个 link.css 的文件，作为外链式的文件。加入下列代码，将 div 的背景设置为黄色。

```
div {
    height: 100px;
    width: 200px;
    border: 1px solid black;
    background-color: yellow; // 背景为黄色
}
```

第三步，将这两个文件和方式 3（内嵌式 CSS）、方式 4（行内样式）中的样式同时引入同一个 HTML 文档中，如代码 1-3 所示。

代码 1-3　CSS 样式引用

```html
<!DOCTYPE html>
<html>
<head>
  <meta charset="utf-8">
  <meta name="viewport" content="width=device-width,initial-scale=1.0">
  <title>chapter1-3</title>
  <!-- 1. 外链式 -->
  <link rel="stylesheet" href="./style/link.css">

  <style>
    /* 2. 导入式 */
    @import url('./style/import.css');

    /* 3. 内嵌式 */
    div {
      height: 100px;
      width: 200px;
      border: 1px solid black;
      background-color: pink;
    }
  </style>
</head>
<body>
<!-- 4. 行内样式 -->
<div id="app"  style="width: 200px; height: 100px; border: 1px solid black;
background-color: red;">css样式引入 </div>
</body>
</html>
```

下面进行对比，首先使用浏览器打开该文档。可以看到，在同时添加这四组样式的情况下，div 的背景颜色显示的是红色——生效的是行内样式。将行内样式去掉，只剩下内嵌式、导入式和外链式时，div 的背景显示为粉色——内嵌式的颜色。然后再去掉内嵌式，只剩下外链式和导入式，div 显示为导入式的蓝色背景。最后去掉导入式文件，div 背景才显示为黄色。这说明四种方式引入 CSS 的优先级顺序由高到低依次为行内样式→内嵌式→导入式→外链式。

4. CSS 知识结构

学习 CSS 需要掌握的知识结构包括如下几种。

（1）CSS 基础语法：CSS 使用选择器和样式规则来定义 HTML 元素的样式和布局，需要掌握选择器的语法和用法，以及样式规则中属性和值的语法和用法。

（2）盒模型：CSS 中用于描述 HTML 元素尺寸和位置的模型，需要掌握盒模型的组成部分、计算方式和应用方法等。

（3）布局和定位：CSS 可以用于控制 HTML 元素的布局和定位，需要掌握各种布局方式，如流式布局、浮动布局、弹性布局、网格布局等，还有定位方式，如相对定位、绝对定位、固定定位等。

（4）文本样式：CSS 可以用于控制 HTML 文本的样式，如颜色、字体、大小、对齐等，需要掌握各种文本样式属性的用法和效果。

（5）背景和边框：CSS 可以用于控制 HTML 元素的背景和边框，需要掌握各种背景和边框样式属性的用法和效果。

（6）动画和过渡：CSS 可以用于实现动画效果和过渡效果，需要掌握各种动画和过渡样式属性的用法和效果。

（7）响应式设计：CSS 可以用于实现响应式设计，使网页可以自动适应不同的屏幕大小和设备类型，需要掌握响应式设计的原理和实现方法。

熟练掌握这些内容可以帮助开发人员编写出高质量、灵活、适应性强的 Web 页面。在实际应用中，为了提高代码的简洁性、易读性，丰富 CSS 能力，提高网站的渲染性能等，人们对 CSS 的使用提出了更高的要求，从而产生了一系列高阶方法来使用和管理CSS，例如，使用类方式管理样式、使用 CSS 预处理器等（如 SCSS、Less、Stylus 等），以此来提高开发效率，提高 CSS 的能力。

5. CSS 高阶知识

随着浏览器、前端框架、打包工具等的发展，CSS 很多更高级的用法被广泛使用，包括 CSS 预处理器、CSS 模块化、CSS 自定义属性、CSS Grid 和 Flexbox、CSS 性能优化等，具体如下。

（1）CSS 预处理器：一种扩展 CSS 语言的工具，如 Sass、Less、Stylus 等。它们提供了变量、混合（mixin）、嵌套、函数等高级特性，使得 CSS 代码更加模块化和可维护。使用 CSS 预处理器，可以设置一个样式不用考虑浏览器的兼容性问题，预处理器会帮助我们解决。预处理器的编程特性让 CSS 适应性更强，可以在 CSS 类型中编写嵌套样式，使用变量、简单的程序逻辑、函数等。

（2）CSS 模块化：一种将 CSS 代码拆分成小模块的方法，每个模块只包含相关的样式规则，可以提高代码的可维护性和复用性。CSS 模块化有多种实现方式，如 BEM、SMACSS、OOCSS 等。

（3）CSS 自定义属性：一种定义和使用自定义属性的方法，如 --my-color：red，可以在 CSS 中引用这些自定义属性来定义样式。它们可以用于实现主题切换、响应式设计、动态样式等高级应用。

（4）CSS Grid 和 Flexbox：两种用于布局的强大的 CSS 属性。CSS Grid 可以实现复杂的网格状布局，Flexbox 则可以实现弹性盒子布局，两者都可以用于响应式设计。

（5）CSS 性能优化：一种优化 CSS 代码以提高页面性能和渲染速度的方法，包括减少 CSS 文件大小、使用 CSS 预处理器、缓存 CSS 文件、使用 GPU 加速、使用 CSS 动画代替 JavaScript 等技术。

6. CSS 注意事项

（1）浏览器兼容性：不同浏览器对 CSS 的实现可能存在差异，需要注意兼容性问题。

（2）性能：CSS 样式表文件的大小和数量对网页的性能有很大影响。需要优化 CSS，减少不必要的代码，避免使用过多的 CSS 文件，以提高页面加载速度和性能。

（3）命名规范：CSS 样式的命名应该具有一定的规范性，避免使用过于复杂或过于简单的命名，以便于代码的维护和管理。

（4）选择器性能：选择器的复杂度会影响 CSS 样式的渲染性能，应该尽量避免使用过于复杂的选择器，降低渲染的复杂度。

（5）布局：CSS 的布局方式和盒模型会对页面布局产生影响，需要注意不同布局方式的优缺点，选择最合适的布局方式。

（6）代码规范：CSS 代码应该具有一定的规范性和可读性，遵循代码缩进、注释、代码组织等规范，以便于代码的维护和管理。

CSS 更加详细的内容同样可以参考本书参考文献中的资料进行学习。Web 开发需要特别注重 CSS 知识的学习，正确使用 CSS，编写出高质量、高效、易维护的 CSS 代码，同时也提高 Web 页面的优美度和高效率响应。

小提示： CSS 的兼容性可通过 Can I use 网站查询，如图 1-3 所示。

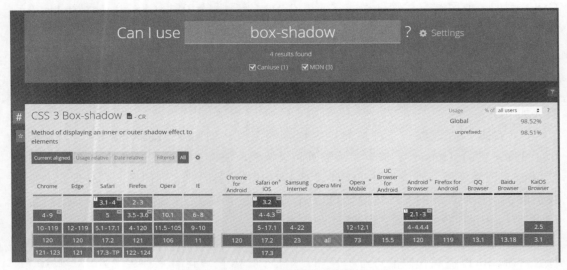

图 1-3　Can I use 网站查询浏览器兼容性

1.1.3　JavaScript

JavaScript 是一种脚本语言，它在网页中的作用是控制 HTML 元素的行为，如改变 HTML 元素的样式、触发事件执行用户交互等。JavaScript 出现以前，网页只能是一种静态的页面，JavaScript 的出现使网页和用户之间实现了一种实时的、动态的、可交互的关系。JavaScript 是维护用户和网页之间交互的重要技术，具有非常强大的功能。

JavaScript 也是在浏览器中运行，并由浏览器负责解析和编译。同样，它也有自己的语言标准，JavaScript 是由 ECMA（欧洲电脑制造商协会）通过 ECMAScript（ES）来实现标准化的。ECMAScript 每年都会有新的提案增加进来，对 ES 标准进行更新升级（现已更新到 ES15）。

1. JavaScript 组成

实际上，一个完整的 JavaScript 应该由三部分组成，分别是 ECMAScript、DOM 和 BOM。

（1）ECMAScript 是一种语法规定，它规定了语言的语法类型、语句、关键字、保留字、操作符和对象等。

（2）DOM（Document Object Model，文档对象模型）是当网页被加载时，浏览器将 HTML 编译后形成的一种特殊的页面结构（称为 DOM 树）。DOM 树把整个页面映射为一个多层节点结构，浏览器对一个网页进行渲染时，通过 DOM 树关联 CSS 和程序代码完成展示。DOM 是一个使程序和脚本有能力动态地访问和更新文档的内容、结构以及样式的独立于平台和语言的接口。

（3）BOM（Browser Object Model，浏览器对象模型）定义可以进行操作的浏览器的各功能部件的接口。JavaScript 通过访问 BOM 对象来访问、控制、修改浏览器。它是一种用来描述对象与对象之间层次关系的模型，主要用来处理浏览器窗口的内容。

2. BOM 对象

BOM 在不同浏览器的实现方式有所不同，表现也有一定差别，但总体包括以下能力。

（1）Windows 对象。通过该对象可以获取文本框的宽高（windows.innerWidth）、浏览器窗口的宽高（windows.outerWidth）、打开（windows.open("/")）或关闭（windows.close( )）新窗口等。这个对象在页面一经加载就由浏览器自行创建，不需要开发者手动创建。也就是说，只要页面加载完成，就可以通过 Windows 来访问相关的属性。

（2）Navigator 对象。该对象提供浏览器相关信息，包括浏览器名称、版本号、操作系统等。它还提供了一些与浏览器功能相关的方法，如获取用户的地理位置等。

（3）Screen 对象。提供用户屏幕相关信息，如有关屏幕分辨率、颜色深度和可用窗口大小等信息。

（4）History 对象。用于管理浏览器窗口的历史记录。通过这个对象，可以在浏览历史记录中向前或向后导航，以及在不同的页面之间进行跳转。如 history.back 返回上次访问地址，history.back (2) 返回上上次访问的地址，以此类推。

（5）Location 对象。表示当前加载文档的 URL 信息。它允许获取和修改当前页面的 URL，包括协议、主机、端口、路径、查询参数等。

（6）XMLHttpRequest 对象。用于在后台与服务器进行数据交互。它允许发送 HTTP 请求并接收响应，以实现异步通信和更新页面内容。

（7）其他对象，如弹出框 alert、confirm 确认框、prompt 输入框、计时器等。

3. JavaScript 作用

浏览器的这些能力都需要用到 JavaScript 来获取并使用，JavaScript 在 Web 端开发中的主要作用如下。

（1）读写 HTML 元素，实现动态操作 DOM。

（2）对浏览器事件做出响应，执行数据交互。

（3）在数据提交到服务器之前做数据校验，并能够监测浏览器的信息，如记录和维护 cookies 等。

（4）作为服务端开发语言，如通过 Node.js 技术进行服务端编程。

代码 1-4 的功能是在浏览器中创建和加载地图。运行该代码，可以看到如图 1-4 所示的效果。

代码 1-4　OpenLayers 初始化地图

```
<!DOCTYPE html>
<html>
  <head>
    <title>Map</title>
    <link rel="stylesheet" href="https://openlayers.org/en/v4.6.5/css/ol.css"
```

```
type="text/css">
    <script src="https://openlayers.org/en/v4.6.5/build/ol.js"></script>
    <style>
      .map {
        width: 100%;
        height: 100%;
      }
    </style>
  </head>
  <body>
    <div id="fullscreen" class="fullscreen">
      <div id="map" class="map"></div>
    </div>
    <script>
      var view = new ol.View({
        center: [-27134284.06636128, 4846385.604799764],
        zoom: 8
      });
      var map = new ol.Map({
        layers: [
          new ol.layer.Tile({
            source: new ol.source.OSM()
          })
        ],
        target: 'map',
        view: view
      });
    </script>
  </body>
</html>
```

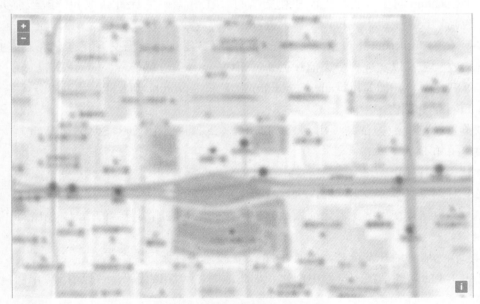

图 1-4　实现一个加载地图的功能

本例中，在 <head> 标签中通过 <link> 引入 OpenLayers 样式文件，通过 <script> 引入 OpenLayers 静态包，在 <style> 标签中定义了地图容器的大小。在 <body> 标签中，定义了一个 id 为 map 的 <div> 作为绘制地图的容器。在 <script> 标签中，通过 JavaScript 代码完成地图的加载，即 <script> 标签所包含的内容。

12

4. JavaScript 知识结构

JavaScript 知识库庞大，需要学习的内容较多。

（1）掌握 JavaScript 基础语法、DOM 操作、事件处理、函数和作用域、对象和面向对象编程、异步编程和回调函数、Ajax 和数据交互、模块化和库 / 框架等内容。

（2）JavaScript 拥有非常丰富的库和框架，如 jQuery、React、Vue.js 等，可以加快开发效率和提高代码质量。

（3）JavaScript 与 HTML、CSS 结合使用，实现高效、灵活、交互性强的 Web 页面。

（4）JavaScript 还可以通过 Node.js 等技术，实现服务器端编程，开发高性能、可扩展的 Web 应用程序。

（5）JavaScript 的高阶知识包括闭包、高阶函数、Promise 和异步编程、Generator 和异步编程、Proxy 和元编程、ES6 模块化、Web Worker 等。

JavaScript 在 Web 开发中发挥着非常重要的作用，网页的动态效果、用户交互、表单验证、构建前端框架和库、异步编程、服务器端编程、移动应用程序开发等这些功能，都通过 JavaScript 实现，Web 开发需要在这块多下功夫学习。

JavaScript 的强大功能使页面从静态变成了动态。但是，随着动态网页、数据交互等需求的大量涌现，开发者实现这些功能必须通过 JavaScript 操作 DOM 来完成，这样 JavaScript 的弊端就逐渐暴露了出来。

（1）DOM 问题。频繁操作复杂的文档对象模型，不论从开发者角度还是页面性能，随着需求的增多和复杂，都会出现一些瓶颈性的问题。

（2）浏览器问题。由于 JavaScript 在各浏览器中的实现方式不一，所以在不同浏览器中的兼容性难以统一。

（3）工具问题。在 Web 开发之初，缺少便捷的开发和调试工具。

可见，随着动态页面的开发，不仅需要考虑是否能提供完备的功能，还需要考虑页面的美观性，考虑提高用户体验，开发更加流畅的网站。为了解决或者避开以上开发中的痛点，需要提供一种简便的 JavaScript 设计模式，优化 HTML 文档操作、事件处理、动画设计和 Ajax 交互。于是，开发框架开始出现。与 JavaScript 直接操作 DOM 相比，开发框架使用起来更加方便，开发效率也极大地提高了。

1.2　开发框架

Web 开发不断面向工程化发展，诞生出了很多开发框架。行业中使用较多的以 Vue、React 和 Angular 为主，更早的还有 jQuery、Bootstrap 等。建立开发框架的目的，是为了解决 Web 开发中遇到的一些问题和挑战，解决开发中遇到的一些重复的、复杂不易解决的实际问题，提高开发效率，使开发变得更加高效、可维护和规范化。每个框架都拥有自己一套完整的生态系统，具备解决某些特定问题的能力，并配套相关的构建、打包工具等，从而使 Web 开发逐渐变得简单化。

需要说明的是，开发框架都是使用 JavaScript 代码实现的，学习 Web 框架必须具备一定的 JavaScript 基础。

1.2.1　Vue

Vue 是一套用于构建用户界面的渐进式的 JavaScript 框架，它基于标准的 HTML、CSS 和 JavaScript 构建，并提供了一套声明式、组件化的编程模型，帮助用户高效地开发用户界面。无论是简单的还是复杂的界面，Vue 都可以胜任。Vue 有两个核心功能：声明式渲染和响应性。

（1）声明式渲染：Vue 基于标准的 HTML 拓展了一套模板语法，使得我们可以声明式地描述最终输出的 HTML 和 JavaScript 状态之间的关系。

（2）响应性：Vue 会自动追踪 JavaScript 状态，并在其发生变化时响应式地更新 DOM。

1. 渐进式框架

Vue 是一个框架，也是一个生态。Vue 的功能覆盖了大部分前端开发常见的需求，但 Web 世界是十分多样化的，不同的开发者在 Web 上构建的东西可能在形式和规模上会有很大的不同。考虑到这一点，Vue 的设计非常注重灵活性和"可以被逐步集成"这个特点。根据需求情况不同，可以用不同的方法使用 Vue。

（1）无须构建步骤，渐进式增强静态的 HTML。

（2）在任何页面中作为 Web Components 嵌入。

（3）单页应用（SPA）、服务端渲染（SSR）。

（4）Jamstack/ 静态站点生成（SSG）。

（5）开发 PC 端、移动端、WebGL，甚至是命令行终端中的界面。

我们称 Vue 为渐进式框架的原因是，对于初学者而言，只需要具备基础的 HTML 和 JavaScript 知识，就可以使用 Vue。而一个有经验的开发者，可以从以上多种方式中选择最佳方式来使用 Vue。但不论选择哪种方式，Vue 都可以保持相同的开发效率。在不断继承的过程中，它与用户共同成长，适应用户的不同需求，所以又称为"渐进式"框架。

2. 单文件组件

Vue 的一个标志性功能是单文件（也被称为 *.vue 文件，英文 Single-File Components，缩写为 SFC），单文件组件会将一个组件的逻辑（JavaScript）、模板（HTML）和样式（CSS）封装在同一个文件里，以"模板 +JavaScript+CSS"的形式呈现。在 Vue 项目中，如果您的用例需要进行构建，我们推荐用单文件来编写 Vue 组件。一个单文件组件示例如代码 1-5 所示。

代码 1-5　Vue 单文件组件

```
<!-- 模板 -->
<template>
  <p class="greeting">{{ greeting }}</p>
</template>

<!-- JavaScript -->
<script>
export default {
  data() {
    return {
      greeting: 'Hello World!'
    }
```

```
    }
  }
</script>

<!-- CSS -->
<style>
.greeting {
  color: red;
  font-weight: bold;
}
</style>
```

Vue 是一个轻量级的框架，核心库只关注视图层，不仅易于上手，还便于与第三方库或既有项目进行整合。但是，使用 Vue 框架必须要掌握一些基础知识，如通过多种方式创建一个 Vue 项目（命令行方式、CDN 等）、模板语法、响应式双向数据绑定、事件处理、Vue 生命周期等。

3. Vue 知识结构

在 Vue 项目应用规模化后，需要清楚 Vue 单文件 SFC 的工作模式、Vue 的构建工具、路由管理、状态管理，以及了解 Vue 生命周期等。

（1）Vue SFC。它是 Vue 框架指定的文件格式，必须交由 @vue/compiler-sfc 编译为标准的 JavaScript 和 CSS 才能够工作。编译后的 SFC 是一个标准的 JavaScript（ES）模块，所以，使用 SFC 必须使用构建工具。在构建配置正确的前提下，用户可以像导入其他 ES 模块一样导入 SFC。

（2）脚手架。Vue CLI 是基于 Webpack 的 Vue 工具链，通常在 Vue2.x 项目中使用，现处于维护模式。Vue3.x 中推荐使用 Vite，除非用户依赖特定的 Webpack 的特性，现阶段还是建议使用 Vite 开始新的项目。

（3）路由管理。Vue 很适合用来构建单页应用，在这类单页应用中，推荐使用官方支持的路由库——Vue Router。它与 Vue.js 核心深度集成，让用 Vue.js 构建单页应用变得轻而易举。Vue Router 的功能包括嵌套路由映射、动态路由选择、模块化、基于组件的路由配置、路由参数、查询、通配符、展示由 Vue.js 的过渡系统提供的过渡效果、细致的导航控制、自动激活 CSS 类的链接、HTML 5 的 history 模式或 hash 模式、可定制的滚动行为、URL 的正确编码等。路由管理是 Vue 项目开发中的重要内容。

（4）状态管理。理论上，每一个 Vue 组件实例都在"管理"它自己的响应式状态。每一个 Vue 组件都由状态、视图、交互三部分组成，每一项都是一个独立的单元。对于一个"单向数据流"，这三部分的驱动过程很好理解。但当有多个组件共享一个共同的状态时，多个视图可能都依赖于同一份状态，或者来自不同视图的交互可能需要更改同一份状态。这种情况可以使用响应式 API 进行简单的状态管理，但对于大型项目而言又显然不够。Vue 官方开发了 Vuex、Pinia 状态管理库，可用于解决上述问题。其中，Pinia 在 Vue 2 和 Vue 3 中都可以使用，Vuex 适用于在 Vue 2 中使用，现在处于维护模式，新项目建议选择 Pinia。

（5）生命周期。每个 Vue 组件实例在创建时都需要经历一系列的初始化步骤，例如设置数据侦听、编译模板、挂载实例到 DOM 以及在数据改变时更新 DOM 等，每一个过程的执行都需要运行被称为"生命周期钩子"的函数，让开发者有机会在特定阶段运行自己的代码。例如，mounted 钩子在组件完成初始渲染并创建 DOM 节点后运行，在这个钩子中，我们可以执行给 DOM 节点赋值等操作。还有一些其他钩子，会在实例生命周期的不同阶段被调用，可以查看官方 API 了解每个钩子的具体内容。

上述内容我们反复提到 Vue 3.x 和 Vue 2.x，Vue 2.x 是最初通行的 Vue 版本，Vue 3.x 是当前最新的版本。它们还在不断发展，后面可能还会有新的版本更新，可以参考 Vue 官方 API 进行了解和学习。

1.2.2 React

React 是由 Facebook 打造而成的一套 JavaScript Web 库，主要用于构建高性能及响应式的用户界面。React 负责解决其他 JavaScript 框架所面对的一大常见难题——对大规模数据集的处理。React 使用虚拟 DOM，并在发生变更时利用补丁安装机制对 DOM 中的 dirty 部分进行重新渲染，是一种函数式的编程理念。当您刚开始一个 React 应用时，可以通过 HTML 的 script 标签引入，这样可以立即启动并使用 React。但随着应用的规模越来越大，可能需要更加集成化的方式安装，这时可以使用集成的工具链，它们只需很少甚至零配置，就能充分利用丰富的 React 生态。React 推荐的工具链如下。

（1）Create React App：适用于学习 React 或创建一个新的单页应用。

（2）Next.js：适用于使用 Node.js 构建服务端渲染的网站。

（3）Gatsby：适用于构建面向内容的静态网站。

（4）Neutrino：把 Webpack 的强大功能和简单预设结合在一起，包括 React 应用和 React 组件的预设。

（5）Parcel：一个快速、零配置的网页应用打包器，且可以搭配 React 一起工作。

（6）Razzle：一个无须配置的服务端渲染框架，它提供了比 Next.js 更多的灵活性。

使用 React 工具链可以完成的任务：扩展文件和组件规模、使用来自 npm 的第三方库、尽早发现常见错误、在开发中实时编辑 CSS 和 JS、优化生产输出等。

React 是一个 JavaScript 库，学习 React，同样需要对 JavaScript 语言有基本的了解。

1. React 特点

React 框架的特点如下。

（1）不直接对 DOM 进行操作，引入一个"虚拟 DOM"的概念，安插在 JavaScript 逻辑和实际的 DOM 之间，使用性能较好。

（2）虚拟 DOM 解决了跨浏览器问题，提供标准化的 API，甚至在 IE 8 中使用都是没有问题的。

（3）代码更加模块化，重用代码更容易，可维护性高。

（4）Flux 是一个用于在 JavaScript 应用中创建单向数据层的架构，它随着 React 视图库的开发而被 Facebook 概念化，遵循单向的数据驱动流程。

（5）兼容性好。

2. React 知识结构

1）JSX

JSX 是一个 JavaScript 的语法扩展，React 提供了使用了 JSX 来代替实现的方法，它不强制使用。但在开发时还是建议配合 JSX 使用，因为它可以很好地描述 UI 应该呈现出的应有交互的本质形式。JSX 从形式上来看，可能和模板语言有点相似，但它具有 JavaScript 的全部功能，JSX 表达式、JSX 对象等在学习 React 时都需要掌握。

2）组件和 Props

组件允许用户将 UI 拆分为独立可复用的代码片段，与 Vue 框架的组件概念类似。组件类似于 JavaScript 函数，它可以接受任意的入参（即 props），并返回用于描述页面展示内容的 React 元素。在 React 中，组件的类型有函数组件、class 组件、渲染组件和组合组件，其中 JavaScript 函数是最简单的定义组件的方式，其次是 ES6 的 class 组件，渲染组件和组合组件在使用中的场景最多。React 应用程序是由组件组成的，组件可以小到一个按钮，也可以大到整个页面。组件在开发中随时都会用到，是必须要掌握的一项内容。

3）生命周期

在具有许多组件的应用程序中，当组件被销毁时释放所占用的资源是非常重要的。例如，当一个组件第一次被渲染到 DOM 中时，为其设置一个计时器，"第一次被渲染到 DOM 中"在 React 中被称为"挂载（mount）"。而当 DOM 中的该组件被删除时清除计时器，"组件从 DOM 中删除"在 React 中被称为组件"卸载（unmount）"。我们可以为组件声明一些特殊的方法，当组件挂载或卸载时就会去执行这些方法，这些方法叫做"生命周期方法"。

除上述基础知识外，在实际应用中还需要学习更多的高阶知识，如代码分割、高阶组件、性能优化等，这些决定了我们能否提高工作效率、开发出更多更好用的功能。

1.2.3 Angular

Angular 也是一个基于 TypeScript 构建的开发平台，包括一个基于组件的框架，用于构建可伸缩的 Web 应用；一组完美集成的库，涵盖各种功能，包括路由、表单管理、客户端 - 服务器通信等；一套开发工具，可帮助用户开发、构建、测试和更新代码。

1. Angular 特点

（1）模板功能强大丰富，并且是声明式的，自带丰富的 Angular 指令。

（2）是一个比较完善的前端 MVC 框架，包含模板、数据双向绑定、路由、模块化、服务、过滤器、依赖注入等所有功能。

（3）自定义 Directive（指令），比 jQuery 插件还灵活，但是需要深入了解 Directive 的一些特性。简单的封装容易，复杂一点的话官方没有提供详细的介绍文档，可以通过阅读源代码来找到某些我们需要的东西，如在 directive 使用 $parse。

（4）ng 模块化。比较大胆地引入了 Java 的一些内容（依赖注入），能够很容易地写出可复用的代码，对于敏捷开发的团队来说非常有帮助。

2. Angular 知识结构

学习 Angular 需要掌握的主要知识要点如下。

1）组件

组件是 Angular 应用的关键构造块。每个组件包括一个 HTML 模板——用于声明页面要渲染的内容、一个用于定义行为的 TypeScript 类、一个 CSS 选择器——用于定义组件在模板中的使用方式、要应用在模板上的 CSS 样式（可选）。

用户可以手动创建一个组件，也可以使用 Angular CLI 创建一个组件。其中，Angular CLI 是用来创建组件最简单的途径。

2）模板

每个组件都有一个 HTML 模板，用于声明该组件的渲染方式。用户可以以内联的方式或用文件路径来定义此模板，Angular 使用额外的语法扩展了 HTML，使用户可以从组件中插入动态值。当组件的状态更改时，Angular 会自动更新已渲染的 DOM——此功能的应用之一是插入动态文本。

3）依赖注入

依赖注入让用户可以声明 TypeScript 类的依赖项，而无须关心如何实例化依赖项。这种设计模式能让用户写出更加可测试，也更灵活的代码。尽管了解依赖注入对于开始用 Angular 并不是至关重要的事，但我们还是强烈建议用户将其作为最佳实践，并且 Angular 自身的方方面面都在一定程度上利用了它。

另外，Angular 最显著的特征是其整合性，它是由单一项目组常年开发维护的一体化框架，涵盖 M、V、C/VM 等层面，不需要组合、评估其他技术就能完成大部分前端开发任务。这样可以有效降低决策成本，提高决策速度，对需要快速起步的团队是非常有帮助的。

上述三种框架各有优劣，开发者可根据项目需要或个人爱好进行选择。本书中的所有示例都是基于 Vue 框架开发，其中一些简单的小型 demo 也会使用一个静态页面（如 1.1.3 节中的示例）。用户可以参照这种模式，如果是开发一些小型的、功能不复杂的 demo，可以使用一个静态页面来用作演示或测试使用。如果是功能比较复杂或者需要部署的系统，推荐以工程化方式来实现。搭建一个完整 Vue 工程的示例，在本书第 12 章中有详细介绍。

1.3 网络基础

网络是一个 Web 系统正常运行的基础，我们通常使用的网络（包括互联网）都拥有一套非常完整的理论基础，并且在这些理论基础的支撑下才能够运行。

网络基础首先要了解的是网络协议，网络协议指计算机网络中互相通信的对等实体之间交换信息时所必须遵守的规则的集合，由语义、语法、时序三个要素组成。语义是解释控制信息每部分的意义，语法是用户数据与控制信息的结构与格式、数据出现的顺序，时序是对事件发生顺序的详细说明。计算机之间进行信息交换，就像我们说话用某种语言一样，各台计算机之间也有一种语言，这就是网络协议。不同的计算机之间，必须使用相同的网络协议才能进行通信。

为了使不同计算机厂家生产的计算机能够相互通信，以便在更大的范围内建立计算机网络，国际标准化组织（ISO）在 1978 年提出了"开放系统互联参考模型"，即著名的 OSI/RM 模型（Open System Interconnection/Reference Model）。它将计算机网络体系结构的通信协议划分为七层，自下而上依次为物理层、数据链路层、网络层、传输层、会话层、表示层、应用层。

1. 七层协议

（1）物理层（Physical Layer）。规范有关传输介质的特性，如连接头、帧、帧的使用、电流、编码及光调制等，都属于各种物理层规范中的内容。物理层用多个规范完成对所有细节的定义，这些规范通常也参考了其他组织制定的标准，常用的协议如 Rj45、802.3 等。

（2）数据链路层（Data Link Layer）。又名网络接口层，用来处理连接网络的硬件部分，包括控制操作系统、硬件的设备驱动、NIC（Network Interface Card，网络适配器，即网卡）、光纤等物理可见部分（还包括连接器等一切传输媒介）。硬件上的范畴均在链路层的作用范围之内，如 WiFi（IEEE 802.11）、令牌环、以太网、中继器等。

（3）网络层（Network Layer）。用来处理在网络上流动的数据包，该层规定通过怎样的路径（所谓的传输路线）到达对方计算机，并把数据包传送给对方。与对方计算机之间通过多台计算机或网络设备进行传输时，网络层所起的作用就是在众多的选项内选择一条传输路线。

（4）传输层（Transport Layer）。对上层提供处于网络连接中的两个计算机之间的数据传输，传输层包括两个不同性质的协议：TCP（Transmission Control Protocol，传输控制协议）和 UDP（User Data Protocol，用户数据报协议）。

（5）会话层（Session Layer）。它定义了如何开始、控制和结束一个会话，包括对多个双向消息的控制和管理，以便在只完成连续消息的一部分时可以通知应用，从而使表示层看到的数据是连续的。在某些情况下，如果表示层收到了所有的数据，则用数据代表表示层，会话层如 RPC、SQL 等。

（6）表示层（Presentation Layer）。这一层的主要功能是定义数据格式及加密。例如，FTP 允许用户选择以二进制或 ASCII 格式传输，如果选择二进制，那么发送方和接收方不改变文件的内容，如果选择 ASCII 格式，发送方将把文本从发送方的字符集转换成标准的 ASCII 后发送数据，在接收方将标准的 ASCII 转换成接收方计算机的字符集。常用的表示层示如加密、ASCII 等。

（7）应用层（Application Layer）。是与其他计算机进行通信的一个应用，它是对应应用程序的通信服务的。例如，一个没有通信功能的字处理程序不能执行通信的代码，从事字处理工作的程序员也不关心 OSI 的第 7 层。但是，如果添加了一个传输文件的选项，那么字处理器的程序就需要实现 OSI 的第 7 层。常用的协议示例如 TELNET、HTTP、FTP、NFS、SMTP 等。

2. TCP/IP 模型

OSI 是一种理论下的模型，借鉴了 OSI 这些概念建立的 TCP/IP 模型，则是目前被广泛使用的模型，并成为网络互联事实上的标准。TCP/IP（Transport Control Protocol/Internet Protocol，传输控制协议 / 网际协议）是指能够在多个不同网络间实现信息传输的协议簇，TCP/IP 不仅仅指 TCP 和 IP 两个协议，而是指一个由 FTP、SMTP、TCP、UDP、IP 等协议构成的协议簇，只是因为在 TCP/IP 中，TCP 和 IP 最具代表性，所以被称为 TCP/IP。TCP/IP 是由一些交互性的模块做成的分层次的协议，其中每个模块提供特定的功能，分层与 OSI 之间有一定的联系和区别。

网络部分的内容相对比较枯燥，但它是开发一个互联网系统的基础，Web 开发者必须要掌握。例如要访问一个网站，从在浏览器导航栏中输入 http：//www. xxx.com 地址开始，到用户要浏览的内容在浏览器页面上显示出来，这个过程中有一大部分是与网络有关。WebGIS 系统本身就是开发一种对地理数据处理和交互的 Web 网站，对网络的依赖不可少，所以网络是其中一项必备的技能。

1.4 浏览器

浏览器作为 HTML、CSS 和 JavaScript 运行的宿主环境之一，运行在浏览器中的代码都是由浏览器负责解析，并最终渲染成我们所看到的页面。浏览器相关的内容也比较多和复杂，本节主要对浏览器工作基础和浏览器代码调试两方面进行讲解。

1.4.1 浏览器的工作基础

下面讲解在网络环境正常的情况下访问一个互联网系统，从在地址栏中输入网址并按 Enter 键，到最终页面显示，浏览器都做了哪些工作。

1. 浏览器的渲染流程

浏览器进程会通过进程间通信把 URL 传给网络进程，网络进程接收到 URL 后，会执行浏览器导航、服务器响应，以及浏览器解析和渲染几个过程。

1）浏览器导航

Web 页面导航的第一步是寻找页面资源的位置。以输入访问地址 http：//xxx.com 为例，如果没有访问过这个网站，浏览器会先向域名服务器发起 DNS 查询，最终得到一个 IP 地址。在第一次请求后，这个 IP 地址可能会被缓存一段时间，这样在下次访问时就可以从缓存里检索 IP 地址而不是通过域名服务器进行查询，以提高访问速度。另外，如果 Web 页面的所有资源都存放在一个位置，通常仅需要一次 DNS 查询。而如果页面的字体、图像、脚本等分别存放在不同的主机，则在解析时就需要对每一个主机都进行 DNS 解析。

一旦获取到服务器的 IP 地址，浏览器就会尝试与该服务器建立连接，并从服务器上获取资源。对于 Web 网站来说，这通常是一个 HTML 文件。

2）服务器响应

服务器收到来自客户端的请求，它会将响应头和 HTML 内容返回，由客户端负责对响应的内容进行解析和渲染。

3）浏览器解析和渲染

解析是浏览器将接收到的内容转换为 DOM 和 CSSOM 的过程，渲染则是通过渲染器把 DOM 和 CSSOM 绘制成网页，包括样式、布局和绘制。图 1-5 所示为浏览器进行页面渲染的过程，浏览器接收到的响应文件在 HTML 解析器、JavaScript 引擎等的共同作用下生成一个用于表示网页的内部树结构，浏览器使用该结构树进行布局和绘图，生成最终呈现给用户的页面效果。

浏览器从发出请求到页面渲染完成总共经过了两个过程：一是从服务器上获取资源，二是文件解析和页面渲染。从服务器上获取资源经过的是一系列的网络过程，文件解析和页面渲染则全部由浏览器完成。

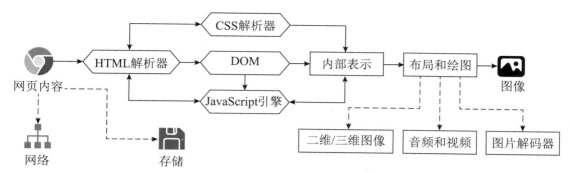

图 1-5　浏览器渲染流程

2. 浏览器渲染

浏览器进行页面渲染的第一步，是将从服务器上获取到的文件进行解析，这些文件通常包括 JavaScript、HTML、CSS 和一些图片等静态文件。从文件解析到页面渲染，需要经过以下几个过程。

（1）构建 DOM 树。渲染进程中，由 HTML 解析器处理 HTML 标记并生成 DOM 树。需要注意的是，HTML 解析器可以处理 HTML 标签、图片和 CSS，但如果遇到 <script> 标签，则需要引入 JavaScript 引擎执行解析。

（2）构建 CSSOM 树。DOM 树是表示网页的文档结构树，CSSOM 树则是一种浏览器将节点样式转换为自身可以理解和使用的样式映射，是用来描述 DOM 节点样式的树状结构。浏览器遍历 CSS 中的每个规则集，根据 CSS 选择器创建具有父、子和兄弟关系的节点树，递归地优化计算的样式，形成与 DOM 树相关联的树状样式结构。

（3）Render Tree 和页面渲染。浏览器从 DOM 树的根节点开始，遍历每个可见节点，给每个可见节点都应用其 CSSOM 规则，形成一个新的渲染树（Render Tree）。渲染树完成将所有相关样式匹配到 DOM 树中的每个可见节点，然后在渲染树上计算每个节点的几何体进行布局。布局完成后，通过浏览器的绘图功能，将各节点绘制到屏幕上，完成页面的渲染。

3. 浏览器引擎

上述浏览器渲染的过程中，HTML 和 CSS 解析、布局、绘制、合成都是由浏览器渲染引擎完成的。浏览器在解析 HTML、CSS 并创建 CSSOM 时，其他资源，包括 JavaScript 文件也在下载。在这个过程中，由于 JavaScript 解释、编译、解析和执行等的加入，可能会使得某些过程存在一些阻塞的情况。浏览器各解析器间的工作过程复杂，各种情况的解析顺序和可能导致阻塞的情况更是不同，要掌握更加详细的浏览器渲染引擎的工作原理，可以查看各环节具体的官方文档以进一步了解。

JavaScript 脚本在浏览器中最终被解析为抽象语法树（Abstract Syntax Tree，AST）。大部分情况下，浏览器是单线程执行的，所以一些浏览器引擎使用抽象语法树将其传递到解析器中，输出到主线程上执行字节码，这个过程就是所谓的 JavaScript 编译，由 JavaScript 引擎完成。其中，JavaScript 编译过程如下。

（1）词法分析：将 JavaScript 代码分解为单词（Token）序列。

（2）语法分析：将单词序列转换为抽象语法树。

（3）代码优化：对 AST 进行优化，减少代码执行时间和资源消耗。

（4）代码生成：将 AST 转化为可执行的机器码。

编译过程会对代码进行解析和优化，优化好的 JavaScript 代码可以提高网页性能和用户体验，使网页更加流畅，响应更加快速。

浏览器引擎作为浏览器的核心组成部分之一，负责将网页资源转换为可视化的网页，执行 JavaScript 代码，实现网页动态效果。但是，由于浏览器厂家不同，各浏览器的渲染引擎也不相同。目前主流的渲染引擎有 Trident（IE 浏览器）、Gecko（Firefox 浏览器）、WebKit（Safari 浏览器）、Chromium/Blink（Chrome 浏览器）等。

浏览器渲染引擎所依赖的每一个模块都基于复杂的原理，需要大量实践才可以精通。Web 开发一定要掌握浏览器的渲染原理，掌握浏览器各模块之间的相互关系，这样才有助于我们更好地完成工作。

1.4.2　浏览器调试

浏览器调试是开发过程中一个非常重要的环节，它可以帮助开发者定位和修复代码中的问题。在前端开发中，浏览器调试工具是一个非常有用的工具，它通过对网页解析、数据收集、网络监控等技术，以及与浏览器的交互，帮助开发人员调试和优化网页代码。浏览器调试工具如下。

（1）元素查看器。可以查看网页中的元素，修改元素属性，包括 HTML 属性、CSS 属性等。在 Chrome 浏览器中，可以右击，并在弹出的快捷菜单中选择"检查"选项打开元素查看器。

（2）控制台。可以输出调试信息，查看 JavaScript 的错误和告警，执行 JavaScript 代码。在 Chrome 的调试器中，可以选择 Console 选项打开控制台。

（3）网络监控。可以监控网页中的网络请求，查看请求和响应的详细信息。在 Chrome 的调试器中，可以选择"网络"选项打开网络监控。

（4）JavaScript 调试器。可以帮助开发人员调试 JavaScript 代码，包括设置断点、单步执行、查看变量值等。在 Chrome 浏览器中，可以选择浏览器调试工具中的 Sources 选项打开 JavaScript 调试器。

（5）移动设备模拟器。可以模拟不同的设备和网络环境，以便在不同环境下测试网页的兼容性。在 Chrome 浏览器中，可以通过在浏览器调试工具中选择"移动设备模式"选项打开移动设备模拟器。

不同的浏览器调试工具可能会存在一些差别，我们以 Chrome 浏览器为例，按 F12 键或使用 Ctrl+Shift+I 组合键，或者在浏览器页面上右击，在弹出的快捷菜单中选择调试工具（或称为开发者工具），如图 1-6 所示。可以看到，我们所使用的版本共包括 10 个常用的工具，分别为 Elements（元素）、Console（控制台）、Sources（源代码 / 来源）、Network（网络）、Performance（性能）、Memory（内存）、Application（应用）、Security（安全）、Lighthouse、Layers（图层）。表格 1-1 对这几个主要工具的功能进行了说明。

图 1-6　浏览器调试工具

说明： 使用时需要注意，不同浏览器或同一浏览器的不同版本中，调试工具的界面会有所不同。甚至同一版本的不同语言环境下，界面也会存在差异。

表 1-1　浏览器调试工具介绍

面板	描述
元素 Element	查看 DOM 元素、编辑 CSS 样式，用于测试页面布局和设计页面
控制台 Console	可以看作一个 JavaScript Shell，能执行 JavaScript 脚本，通过 Console 还能和页面中的 JavaScript 对象交互
源代码 / 来源 Source	查看 Web 应用加载的所有文件，编辑 CSS 和 JavaScript 文件内容，将打乱的 CSS 文件或者 JavaScript 文件格式化，支持 JavaScript 测试功能，设置工作区，将更改的文件保存到本地文件夹中
网络 Network	展示页面中所有的请求内容列表，查看每项请求的请求行、请求头、请求体、时间线以及网络请求瀑布图等信息
性能 Performance	记录 Web 应用生命周期的各种时间，分析执行过程中影响性能的要点
内存 Memory	查看运行过程中的 JavaScript 占用堆内存情况，追踪是否存在内存泄漏等
应用 Application	查看 Web 应用的数据存储情况，包括 PWA 基础数据（IndexDB、Web SQL）、本地和会话存储（Cookie、Session Storage、Local Storage）、应用程序缓存、图像、字体、样式表等
安全 Security	显示当前页面一些基础的安全信息
Lighthouse	用于网页或移动端性能监测的工具
图层 Layers	展示一些渲染过程中分层的基础信息

另外，需要说明的是，浏览器调试工具的作用并非只体现在样式控制、代码调试，它还可以进行网页性能检测、浏览器存储等。随着浏览器版本的升级，浏览器插件也不断产生。如 DevTools 工具就是一款专为支持 Vue 组件调试而打造的插件，具有很好的 UI 交互界面，非常适合使用 Vue 框架时的开发调试。有了这些调试工具，会让我们的开发效率大大提高，代码调试的成本极大减少。

1.5 服务端基础

服务端基础包括服务端开发、Web 服务器和服务安全。在 WebGIS 开发中，服务端开发不仅管理地理数据，还包括对业务数据的管理及业务逻辑的实现。服务器主要指承载 Web 运行的服务器。服务安全是所有互联网系统都需要考虑的内容，服务安全不仅在服务部署，在代码开发的各环节都需要严格注意。

1. 服务端开发

服务端开发也叫后端开发。一般是根据客户端的请求，从服务器获取数据并处理相关业务逻辑，最后将结果反馈到客户端的一种方式。客户端在执行交互操作的过程中，会不断向后端服务发送请求，服务端会对客户端的每一个请求都做出回应。用户在客户端执行完成一个动作后，会根据服务端给出的响应结果，以一定方式在页面上将操作结果呈现出来。

WebGIS 系统中的业务数据和一些地理数据是由后端服务在数据库中进行维护的，后端服务在 WebGIS 开发中既要提供业务数据查询，也要提供地理数据查询。

服务端开发需要掌握的内容也很多，整体包括以下几方面。

（1）编程语言：选择一种适合的编程语言，如 Java、Python、PHP、Ruby、JavaScript 等。编程语言的选择可根据业务特点、个人喜好或团队要求进行，一般来说，以上任何一种语言都能够满足一个后端服务的开发。

（2）选择适合自己编程语言的框架，如 Java 的 Spring Boot、Python 的 Django、PHP 的 Laravel、Ruby 的 Rails、Node 的 Express 等。开发框架可以帮助开发人员快速构建后端服务，提供一些基础功能，如路由、控制器、模板、ORM 等。

（3）API 设计与实现：如果需要提供 Web 服务接口，需要设计和实现 API（Application Programming Interface）。API 需要定义接口协议、参数、返回值等内容，以便开发人员使用。

（4）性能优化：Web 开发服务端需要考虑性能问题，如减少数据库查询、使用缓存、压缩数据等。开发人员需要采取一些措施来提高 Web 应用程序的性能，并同时保护数据安全等。

2. Web 服务器

选择一种适合自己编程语言的 Web 服务器，常见的如 Tomcat、Apache、Jetty、Nginx、IIS 等。Web 服务器可以帮助开发人员接收请求和响应，处理 Web 应用程序的业务逻辑。Web 系统需要部署在服务器上才能够在线上运行和访问。

另外，对于 WebGIS 开发中需要重点掌握的 GIS Server，具体在第 4 章和第 5 章中详细介绍。GIS Server 的种类有很多，如 GeoServer、MapServer 等，GIS Server 可以实现地理数据的发布，通过调用所发布的服务，将数据在 Web 端呈现出来，并支持一些交互。

3. 服务安全

互联网和 Web 技术广泛使用，使 Web 应用安全所面临的挑战日益严峻，Web 系统时时刻刻都在遭受各种攻击的威胁。在这种情况下，需要制定一个完整的 Web 安全策略来防止 Web 安全问题的出现，通常需要 Web 应用程序、Web 服务器软件、Web 防攻击等几方面的共同配合，以确保整个网站的安全。

任何一个简单的漏洞、疏忽都会使整个网站受到攻击，造成巨大损失。Web 安全是一个需要长期持续的工作，随着 Web 技术的发展和更新，Web 攻击手段也在不断发展，针对这些最新的安全威胁，需要及时调整 Web 安全防护策略，确保 Web 攻击防御的主动性，使 Web 网站在一个安全的环境中为企业和客户服务。

从整体上来讲，Web 安全通常包括的内容有保护服务器及其数据的安全、保护服务器和用户之间传递信息的安全、保护 Web 应用客户端及其环境安全等。对于服务端开发而言，防止服务安全问题的出现，常可以采取的措施有防止服务端请求伪造、防止存在注入类的漏洞、避免不安全的设计漏洞、应用程序认证和验证机制、保障软件和数据完整性、加密机制和越权访问限制等。

Web 安全实际上是一个非常庞大且复杂的工程，对于服务端开发来讲，需要尽可能使用更多的 Web 防攻击策略，保证应用程序本身的安全。除此之外，使用一些安全的服务器、内网部署等都属于 Web 安全的策略。

1.6 数据库基础

在使用 PC 端 GIS 时，数据大多以文件方式管理。而在软件系统中，数据大多通过数据库或服务（GIS 服务）的方式进行管理、分发。这么做的原因如下。

（1）利用互联网技术的优势。软件系统中以文件方式管理和操作地理数据，失去了互联网系统的高效率性。且由于地理数据单个文件较大，单次的重复读取效率较低。使用数据库则不同，一个服务只需要与数据库建立一次连接，便可进行多次读写，且能够批量操作，数据处理速度和响应能力都会更优。

（2）使用数据库管理更加方便统一。以地理数据的矢量数据为例，在数据库表中，使用一条记录来存储一个矢量要素，矢量要素的空间信息和属性信息可以同时存储在这一条记录的不同列中。当该要素需要在网页中进行展示时，只需要服务端将该元素的相关信息过滤出来，客户端调取接口获取相关数据，然后通过 WebGIS 技术展示到页面上即可。这种方式可以对大批量数据进行集中统一管理，且不易丢失，不易损坏，数据安全性和可维护性都能得到保障。除此之外，在一些业务比较复杂的系统中，我们还可以将空间信息和属性信息分表存放，降低每张表的存储量，以此提高对业务的响应能力，且不影响对地理空间数据的统一管理。

（3）使用数据库或服务方式，对于提高系统的访问速率、提高数据的查询能力等，都具有文件方式管理不可比拟的优势。

与传统 GIS 相比，WebGIS 所使用的技术方法对于优化系统性能、保护数据安全性等的优势远不止上述三点。WebGIS 开发者必须对数据库知识有一定的了解，包括数据入库、地理数据存储、数据检索等，具备基本的数据库操作和 SQL 语句使用。大概包括以下内容。

（1）关系型数据库：了解常用的关系型数据库，如 MySQL、PostgreSQL、Oracle、SQL Server 等。

（2）数据库设计：掌握数据库设计的基本原则和方法，如实体 - 关系模型（ER 模型）、范式理论等。

（3）SQL 语言：掌握 SQL（Structured Query Language）语言的基本语法和常用命令，如 SELECT、INSERT、UPDATE、DELETE 等。

（4）数据库管理：掌握数据库管理的基本操作，如备份、恢复、优化、监控等。

（5）数据库事务：了解数据库事务的概念和特点，掌握事务的基本操作和实现。

（6）数据库安全：了解数据库安全的概念和重要性，掌握数据库安全的基本措施，如用户管理、权限控制、加密等。

（7）非关系型数据库：了解常用的非关系型数据库，如 MongoDB、Redis 等。

（8）数据库应用：了解数据库在 Web 开发中的应用，如 Web 应用程序的数据存储、数据查询、数据分析等。

数据库的类型很多，一般对于数据量较小的业务系统，使用关系型数据库，如 PostgreSQL、SQL Server、Oracle 等就能够满足要求。而对于数据量大或读写要求较高的系统，还需要用到非关系型数据库，如 MongoDB、Redis、HBASE 等。对于 WebGIS 开发，需要重点了解的是不同数据库的空间扩展，如 PostgreSQL 数据库对应的是 PostGIS，MySQL 对应的是 MySQL Spatial，Oracle 数据库的空间函数是 Oracle Spatial，这些需要 WebGIS 开发者重点掌握，6.2 节会进行更详细的介绍。

1.7　小结

本章对 WebGIS 开发中所需要具备的 Web 基础知识进行了介绍，Web 开发是 WebGIS 开发的基础。既要求掌握 Web 开发技术，如 HTML、CSS、JavaScript，也要具备工程化思想，掌握常用前端框架如：Vue、React 等。另外，还需要了解网络和浏览器，它们分别是 Web 系统运行的基础和主要宿主环境之一，需要掌握网络各链路层的基础原理，能够解决基本的网络问题。使用浏览器需要掌握它的工作原理、渲染机制，学会使用浏览器调试工具。浏览器是前端开发的主要工作平台，需要对浏览器做到熟练使用。最后，需要对服务端和数据库基础有所了解，包括了解服务端开发、Web 服务器、服务安全，掌握数据库的基础使用，了解数据库的空间扩展函数等。WebGIS 是 GIS 理论在 Web 系统中的应用，Web 是 WebGIS 开发的基础，掌握 Web 开发基础，是学习 WebGIS 开发的第一步。

## 第 2 章

GIS 基础

WebGIS 是在 Web 中使用 GIS，实现网络环境中 GIS 数据的展示、空间信息管理和发布、空间分析等。GIS 是 WebGIS 开发的基础，主要包括以下几方面内容。

（1）GIS 数据：是构建 WebGIS 应用程序的基础，包括矢量数据、栅格数据和统计数据等。在 WebGIS 开发中，需要了解不同数据格式、数据源、数据处理技术及使用，如 Shapefile、GeoJSON、WMS、WMTS、矢量切片等。

（2）地图投影：是将球面地图投影到平面上的过程。在 WebGIS 开发中，需要了解不同的地图投影方式及各种不同投影的特点和适用场景，如经纬度坐标系、UTM 投影、墨卡托投影等。

（3）空间数据存储：是将地理信息存储到数据库的过程。在 WebGIS 开发中，需要了解空间数据库的设计、数据模型、空间索引和查询等技术，如 PostGIS、MySQL Spatial、Oracle Spatial 等。

（4）地图渲染：是将地图数据显示为可视化图形的过程。在 WebGIS 开发中，需要了解不同的地图渲染技术和第三方库，如 OpenLayers、Leaflet、MapboxGL 等。

（5）地图服务：是提供地图数据和功能的网络服务。在 WebGIS 开发中，需要了解不同的地图服务类型和标准，如 WMS、WMTS、TMS 等。

（6）空间分析：是对地理信息进行空间计算和分析的过程。在 WebGIS 开发中，需要了解不同的空间分析算法和库，如 GeoTools、Turf.js 等。

说明：本章主要针对 GIS 基础，包括 GIS 数据、地图投影和坐标转换、地理编码等基础知识的讲解，地图渲染部分在第 6 ～ 8 章中进行介绍，空间数据存储和地图服务也会有独立的章节进行讲解，其中会穿插有关空间分析的内容，可在具体章节中进行查看。

2.1　GIS数据

2.1.1　矢量数据

矢量数据是以点、线、面的形式来表示客观世界中的实体，是 GIS 中对空间实体的一种表达模式。同一个空间实体既可以被抽象成点，也可以被抽象成线或面中的一种。一个矢量要素的表达需要包括地理空间信息和属性信息，地理空间信息决定了地理实体在某一坐标系中的位置，属性信息是从多个维度对地理要素进行描述，通过属性信息可以制作专题图、用于地理空间分析等。

在表现形式上，矢量数据包括三类：点、线、面。在 GIS 中，它们的表示方式和展示形式各不相同。图 2-1 所示为点、线、面的坐标表示和坐标点编码，图中 A 表示一个点，使用一个（x,y）坐标点对进行编码。B 为一条线，使用多个有序的（x,y）坐标点进行表示。C 为一个面，可以看到，表示面的坐标是一组有序且首尾相连的（x，y）坐标点，否则构不成面。

在 GIS 中，矢量数据通常以 Shapefile、GeoJSON、KML 等格式进行存储和处理。同时，可以使用 GIS 软件，如 ArcGIS、QGIS 等对矢量数据进行可视化、分析和管理。

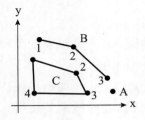

类型	特征值	坐标
点	A	x, y
线	B	x1, y1；x2, y2；x3, y3
面	C	x1, y1；x2, y2；x3, y3；x4, y4；x1, y1

图 2-1　点、线、面数据的表示

1. 点数据

点实体可以代指由单独一对（x，y）或（x，y，z）坐标定位的一切地理或制图实体。在矢量数据结构中，除存储点实体的坐标数据外，还应该存储一些与实体有关的属性数据，如用来描述点实体类型、制图符号或显示要求等的数据。点是空间上不可再分的地理实体，可以是具体的，也可以是抽象的，如地物点、文本位置点或线段网络的节点等。点数据在 GIS 应用中具有广泛的应用。

（1）点标注：点数据可以用于标注地图上的重要地点或地物，如城市、机场、景点、医院等，以便用户快速定位和识别。

（2）点聚合：点数据可以用于对大量点进行聚合，以便更好地显示和分析数据，如在地图上显示热点分布、人口密度等。

（3）点分析：可以通过点数据进行分析，例如计算点之间的距离、寻找最近邻点、进行空间插值等。

（4）点采集：可以通过 GPS 等测量工具进行采集，以便收集和更新地理信息数据。

2. 线数据

线实体可以定义为由许多直线元素组成的各种线性要素，一个直线元素由两对（x，y）坐标表示，最简单的线实体只存储它的起点和终点坐标。线实体还可以存储它的属性、显示符号等。例如，存储用于表示线实体输出形态的符号信息，虽然线实体并不是以虚线存储，但是我们可以通过显示符号将它以虚线的形式输出。

表示线的（x，y）坐标点的数量越多，线就越逼近于一条曲线。在 WebGIS 开发中，由于存储的点越多，所需要的存储空间越大，实际应用中经常需要为实现某些特定需求而对线实体进行一些处理，如对表示线的坐标抽稀等，这样既能够节省存储空间，还可以在满足业务需求的条件下表达一个完整的线实体。

线实体在 GIS 中用来表示线状地物，如公路、水系、山脊线等，还可以用来表示符号线或多边形边界。在实际业务中，线实体具有很多的使用场景和用途，例如路线规划、管道分析、河流分析等。

3. 面数据

面数据也称多边形数据，是描述地理空间信息的最重要的数据类型之一。多边形数据不但需要表示位置和属性信息，更重要的是表明区域的拓扑特征，如多边形形状、相邻性等。由于要表示的信息十分丰富，基于多边形的运算也多而复杂，多边形的矢量编码也比点和线实体要复杂得多。在地图中，每个多边形都应该具有唯一的形状、面积和周长，在一些业务中还可能需要处理多边形之间的拓扑关系等。面数据在 WebGIS 中的用途包括以下几种。

（1）空间分析：如计算面积、计算空间关系、进行缓冲分析等。

（2）地图制图：用于绘制地图，例如行政区划图、土地利用图、地形图等。

（3）土地管理：如制定城市规划、土地利用规划等。

（4）空间查询：如查询某个区域内的建筑物、水域等。

矢量数据具有数据存储量小、空间位置精度高等特点，可以利用矢量数据存储多个属性信息，对空间实体进行多维度的描述和展现，进行地图综合等。也正是因为矢量数据可以存储大量辅助信息的原因，导致矢量数据的数据结构复杂，数据存储需要的空间会随着信息量的增多而增大。

2.1.2 栅格数据

栅格数据是将空间划分成很多有规律的网格，每一个网格表示空间上相同大小的范围，栅格数据网格单元的值表示该空间范围内被计算出来的某一属性值，每一个栅格所表示的地面实际范围大小被称为分辨率。

栅格数据大多为专题数据，即一个栅格数据仅表示一种属性，如 DEM 数据，DEM 中的一个栅格单元只代表该栅格单元所表示位置的高程。遥感影像也可以看作是专题数据，它通过光谱值对所采集区域的地物进行表示，但由于每一个光谱颜色都由至少三个波段的值组合而成，所以，遥感影像的每一个单元格，都包括至少三个波段。对于多光谱遥感影像而言，不同波段组合可以使遥感影像显示不同的颜色，形成不同的光谱特征，用于遥感影像的信息提取等。

栅格数据的可编辑性较小，最常见的编辑需求为栅格数据灰度化或色彩化等。除此之外，它更多的是作为图层展示。

栅格数据的文件格式有 TIFF、IMAGE、NC 等，存储相同范围的栅格数据所需要的空间一般远大于矢量数据。另外，栅格数据不能像矢量数据一样被无限放大，只能够在分辨率所允许的范围内进行缩放，展示有限的信息，这也是栅格数据相比于矢量数据的其中一个缺点。

从数据特征上看，栅格数据有连续型和离散型两种类型，连续型数据如气温和高程数据，离散型数据如人口密度图等。栅格数据具有广泛的应用，在 GIS 中，栅格数据也可以使用 GIS 软件，如 ArcGIS、QGIS 等进行可视化、分析和管理。

（1）地形分析：利用栅格数据进行地形分析，例如计算坡度、坡向、高程等信息。

（2）气象分析：栅格数据可以用于气象分析，例如计算降雨量、温度等信息。

（3）遥感影像：如卫星影像、航空摄影等，可用于地物识别和分析。

（4）土地利用：栅格数据可以用于表示土地利用，例如制定土地利用规划、进行土地变化分析等。

在 WebGIS 中，栅格数据以文件形式存储在硬盘上或以数据集的形式存储在数据库中。但考虑到存储栅格数据所需要的空间比较大，再综合考虑栅格数据的实际应用场景，一般会以文件形式存放在服务器上，然后将它们发布成 WMS、WCS、WMTS 等格式的服务进行使用。

在 WebGIS 开发中，不仅需要了解 GIS 数据的特点和使用方法，还需要在数据管理方面有一定基础，如在不断提升用户交互体验的过程中，通过采取改变数据存储策略、改变数据应用方式等措施，达到提升性能、优化体验的目的。

2.2 投影与坐标转换

坐标系是一种用于表示地理要素、影像或地物位置的参照系统，GIS 中的坐标系有两种：地理坐标系和投影坐标系。每个坐标系的定义需要有测量框架、测量单位、地图投影及其他测量系统属性（如参考椭球体、基准面、投影参数等）。在 GIS 中，使用地理数据前需要掌握两个关键要素：一是数据使用何种投影和坐标系，二是所使用投影和坐标系的相关参数，以便于进行投影和坐标转换。

2.2.1 地理坐标

地理坐标系使用三维球面定义地球上的位置，包括测量的角度单位、本初子午线和基准面（基于球体或旋转椭球体）。

在地理坐标系中，使用经度和纬度表示一个点。如图 2-2 所示，经度和纬度是从地心到地球表面上某点的测量角，通常以十进制度或百分度为单位来测量。其中，纬度值相对于赤道进行测量，范围为 -90°（南极点）～ +90°（北极点），经度值相对于本初子午线进行测量，范围为 -180°（向西行进时）～ +180°（向东行进时）。

为准确地表示地球表面上的位置，地图制作者在不断研究的过程中，形成了旋转椭球体的概念。通常使用某个旋转椭球体来拟合一个国家 / 地区或特定区域，但由于重力和地表要素存在差异，适合某个地区的旋转椭球体并不一定适合另外一个地区。为了更好地了解地表要素及其特有的不规则性，通过测量产生了很多个用来表示地球的旋转椭球体。对于特定地区，应选用可以最佳模拟该地区大地水准面的特定椭球体。

在地球椭球体中，基准面构建于所选椭球体之上。将旋转椭球体与地球表面的特定部分相关联，给出了测量地球表面位置的参考框架，定义了经线和纬线的原点及方向。当一个旋转椭球体的形状与地球近似时，基准面用于定义旋转椭球体相对于地心的位置。当更改基准面或修正基准面时，地理坐标系的坐标值将会发生变化。由于椭球体是由椭圆旋转而形成，所以得到的整个地球表面是完全平滑的，但这样并没有真实地反映实际情况，局部基准面还可以包含局部高程的变化。为了能够更好地适

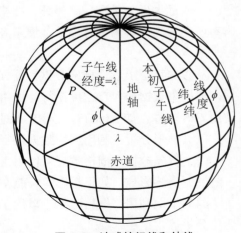

图 2-2　地球的经线和纬线

应局部地区的变化，基准面又分为地心基准面和区域基准面，地心基准面使用地球质心作为原点，如 WGS 1984、CGCS 2000 等，WGS 1984 被用作世界范围内进行定位测量的框架，是使用最广泛的基准之一；CGCS 2000 是我国法定的空间参考框架，从 2008 年开始被要求强制使用。区域基准面是在特定区域内与地球表面极为吻合的旋转椭球体，旋转椭球体表面上的点与地球表面上的特定位置相匹配，该点被称为基准面的原点。在一个基准面内，原点坐标是固定的，其他点的坐标由计算获得。区域基准面的旋转椭球体中心距地心有一定偏移，只与地表某特定区域相吻合，因此，它只适用于该地区，而不适用于该地区之外的其他区域。

地理数据的获取中，即使在使用相同地图投影和投影参数的情况下，同一个位置的坐标也会因为其所在的基准面和旋转椭球体的不同而不同。因此，地理数据使用的一个良好经验是从提供数据的数据源获取坐标系信息，而不是凭猜测或经验判断来确定数据的坐标系。作为数据生产方，需要注意准确标记所采集数据的元信息，并在使用时与数据一同传输。如果是数据使用方，则在获取到数据时，注意从元数据中提取坐标信息。

在使用中，还需要注意确认数据所使用的坐标系信息，以避免出现数据不一致的问题。同时，在数据采集和处理过程中，需要尽可能减少数据转换的次数，以避免数据的精度损失。

2.2.2 投影坐标

投影坐标系在二维平面中进行定义，与地理坐标系不同，它始终基于地理坐标系展示。地图投影是将地球上点的地理坐标系通过一定的数学法则变换后，投影到平面上形成直角坐标系的过程。投影坐标的单位是长度单位，参考面是水平面。在投影坐标系中，坐标位置通过网格的（x,y）坐标来进行标识，坐标原点位于网格中心，x、y 值分别为该点相对于中心点的坐标。

投影变换中使用的数学法则不同，代表不同的投影类型。通过数学公式从球面到平面坐标，经纬网形状发生了改变。不同投影类型引起的变形性质不同，主要为面积和角度的变化，当然，最主要的还是长度发生变化。有些投影可保持投影后要素面积保持不变，但角度变化较大。有些投影可使要素间角度不发生变化，但面积变化较大。

地图投影（图 2-3）一般具有特别的用途，有的地图投影可能适用于某一限定区域的大比例尺数据，而有的地图投影则适合较大范围的小比例尺数据。

从投影的变形性质区分，地图投影可分为等角投影、等积投影、等距投影、等方位投影、任意投影。从投影曲面或投影方式区分，地图投影可分为圆锥投影、圆柱投影、方位投影。还有另外一种类型：伪投影。上述投影都是从一个几何形状投影到另外一个几何形状，伪投影并不是简单地与圆锥、圆柱或平面相关，而是它通过一定的数学法则计算后，同样具有上述投影的某些特征。常见的伪投影如正弦曲线投影，

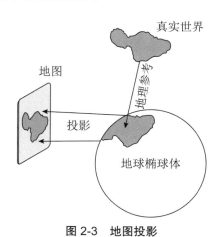

图 2-3 地图投影

它是一种伪圆柱投影，投影后所有的纬线都是平行的直线，经线是正弦曲线状且等间距分布，但它不是真正的圆柱投影。

地图投影的理论基础主要在于地图投影方式，需要掌握不同类型投影的变形性质。在实际应用中，同一位置不同投影方式的坐标值不同；如果选择了不适当的投影类型，会使得数据集在同一空间内无法显示在正确的位置。

在实际应用中，除了准确确认数据所使用的坐标系统，避免出现数据不一致的问题外，还需要注意将所有的地图数据都变换到同一种坐标系和投影方式。

2.2.3　Web 墨卡托投影

地图投影无法避免与真实位置之间的偏差，需要根据投影范围的大小和对变形的要求选择适合的投影。随着互联网地图的发展，迫切需要一种既能够在全国或全球范围保持形状不变，又能够在小范围内保持位置正确的投影。Web 墨卡托投影就是这样一种既能在大范围上面积变形较小，又能够在小范围内保证角度变形较小的投影方式，因而被 Web 地图应用界普遍采纳。

Web 墨卡托投影源自墨卡托投影，是墨卡托投影的一种变体。2005 年，随着谷歌地图的采用，Web 墨卡托投影逐渐被很多在线地图提供商使用，包括谷歌地图、Mapbox、Bing 地图、OpenStreetMap、MapQuest、Esri 等。

Web 墨卡托投影使用球面公式（正球体公式）。对于小比例尺地图，它与标准墨卡托投影使用的公式一样。大比例尺的墨卡托投影通常使用椭球面形式，而 Web 墨卡托投影仍然使用球面形式。这种差异在全球比例尺下是察觉不到的，但在局部地区会与同一比例尺的椭球面墨卡托投影存在偏离，而且离赤道越远，这种偏差就越大。

墨卡托投影将极点投影在无穷远处，所以使用 Web 墨卡托投影的地图无法显示极点。谷歌地图之类的服务会在南北纬 85.051129° 切断覆盖，让整个投影地图变成正方形。这不会对街道地图造成什么影响，因为这些服务的主要目的不在于显示完整的地球。

Web 墨卡托投影与球面墨卡托具有相同的特点：经线是等距的垂直线，角度在局部正确（假设是球面坐标），但面积会随着离赤道越来越远而膨胀，以至于极地区域被严重夸大。在 WebGIS 开发中，使用 Web 墨卡托投影的地图进行分级切片，同级别的瓦片中，高纬度和低纬度的比例尺不同，同比例尺的栅格瓦片存在于不同的级别中。这一特点用户感知不到，但在开发实践中，需要从技术上进行特别处理。

2.2.4　坐标转换与 EPSG

不同地理坐标系往往具有不同参数的椭球体，每个地理坐标系也以各自特定的方式与地球紧密相关。地球表面上的同一位置在不同地理坐标系中将具有不同的坐标值，在投影坐标系中，这种差异还会被放大。不同地理坐标系或投影坐标系的数据若需要在一起展示，就需要进行地理变换或投影变换。

地理变换有很多种。任意两个地理坐标系之间可能无法相互转换，也可能存在一种或多种变换方式。甚至有些变换方式还不为公众所知，因为它们的转换参数不对外公开。另外，基于所使用数据的区域或精度不同，变换方式也会不同。进行坐标转换或投影变换，重点需要考虑变换的一致性，即每次都使用相同的方式在两个坐标系之间进行变换。

坐标变换的种类繁多，变换难度大，实际应用中又经常需要在地理坐标系和平面坐标系之间或在不同平面坐标系之间进行转换。我们所熟知的变换方法有三参数法、七参数法、莫洛金斯基方法、基于网格的方法，以及国家坐标系变换的各种方法等。每种变换都涉及复杂的数学公式和相当多的变换参数，每一个参数都需要代入准确，否则，极小的差异都会引起变换结果的极大不同。基于这种复杂性，个人实现坐标转换的难度很大，而且对变换结果的准确性也难以把握。因此，为了使用方便和统一，EPSG（European Petroleum Survey Group，一个专门负责地理空间参考系统研究和标准制定的组织）机构对各种地理坐标和投影坐标系统进行了编号，并定义了进行坐标转换的方法。在使用时只需要指定具体的 EPSG 代码，就可以直接进行转换。

EPSG 规范的统一格式为"EPSG：编号"，如 WGS84 地理坐标的编码为 EPSG:4326，Web 墨卡托投影为 EPSG:3857。通过这种简单的形式，可以将两种坐标系直接进行转换。EPSG 还有很多适用于区域、全国、全球等多种尺度的投影，在 WebGIS 开发中，使用 EPSG 标准可以方便地进行地图数据的投影变换和坐标转换，以实现更加精确和可靠的地图显示和空间分析。

GIS 中几乎所有的业务都与地理坐标相关，坐标是 GIS 基础中最重要的内容之一。在 GIS 中，地理数据的投影和坐标系非常重要，因为它们直接影响到地图的显示效果和数据的精度。实际应用中，坐标转换是使数据集能够在同一空间中正确叠加的重要手段，开发人员需要熟悉不同地理坐标系和投影坐标系的理论基础，熟悉不同投影方式的变形性质和它们的使用场景。需要了解坐标转换的方法。

2.3 地理编码

地理编码是将坐标对、地址或地名等位置描述转换为地球表面上某位置的过程，地理空间中的一个具体位置，既可以用一组经纬度表示，也可以使用一个文本进行描述。以使用地图软件为例，当我们在地图软件的搜索框中输入一个餐厅名称，它就可以准确定位并导航到该位置，这个过程使用的就是地理编码。

1. 地理编码的用途

在 WebGIS 中，地理编码的用途非常广泛，可以用于实现地图应用程序、位置搜索等。常见的用途包括以下几方面。

（1）地图应用程序：在地图应用程序中，地理编码可以将用户输入的地址或地名转换为地理坐标，用于标记地点、显示地图、进行地图搜索等。

（2）位置服务：地理编码可用于查找用户当前位置、显示周边点、提供导航功能等。

（3）电商物流：在电商物流中，可用于计算订单配送距离、优化配送路线等。

（4）其他应用：还可以用于天气预报、城市规划、旅游规划、环境监测等领域。

2. 地理编码技术

随着技术的不断发展和应用场景的不断扩大，地理编码的应用也将越来越广泛。地理编码用到的技术包括如下几种。

（1）地理信息系统（GIS）：地理编码是 GIS 技术的一部分，需要使用 GIS 软件或 GIS 库来处理地理数据。

（2）地理数据：地理编码需要使用地理数据，包括地图数据、地名数据、地址数据等。地理数据可以来自第三方提供商或自己采集和整理。

（3）地理编码算法：可以将地址转换为地理坐标（经度和纬度），如 Geocoding API、Open Location Code 等。

（4）地理编码 API：可以提供地理编码服务，如谷歌地图 API、百度地图 API、高德地图 API 等。

（5）地理编码库：可以提供基于编程语言的地理编码功能，如 Geopy、Geocoder PHP 等。

（6）地理编码应用程序：可以用于开发各种地图应用程序、位置搜索功能、导航功能等。

3. 地理编码过程

（1）数据收集和预处理。收集和整理地理数据，包括道路数据、地址数据等，并进行预处理，包括数据清洗、数据匹配、数据格式化等。

（2）地理编码：正向地理编码将地址转换为地理坐标（经度和纬度），反向地理编码将地理坐标转换为地址信息，并构建地理编码索引，加速地理编码的查询和匹配过程。常见的索引包括四叉树、R 树、哈希表等。

（3）地址匹配：将地理编码的结果和地图数据进行匹配，确定最终位置。常见的地址匹配算法包括最近邻算法、回溯算法、模糊匹配算法等。

在实际应用中，地理编码可以使用第三方的地理编码 API（如 Google Maps API、百度地图 API 等），也可以使用开源的地理编码库（如 Geocoder PHP、Geopy 等），还可以自主研发地理编码库。

需要注意的是，地理编码的精度和准确性取决于地址数据的质量和地理数据的精度。因此，在进行地理编码时，需要使用高质量的地址数据和地理数据，并进行适当的数据清洗和校验。

4. 地理编码方法

（1）基于地址匹配的地理编码（正向地理编码）。是最常见的地理编码方法，该方法通过将输入地址与地理数据库中的地址进行匹配，确定最可能的位置。基于地址匹配的地理编码需要考虑地址的格式、地址元素的识别、地址匹配算法等。

（2）基于反向地理编码的地理编码（逆向地理编码）。是将地理坐标（经度和纬度）转换为地址的过程。该方法通过将地理坐标与地理数据库中的地名和地址进行匹配，确定最可能的地址。基于反向地理编码的地理编码需要考虑地理数据库的精度、反向地理编码算法等。

（3）基于地名查询的地理编码。是通过查询地名来确定地理坐标的过程，该方法需要使用地名数据库或地名服务来提供地名查询功能。基于地名查询的地理编码需要考虑地名数据的质量、地名匹配算法等问题。

（4）基于街景图像的地理编码。是将输入地址与街景图像进行匹配，确定最可能的位置。该方法需要使用街景图像数据库或街景图像服务来提供匹配功能。基于街景图像的地理编码需要考虑图像匹配算法、图像质量等问题。

不同的方法适用于不同的应用场景和数据来源，在实际应用中，需要根据实际情况选择合适的地理编码方法，并进行数据清洗、校验和优化，以提高地理编码的精度和效率。

地理编码是一些具体的算法和数据层面的处理，会有一个相当大的数据库和计算程序，WebGIS 前端开发在使用时只需要通过调用相应的 API 接口，就可以获得编码后的结果，并以一定形式在地图上展现。

地理编码作为 GIS 基础的重要内容之一，我们可能不需要参与其中编码的具体过程，但需要了解其核心原理，因为我们是这个编码结果的最终使用者之一。

2.4　小结

GIS 基础主要包括 GIS 数据、投影与坐标转换、地理编码等。数据是所有业务系统的核心，WebGIS 系统也不例外。GIS 数据包括两类：栅格数据和矢量数据，栅格数据是将地理空间划分成很多规律的网格，每个网格表示空间上大小相同的范围，每个网格的值表示该空间范围内被计算出来的某一属性值。在 WebGIS 系统中，栅格数据多用于进行图层展示。矢量数据是以点、线、面的形式表示客观世界中的实体，以一组（x,y）或（x,y,z）的坐标点或坐标点集的形式进行存储。矢量数据是 WebGIS 系统中交互最多的数据格式之一，点线面数据可以在地图上进行展示，也可以编辑它们的空间信息、属性信息。WebGIS 开发需要掌握矢量数据的数据格式、数据特点，了解数据存储的方式，并掌握 GIS 数据编码的内容，学会地图投影和地图坐标系的相关内容。

GIS 基础是 WebGIS 开发的核心，知识点复杂，学习难度较大，本书无法进行细致的罗列，相关专业知识还需要查找专业书籍进行学习。

## 第 3 章

WebGIS 开发框架

　　框架就是使用基础语言将一些通用的能力组合起来，形成一些通用的功能和方法。当我们需要实现某些相同功能时，不需要再重复这个过程，而是直接引入框架包，调用框架包里定义的方法即可。这样做的目的是可以减少一些重复性工作，提高开发效率，提高代码质量，降低开发成本，提供更好的可维护性和社区支持。具体如下。

　　（1）提高开发效率：框架提供了一整套开发工具和开发模式，可以让开发人员更加专注于业务逻辑的实现，而不需要花费大量的时间和精力去编写底层代码。这样可以提高开发效率，缩短开发周期。

　　（2）提高代码质量：框架通常是由一批经验丰富的开发人员经过长时间的实践和总结得出的最佳实践。使用框架可以让开发人员遵循这些最佳实践，从而编写出更加高效、可维护、可扩展的代码，提高代码质量。

　　（3）降低开发成本：框架提供了一些基础设施和通用功能，可以降低开发成本。因为这些基础设施和通用功能通常是经过优化和测试的，可以减少开发人员的重复性劳动，并且可以减少出错的概率。

　　（4）提供更好的可维护性：框架通常具有良好的模块化设计，可以让开发人员更加容易地维护代码。框架会提供一些接口和规范，开发人员只需要按照这些接口和规范开发自己的代码，就可以保证代码的良好可维护性。

　　（5）社区支持：框架通常有一个庞大的社区，可以提供各种支持和资源，开发人员可以从中获得帮助和提高。同时，框架的社区可以提供不断的更新和升级，保证框架的可持续发展和优化。

　　WebGIS 框架是一种基于 Web 技术实现的 GIS 应用程序框架，可以用于快速构建WebGIS 应用程序，实现数据管理、地图展示、空间分析和数据可视化等功能。WebGIS框架的主要特点如下。

　　（1）易用性：WebGIS 框架通常提供了易用的 API、模板和工具等，可以快速构建和部署 WebGIS 应用程序，而无须进行复杂的编程和开发。

　　（2）可扩展性：WebGIS 框架可以根据具体需求进行扩展和定制，可以添加新的插件、组件和功能，以满足不同的应用需求。

　　（3）跨平台性：WebGIS 框架可以支持不同的操作系统、浏览器和设备，可以实现跨平台的 GIS 应用程序。

　　常见的 WebGIS 框架包括 ArcGIS API for JavaScript、OpenLayers、Leaflet、Mapbox GL 等。其中，ArcGIS API for JavaScript 是由 Esri 公司提供的 WebGIS 框架，可以实现数据管理、地图展示、空间分析和数据可视化等功能。OpenLayers 和 Leaflet 是开源的WebGIS 框架，可以实现地图展示、矢量绘制、数据查询和导出等功能。MapboxGL 是由

Mapbox 公司提供的 WebGIS 框架，可以实现地图渲染、数据可视化、3D 地图和矢量瓦片等高级功能。本章主要介绍开源的二维框架：OpenLayers、Leaflet、MapboxGL，商业框架在本书中不作介绍。此外，高德地图、百度地图等互联网地图也会开放自己的 SDK，一些比较简单的、能够连接互联网的系统可以选择这类框架。

表 3-1 从绘图技术、开源协议、WebGL 支持、3D 支持四方面对 OpenLayers、Leaflet 和 MapboxGL 做了对比。三种框架分别具有不同的优势和特点，具体如下。

（1）功能和特性：OpenLayers、Leaflet 和 MapboxGL 都提供了丰富的功能和特性，包括地图渲染、图层控制、数据可视化、地图交互、投影转换、地理编码等。其中 MapboxGL 还提供了 3D 地图和矢量瓦片等高级功能。

（2）易用性：Leaflet 和 MapboxGL 相对于 OpenLayers 来说更加易用。二者提供简洁的 API 和文档，易于学习和使用。OpenLayers 相对来说更加复杂，需要一定的学习成本。

（3）性能和兼容性：MapboxGL 的渲染性能优秀，能够处理大规模数据和复杂的图层。Leaflet 和 OpenLayers 也有不错的性能，但相对来说可能会有一些限制。在浏览器兼容性方面，OpenLayers 和 Leaflet 兼容性更好，可以支持更多的浏览器和设备。

（4）社区和支持：三种框架都有活跃的社区和支持，提供了文档、示例和开源代码等资源。其中 MapboxGL 支持商业订阅服务，可以获得更加专业的支持。

表 3-1　三种开发框架对比

框架	绘图技术	WebGL 支持	3D 支持	开源协议
OpenLayers	Canvas 2D	支持	不支持	BSD-2-Clause
Leaflet	SVG	扩展支持	不支持	BSD-2-Clause
MapboxGL	WebGL	支持	支持	2.x 之前的版本支持 BSD-3-Clause 协议，2.x 之后的版本将不再支持

在选择地图库时，需要根据具体需求和项目特点，选择适合的框架。如需要处理大规模数据和复杂图层的可视化，可以选择 MapboxGL。如果需要简洁易用的库，则可以选择 Leaflet。如果需要高度的自定义和复杂的功能，则可以选择 OpenLayers。

关于地图服务调用的说明

从本章开始，将会包含很多示例代码，其中一些代码包含对地图服务的调用。WebGIS 中对地图服务的调用一般需要使用完整地址，如调用一个 GeoServer 提供的 WMTS 服务，书中示例使用的地址为 https://ip:port/geoserver/gwc/service/wmts，其中 ip 为部署 GeoServer 的服务器 ip，port 为端口号。读者可以将其替换为自己部署的 GeoServer 的 ip 和端口号，也可以将 ip 替换为其对应的域名（如 lzugis.cn）。

书中示例所调用的都是 GeoServer 所发布的地图服务，调用地址将使用"ip:prot"的形式，后文中将直接使用，不再做特别说明。

3.1　OpenLayers

3.1.1　简介

OpenLayers 是一个开源（基于 BSD 2-clause 协议）的 JavaScript 类库，可以用来制作

客户端交互式地图，实现地图展示、数据可视化、空间分析和数据编辑等功能。它使用 JavaScript 语言编写，支持各种主流浏览器，具有丰富的 API 和插件，可以快速构建和部署 WebGIS 应用程序。

OpenLayers 具有以下特性。

（1）支持瓦片图层：OpenLayers 支持从任何用户能找到的 XYZ 或 TMS 格式的瓦片资源中提取地图瓦片并在前端展示，也支持 OGC 的 WMTS 规范的瓦片服务以及 ArcGIS 规范的瓦片服务。

（2）支持矢量切片：OpenLayers 支持矢量切片的访问和展示，包括 MapBox 矢量切片中的 PBF 格式、GeoJSON 格式和 TopoJSON 格式的矢量切片等。

（3）支持矢量图层：能够渲染 GeoJSON、TopoJSON、KML、GML 和其他格式的矢量数据，包括矢量切片形式的数据，也可以被认为是在矢量图层中渲染。

（4）支持 OGC 规范：OpenLayers 支持 OGC 制定的 WMS、WFS 等 GIS 网络服务规范。

（5）运用前沿技术：利用 Canvas 2D、WebGL 以及 HTML 5 中其他最新的技术来构建功能，同时支持在移动设备上运行。

（6）易于定制和扩展：可以直接调整 CSS 为地图控件设计样式，而且可以对接到不同层级的 API 进行功能扩展，或者使用第三方库来定制和扩展。

（7）面向对象的思想：最新版本的 OpenLayers 采用纯面向对象的 ECMA Script 6 进行开发，可以说，在 OpenLayers 中"万物皆对象"。

（8）优秀的交互体验：OpenLayers 实现了类似于 Ajax 的无刷新功能，可以结合很多优秀的 JavaScript 功能插件，带给用户更多丰富的交互体验。

OpenLayers 更详细的介绍可参阅其官网 https://openlayers.org/。

3.1.2　引用

OpenLayers 的引用有两种方式，一种是使用 script 标签和 link 标签，通过 CDN 或静态文件地址进行引入。script 标签引入 JavaScript 压缩文件，link 标签引入样式文件。使用标签方式引用 OpenLayers 的方法如下：

```
<link rel="stylesheet" href="https://openlayers.org/en/v4.6.5/css/ol.css"
type="text/css">
<script src="https://openlayers.org/en/v4.6.5/build/ol.js" type="text/
javascript"></script>
```

另外一种方式是通过 npm 引入。这是使用框架的推荐引用方法，如 Vue、React 等。这种方法从 npm 仓库中下载框架包，优点如下。

（1）可以使用如 Webpack 等打包工具进行管理。

（2）当安装包的体积比较大，而用户只需要使用部分功能时，npm 方式可以实现按需引入，减小文件体积，提高下载速度。

通过 npm 方式引入 OpenLayers 的方式如下：

```
npm install ol -S              // 安装 ol
import 'ol/ol.css';            // 引入 ol 样式文件
import Map from 'ol/Map';      // 按需引入 Map
```

```
import View from 'ol/View';        // 按需引入 View
```

3.1.3 核心类说明

OpenLayers 中的类是一种用于封装、组织和实现代码的概念，是用于构建和管理地图的重要组成部分。开发人员需要了解和使用 OpenLayers 中的类，以便更好地实现地图的展示和操作。OpenLayers 中有很多核心的类，如 Map、Layer、View、Source 和 Control 等，都是做了封装实现的。OpenLayers 还提供了许多其他的类，例如 Geometry、Style、Interaction 等。图 3-1 所示是结合官方文档和 GitHub 上的源码，对 OpenLayers 中类之间的关系和类的继承的总结。

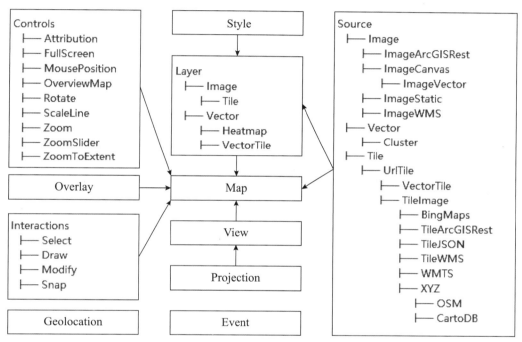

图 3-1 OpenLayers 框架核心类

1. Map

Map（ol/Map）是 OpenLayers 中最主要的核心组件，它渲染在一个目标（target）容器中（例如页面中的一个 div），通过它可以修改地图参数、添加图层、交互、组件等。所有的地图属性都可以在定义时初始化，同时也可以通过它所提供的 Setter 方法修改 Map 属性，例如通过 setTarget( ) 方法可以改变地图的装载容器。

Map 的常用配置参数及说明如表 3-2 所示。

表 3-2 Map 的初始化参数

名称	类型	说明
controls	ol.Collection.<ol.control.Control> | Array.<ol.control.Control> | undefined	地图控件参数，默认为 ol.control.defaults( )
interactions	ol.Collection.<ol.interaction.Interaction> | Array.<ol.interaction.Interaction> | undefined	地图交互参数，默认为 ol.interaction.defaults( )

名称	类型	说明
layers	Array.<ol.layer.Base> | ol.Collection.<ol.layer.Base> | undefined	初始化图层，根据添加顺序进行渲染，一般的叠加顺序是矢量图层在栅格图层上面，点图层在线 / 面图层上面
overlays	ol.Collection.<ol.Overlay> | Array.<ol.Overlay> | undefined	地图覆盖层
target	Element | string | undefined	容器，div 的 id 或一个 DOM 对象
view	ol.View | undefined	地图的视图参数

Map 的常用方法及说明如表 3-3 所示。

表 3-3　Map 的常用方法及说明

名称	参数	返回值	说明
addLayer	layer	无	添加图层到地图，可通过 getLayers( ) 判断图层是否存在
getLayers	无	ol.Collection.<ol.layer.Base>	获取地图上的图层
removeLayer	layer	无	从地图上移除图层
getView	无	ol.View	获取地图视图
getViewport	无	Element	获取视图容器
setView	view	无	设置地图视图
addControl	control	无	添加控件
getControls	无	ol.Collection.<ol.control.Control>	获取地图上已添加的控件
removeControl	control	无	移除控件
addInteraction	interaction	无	添加交互
getInteractions	无	ol.Collection.<ol.interaction.Interaction>	获取地图上已添加的交互
removeInteraction	interaction	无	移除交互
addOverlay	overlay	无	添加一个覆盖层到地图
getOverlayById	id	ol.Overlay	根据 id 获取覆盖层
getOverlays	无	ol.Collection.<ol.Overlay>	获取地图上已添加的覆盖层
removeOverlay	overlay	无	移除覆盖层
getCoordinateFromPixel	pixel	ol.Coordinate	将屏幕坐标转换为地理坐标
getPixelFromCoordinate	coordinate	ol.Pixel	将空间坐标转换为屏幕坐标，可以在特定位置展示元素或者自定义绘图时使用
getFeaturesAtPixel	pixel, opt_options	Array.<（ol.Feature|ol.render.Feature）>	获取屏幕位置处地图上的矢量要素
hasFeatureAtPixel	pixel，opt_options	boolean	判断屏幕位置处是否有绘制矢量要素
getSize	无	ol.Size | undefined	获取地图大小
setSize	size	无	设置地图大小

续表

名称	参数	返回值	说明
updateSize	无	无	更新地图大小，一般会在地图容器的大小发生变化后调用
getTarget	无	Element | string | undefined	获取地图容器
setTarget	target	无	设置地图容器
getTargetElement	无	Element	获取地图容器要素

Map 的常用事件及说明如表 3-4 所示。

表 3-4　Map 的常用事件及说明

名称	说明
click	单击事件
dblclick	双击事件
moveend	地图移动结束，包括拖曳或缩放结束
movestart	开始地图移动，包括开始拖曳或缩放开始
pointerdrag	按下鼠标拖曳
pointermove	鼠标移动事件
singleclick	单击事件，双击的间隔为 250 ms

2. View

View 类是 OpenLayers 中用于管理地图视图的类，它控制了地图视觉相关的参数，包括地图的中心点、缩放级别、旋转角度等。View 还定义了地图的投影，决定了地图中心点的坐标、单位以及地图渲染的分辨率等参数，默认的地图投影是 EPSG:3857（Web 墨卡托投影）。

View 的常用配置参数如表 3-5 所示。

表 3-5　View 的初始化参数

名称	类型	说明
center	ol.Coordinate | undefined	视图的初始化中心位置
enableRotation	boolean | undefined	地图是否可旋转，默认为 true
extent	ol.Extent | undefined	初始化范围，中心位置需在地图范围内
maxResolution	number | undefined	最大分辨率，对应最小缩放级别
minResolution	number | undefined	最小分辨率，对应最大缩放级别
maxZoom	number | undefined	最大缩放级别
minZoom	number | undefined	最小缩放级别
projection	ol.ProjectionLike	地图投影，默认为 Web 墨卡托投影
resolution	number | undefined	初始化分辨率，跟初始化级别对应，二者设置一个即可
resolutions	Array.<number> | undefined	分辨率组
rotation	number | undefined	顺时针方向旋转角度，单位是弧度，默认为 0
zoom	number | undefined	初始化缩放级别
zoomFactor	number | undefined	缩放因子，默认为 2，如设置了分辨率组，此参数无效

View 的常用方法及说明如表 3-6 所示。

表 3-6　View 的常用方法及说明

名称	参数	返回值	说明
animate	var_args	无	跟视图相关的参数如中心点、级别等,实现不同状态间的动画
calculateExtent	opt_size	ol.Extent	计算地图当前视图范围
fit	geometryOrExtent,opt_options	无	视图自调整,可根据 geometry 或者 Extent 进行设置
getCenter	无	ol.Coordinate|undefined	获取地图的中心点
getMaxResolution	无	number	获取最大分辨率
getMaxZoom	无	number	获取最大缩放级别
getMinResolution	无	number	获取最小分辨率
getMinZoom	无	number	获取最小缩放级别
getProjection	无	ol.proj.Projection	获取地图投影
getResolution	无	number	获取地图当前分辨率
getResolutionForZoom	zoom	number	获取某级别对应的分辨率
getResolutions	无	Array.<number> | undefined	获取地图分辨率组
getRotation	无	number	获取地图的旋转
getZoom	无	number	获取地图的当前缩放级别
getZoomForResolution	resolution	number	获取指定分辨率对应的地图级别
rotate	rotation,opt_anchor	无	旋转地图
setCenter	center	无	设置中心位置
setMaxZoom	zoom	无	设置最大级别
setMinZoom	zoom	无	设置最小级别
setResolution	resolution	无	设置分辨率
setRotation	rotation	无	设置旋转
setZoom	zoom	无	设置缩放级别

小技巧

由于 View 只控制跟视图相关的参数,所以同一个 View 可以被应用于多个地图,实现多个地图的联动效果。代码 3-1 实现了两个地图的联动。

代码 3-1　通过 View 实现多图联动

```html
<html xmlns="http://www.w3.org/1999/xhtml">
<head>
    <meta http-equiv="Content-Type" content="text/html; charset=utf-8"/>
    <title>view</title>
    <link rel="stylesheet" type="text/css" href="./lib/ol.css"/>
    <style type="text/css">
        body, #map1, #map2{
            border: 0;
```

```
                margin: 0;
                padding: 0;
                font-size: 13px;
                overflow: auto;
            }
            #map1, #map2{
                width: 45%;
                height: 90%;
                float: left;
                border: 1px solid #f00;
            }
        </style>
        <script type="text/javascript" src="./lib/ol.js"></script>

    </head>
    <body>
    <div id="map1" class="map"></div>
    <div id="map2" class="map"></div>
    <script type="text/javascript">
        var view  = new ol.View({
            center: ol.proj.fromLonLat([98.633, 31.607]),
            zoom: 4,
            minZoom: 0,
            maxZoom: 18
        });
        var map1 = new ol.Map({
            controls: ol.control.defaults({
                attribution: false
            }),
            target: 'map1',
            layers: [
                new ol.layer.Tile({
                    source: new ol.source.XYZ({
                        url: 'http://webrd0{1-4}.is.autonavi.com/appmaptile?x={x}&y={y}&z=
{z}&lang=zh_cn&size=1&scale=1&style=8'
                    })
                })
            ],
            view: view
        });
        var map2 = new ol.Map({
            controls: ol.control.defaults({
                attribution: false
            }),
            target: 'map2',
            layers: [
                new ol.layer.Tile({
                    source: new ol.source.XYZ({
                        url: 'https://webst0{1-4}.is.autonavi.com/appmaptile?style=6&x={x
}&y={y}&z={z}'
                    })
                })
            ],
            view: view
        });
    </script>
    </body>
    </html>
```

上述代码在初始化地图 map1、map2 时都使用了同一个视图 View，实现了两个地图
联动的功能，运行后的效果如图 3-2 所示。

图 3-2　通过 View 实现地图联动

3. Source

Source 表示地图数据源，可以用来进行数据的加载、解析、转换等操作。通过 OpenLayers 的 API 可以添加、删除 Source，例如添加 Source 到 Map 中、移除 Source 等。作为 OpenLayers 中的一个类，在创建 Source 时需要指定数据源的类型，如矢量数据源（如 GeoJSON、KML）、栅格数据源（如 WMS）、瓦片数据源（如 XYZ），以及自定义数据源等。

Source 类及各子类的关系如图 3-3 所示。

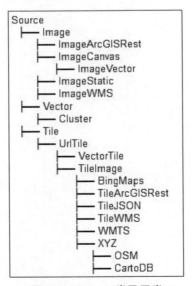

图 3-3　Source 类及子类

1）ol.source.XYZ

切片数据源可加载标准的切片，XYZ 格式为 {x}/{y}/{z}，TMS 格式为 {x}/{-y}/{z}，配置参数如表 3-7 所示。

表 3-7   ol.source.XYZ 的配置参数

名称	类型	说明
crossOrigin	null | string | undefined	跨域设置，包含 anonymous 和 use-credentials
opaque	boolean | undefined	图层是否不透明，默认为 true
projection	ol.ProjectionLike	投影，默认值为 EPSG:3857
maxZoom	number | undefined	最大级别，默认为 18
minZoom	number | undefined	最小级别，默认为 0
tileSize	number | ol.Size | undefined	切片大小，默认为 [256, 256]
tileUrlFunction	ol.TileUrlFunctionType | undefined	切片 URL 函数，可根据此函数，加载一些自定义切片规则的切片
url	string | undefined	切片 URL，为 {x}{y}{z} 或者 {x}{-y}{z} 格式，如果是多个系列地址，可写成 {?-?}，如上述例子中的 webst0{1-4}
urls	Array.<string> | undefined	url 集合

定义一个 XYZ 类型的 Source 示例代码如下：

```
new ol.source.XYZ({
    url: 'x={x}&y={y}&z={z}'
})
```

2）ol.source.WMTS

WMTS 服务数据源，配置参数如表 3-8 所示。

表 3-8   ol.source.WMTS 的配置参数

名称	类型	说明
crossOrigin	String | null | undefined	图片的跨域设置，可为 anonymous 或 use-credentials，如不设置，则地图导出时会由于跨域而导致图层未导出
projection	ol.ProjectionLike	投影
layer	string	图层名称
style	string	样式名称
format	String | undefined	图片格式，默认为 IMAGE/JPEG
matrixSet	string	必填参数，切片的矩阵名称
url	String | undefined	url
urls	Array.<string> | undefined	url 集合

创建一个 WMTS 数据源的方法如下：

```
let gridsetName = 'EPSG:900913', res0 = 156543.03390625;
let gridNames = [], resolutions = []
for (let i = 0; i < 19; i++) {
    gridNames.push(:'EPSG:900913:${i}:')
    resolutions.push(res0)
    res0 = res0 / 2
}
let style = '';
const format = 'image/png';
const layerName = 'lzugis:province';

const source = new ol.source.WMTS({
```

```
url: 'https://ip:port/geoserver/gwc/service/wmts',//wmts 服务地址
layer: layerName,
matrixSet: gridsetName,
format: format,
tileGrid: new ol.tilegrid.WMTS({
    tileSize: [256,256],
    extent: [-2.003750834E7,-2.003750834E7,2.003750834E7,2.003750834E7],
    origin: [-2.003750834E7, 2.003750834E7],
    resolutions: resolutions,
    matrixIds: gridNames
}),
style: style
})
```

3）ol.source.TileWMS

通过切片的方式调用 WMS 服务，默认返回的是 256 大小的图片，配置参数如表 3-9 所示。

表 3-9　ol.source.TileWMS 的配置参数

名称	类型	说明
params	Object.<string, *>	WMS 请求参数，其中 layers 是必需参数，width、height、bbox 和 crs 也是必需参数，会动态计算
crossOrigin	null | string | undefined	图片的跨域设置，可为 anonymous 或 use-credentials，如不设置，则地图导出时会由于跨域而导致图层未导出
url	string | undefined	WMS 服务的地址
urls	Array.<string> | undefined	WMS 服务的地址集合

创建一个 TileWMS 数据源的方法如下：

```
new ol.source.TileWMS({
    url: 'https://ip:port/geoserver/lzugis/wms',//wms 服务地址
    params: {
        'FORMAT': 'image/png',
        'LAYERS': 'lzugis:province'
    }
})
```

4）ol.source.ImageWMS

WMS 数据源，每次地图拖曳或缩放都会根据当前视图重新请求数据，配置参数如表 3-10 所示。

表 3-10　ol.source.ImageWMS 的配置参数

名称	类型	说明
crossOrigin	null | string | undefined	图片的跨域设置，可为 anonymous 或 use-credentials，如不设置，则地图导出时会由于跨域而导致图层未导出
params	Object.<string, *>	WMS 请求参数，其中 layers、width、height、bbox 和 crs 是必需参数，会动态计算
url	string | undefined	WMS 服务的地址

创建一个 ImageWMS 数据源的方法如下：

```
new ol.source.ImageWMS({
    url: 'https://ip:port/geoserver/lzugis/wms',//wms 服务地址
    params: {
        'FORMAT': 'image/png',
        'LAYERS': 'lzugis: province'
    },
})
```

5）ol.source.ImageStatic

静态图片资源，如常见的 PNG、JPG、SVG 等格式的图片。在某些版本中 SVG 被当成图片格式处理，使其无法无限放大。配置参数如表 3-11 所示。

表 3-11　ol.source.ImageStatic 的配置参数

名称	类型	说明
crossOrigin	null | string | undefined	图片的跨域设置，可为 anonymous 或 use-credentials，如不设置，则地图导出时会由于跨域而导致图层未导出
imageExtent	ol.Extent	图片的实际范围，格式为 [xmin, ymin, xmax, ymax]
projection	ol.ProjectionLike	投影，默认与 View 一致
imageSize	ol.Size | undefined	图片大小，不传会默认计算
url	string	图片 URL

创建一个 ImageStatic 数据源的方法如下：

```
new ol.source.ImageStatic({
    url: /data/tem.png',// 静态图片地址
    imageExtent: [11475147, 1746775, 14259949, 5133008]
})
```

6）ol.source.ImageCanvas

Canvas 画布数据源，通过该数据源可以使用 Canvas 的绘图接口显示数据或者添加动画，配置参数如表 3-12 所示。

表 3-12　ol.source.ImageCanvas 的配置参数

名称	类型	说明
canvasFunction	ol.CanvasFunctionType	Canvas 绘图函数，返回一个 Canvas 对象

创建一个 ImageCanvas 数据源的方法如下：

```
new ol.source.ImageCanvas({
    canvasFunction: function (extent, res, pixelRatio, size) {
        var canvasWidth = size[0];
        var canvasHeight = size[1];
        var canvas = document.createElement('canvas');
        canvas.setAttribute('width', canvasWidth);
        canvas.setAttribute('height', canvasHeight);
        var ctx = canvas.getContext('2d');
        ...... // 绘图逻辑
        return canvas;
    },
})
```

7）ol.source.Vector

矢量数据源，可以通过文件 URL 或 Features 两种方式进行创建，需要注意：通过 URL 方式创建需要指定文件的转换格式。配置参数如表 3-13 所示。

47

表 3-13　ol.source.Vector 的配置参数

名称	类型	说明
features	Array.<ol.Feature> | ol.Collection.<ol.Feature> | undefined	要素集合
format	ol.format.Feature | undefined	转换格式
overlaps	boolean | undefined	是否可叠加，默认为 true
url	string | ol.FeatureUrlFunction | undefined	数据地址

创建一个 Vector 数据源的方法如下：

```
new ol.source.Vector({
    url: '/data/province.geojson',//geojson 文件地址
    format: new ol.format.GeoJSON()
})
// 或者通过 features 创建
new ol.source.Vector({
    features: []
})
```

8）ol.source.Cluster

点聚类，当点数据数量比较多且分布比较密集时，为表达分布的密集程度，通常会采用聚类的形式。Cluster 通过配置聚类参数，将距离较近的点聚类到一个点上，配置参数如表 3-14 所示。

表 3-14　ol.source.Cluster 的配置参数

名称	类型	说明
distance	number | undefined	聚类的距离，默认值为 20 像素
extent	ol.Extent | undefined	聚类范围
source	ol.source.Vector	聚类需要的数据

创建一个 Cluster 数据源的方法如下：

```
new ol.source.Cluster({
    distance: 100,
    source: new ol.source.Vector({
        features: []
    })
})
```

9）ol.source.VectorTile

矢量数据切片数据源，配置参数如表 3-15 所示。

表 3-15　ol.source.VectorTile 的配置参数

名称	类型	说明
format	ol.format.Feature | undefined	切片格式，在 tileLoadFunction 中使用
overlaps	boolean | undefined	是否可叠加展示，默认为 true
projection	ol.ProjectionLike	投影
url	string | undefined	请求地址，{x}{y}{z} 或者 {x}{-y}{z}，若为系列地址，可使用 {?-?} 的方式，或设置 urls 参数
urls	Array.<string> | undefined	请求地址集合

创建一个 VectorTile 数据应用的方法如下：

```
new ol.source.VectorTile({
    format: new ol.format.MVT(),
    url: '{z}/{x}/{y}.pbf'
})
```

4. Layer

在 OpenLayers 中，Layer 用于进行地图数据的显示。通过它可以进行地图数据的展示、筛选等操作。OpenLayers 提供了多种类型的 Layer 类，例如 VectorLayer、TileLayer、ImageLayer、XYZLayer 等。不同的 Layer 类有不同的属性和方法，可以根据需要进行配置和扩展。在创建 Layer 时，需要指定图层的数据源。Layer 可以使用不同的数据源来定义，例如 GeoJSON、WMS、XYZ 等。

可以通过 OpenLayers 的 API 方法添加、删除、显示或隐藏 Layer，需要注意的是，在使用 Layer 时需要考虑到数据的性质和规模，以及用户体验和性能方面的问题。可以根据需要对 Layer 进行优化和调整，例如使用瓦片数据来提高性能、使用渐进式加载来提高用户体验等。

在 OpenLayers 中，数据源最终都会以图层的方式呈现出来，一个数据源可以被多次使用形成不同的图层并以不同的样式展示。OpenLayers 中图层和图层类之间、图层和数据源之间的关系如图 3-4 所示。

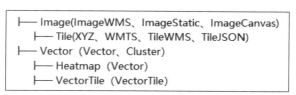

图 3-4　Layer 及子类与数据源的对应

1）ol.layer.Tile

切片图层，数据源为 XYZ、WMTS、TileWMS 等，初始化配置参数如表 3-16 所示。

表 3-16　ol.layer.Tile 的初始化参数

名称	类型	说明
opacity	number | undefined	透明度，范围为 0 ～ 1，默认为 1，表示不透明，0 表示完全透明
source	ol.source.Tile	数据源
visible	boolean | undefined	可见性，默认为 true
extent	ol.Extent | undefined	图层展示范围，超出范围将不作展示
minResolution	number | undefined	最小分辨率
maxResolution	number | undefined	最大分辨率
zIndex	number | undefined	渲染层级，默认为 0，值越大，图层越靠近上层展示

创建一个 Tile 图层的方法如下：

```
new ol.layer.Tile({
    source: new ol.source.XYZ({
        url: 'x={x}&y={y}&z={z}'
```

```
    })
})
```

2）ol.layer.Image

图片图层，如 WMS、静态图片等。初始化配置参数如表 3-17 所示。

表 3-17　ol.layer.Image 的初始化参数

名称	类型	说明
opacity	number | undefined	透明度，范围为 0 ～ 1，默认值为 1，表示不透明，0 表示完全透明
source	ol.source.Tile	数据源
visible	boolean | undefined	可见性，默认为 true
extent	ol.Extent | undefined	图层展示范围，超出范围的将不作展示
minResolution	number | undefined	最小分辨率
maxResolution	number | undefined	最大分辨率
zIndex	number | undefined	渲染层级，默认为 0，值越大，图层越靠近上层展示

创建一个 Image 图层的方法如下：

```
new ol.layer.Image({
    source: imageSource
})
```

3）ol.layer.Vector

矢量图层，指将矢量数据源在客户端的渲染，初始化配置参数如表 3-18 所示。

表 3-18　ol.layer.Vector 的初始化参数

名称	类型	说明
renderMode	ol.layer.VectorRenderType | string | undefined	渲染模式，分为 image 和 vector 两种模式，默认为 vector
extent	ol.Extent | undefined	图层展示范围
minResolution	number | undefined	最小分辨率
maxResolution	number | undefined	最大分辨率
opacity	number | undefined	透明度，范围为 0 ～ 1，默认为 1
source	ol.source.Vector	数据源，必填参数
style	ol.style.Style | Array.<ol.style.Style> | ol.StyleFunction | undefined	图层样式，若不赋值则用默认样式。值可为 style、style 集合或者返回 style、style 集合的样式函数
visible	boolean | undefined	可见性，默认为 true
zIndex	number | undefined	渲染层级，默认为 0，值越大，图层越靠上层展示

说明：在创建 Vector 图层时，如果使用 StyleFunction 定义样式，则 StyleFunction 会接收一个 feature 参数。如下代码所示，StyleFunction 中通过判断不同的 feature 类型，为图层设置不同的颜色。

```
new ol.layer.Vector({
```

```
source: new ol.source.Vector({
    features: [feature]
}),
style: function(feature) {
    const color = feature.get('type') === '1' ? 'red': 'green'
    return new ol.style.Style({
        fill: new ol.style.Fill({
            color: color
        })
    })
}
})
```

5. Controls

在 OpenLayers 中，Control 是一种用于创建地图控件的类。OpenLayers 提供了多种类型的控件，例如 ZoomControl（缩放控件）、ScaleLineControl（比例尺控件）、MousePositionControl（鼠标位置控件）、FullScreenControl（全屏控件）等。每种控件类都具有不同的属性和方法，可以根据需要进行配置和扩展。

Control 作为 OpenLayers 中的一个类，在创建 Control 时需要指定控件的属性。可以使用简单的 HTML 标签来定义 Control，也可以使用 JavaScript 对象来定义。

使用 Control 可以增强地图的交互性和易用性，使用户能够更方便地使用地图功能。需要注意的是，在使用 Control 时需要考虑到不同控件之间的布局和位置关系，以及用户体验和可用性方面的问题。OpenLayers 中默认的控件有 9 种，如图 3-5 所示。

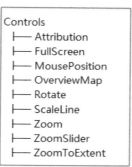

图 3-5　Controls 类及子类

1）ol.control.defaults

地图默认控件，包含 ol.control.Zoom、ol.control.Rotate、ol.control.Attribution。其配置参数如表 3-19 所示。

表 3-19　ol.control.defaults 的配置参数

名称	类型	说明
attribution	boolean | undefined	是否默认添加属性控件，默认为 true
attributionOptions	olx.control.AttributionOptions | undefined	属性控件参数
rotate	boolean | undefined	是否默认添加旋转控件，默认为 true
rotateOptions	olx.control.RotateOptions | undefined	旋转控件参数
zoom	boolean | undefined	是否默认添加缩放控件，默认为 true
zoomOptions	olx.control.ZoomOptions | undefined	缩放控件参数

修改默认控件的方法如下，本例中将属性控件、缩放控件、旋转控件设置为不可用。

```
ol.control.defaults({
    attribution: false,
    zoom: false,
    rotate: false
})
```

2）ol.control.MousePosition

鼠标移动位置控件，其配置参数如表 3-20 所示。

表 3-20　ol.control.MousePosition 的配置参数

名称	类型	说明
className	string | undefined	样式名，默认为 ol-mouse-position
coordinateFormat	ol.CoordinateFormatType | undefined	坐标格式
projection	ol.ProjectionLike	投影，如展示经纬度，则设置为"ESPG:4326"
target	Element | string | undefined	展示的目标容器
undefinedHTML	string | undefined	未定义时显示的值

创建一个鼠标位置控件的示例代码如下：

```
new ol.control.MousePosition({
    className: 'custom-mouse-position',
    target: document.getElementById('location'),
    projection: 'EPSG:3857',
    coordinateFormat: ol.coordinate.createStringXY(5),
    undefinedHTML: ' '
})
```

3）ol.control.OverviewMap

鹰眼图控件，其配置参数如表 3-21 所示。

表 3-21　ol.control.OverviewMap 的配置参数

名称	类型	说明
collapsed	boolean | undefined	折叠，默认为 true
collapseLabel	string | Node | undefined	折叠起来后展示的标签
collapsible	boolean | undefined	是否可折叠，默认为 true
label	string | Node | undefined	展开图标，模式为 »，可以使用一个文本或 DOM 节点替换默认样式
layers	Array.<ol.layer.Layer> | ol.Collection.<ol.layer.Layer> | undefined	鹰眼图展示的图层
target	Element | string | undefined	展示的目标，为 div 的 id 或 div 对象
tipLabel	string | undefined	消息提示，默认为 OverviewMap
view	ol.View | undefined	视图

创建一个鹰眼图控件的代码，如 new ol.control.OverviewMap( )。

4）ol.control.ScaleLine

比例尺控件，因地图投影后纬度方向变形较大，所以比例尺控件采用 Y 轴方向计算其比例尺。ol.control.ScaleLine 的配置参数如表 3-22 所示。

表 3-22　ol.control.ScaleLine 的配置参数

名称	类型	说明
className	string | undefined	样式名，默认为 ol-scale-line
minWidth	number | undefined	最小宽度，默认为 64

名称	类型	说明
target	Element | string | undefined	展示的目标，为一个 div 的 id 或 div 对象
units	ol.control.ScaleLineUnits | string | undefined	单位，默认为 metric

创建一个比例尺控件的代码，如 new ol.control.ScaleLine({})。

6. Interactions

Interactions 类是用于实现地图交互的类，它提供一些方法和事件，可以响应用户的操作。OpenLayers 中的交互包括默认交互和矢量交互，默认交互是 OpenLayers 框架默认添加的交互，包括 DragRotate（拖曳旋转）、DoubleClickZoom（双击放大）、DragPan（拖曳漫游）、PinchRotate（双指旋转）、PinchZoom（双指缩放）、KeyboardPan（键盘漫游）、KeyboardZoom（键盘缩放）、MouseWheelZoom（鼠标滚轮缩放）、DragZoom（拖曳缩放），矢量交互包括 Select（选择）、Draw（绘制）、Modify（修改）、Snap（捕捉）。Interactions 的类别如图 3-6 所示，后面标记了 √ 的是默认交互。

1）ol.interaction.defaults

地图默认交互的顺序是固定的（图 3-6 所示的顺序），初始化一个地图，会自动添加默认交互。如果想改变顺序，则需要在创建地图前排好序，并设置对应的地图初始化参数。一些场景中还可以使用如下方法激活或禁用交互，下列方法是禁用双击放大地图的交互功能。

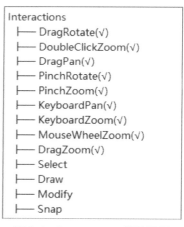

```
// 第一步：获取默认交互
const defaultInteractions = map.getInteractions().
getArray()
// 第二步：获取到 DoubleClickZoom
const dblClickZoom = defaultInteractions.
find(interaction => {
    return interaction instanceof ol.interaction.
DoubleClickZoom
})
// 第三步：禁用 DoubleClickZoom
dblClickZoom.setActive(false)
```

图 3-6　Interactions 类及子类

2）ol.interaction.Select

矢量选择交互是一种用于选择地图要素的交互方法，可以通过鼠标或触屏单击操作，选择地图上的点、线、面等矢量要素。默认情况下，选中要素后，样式会发生变化。通过此交互，可以实现选中要素高亮等效果，使得要素选中变得更加明显。其配置参数如表 3-23 所示。

表 3-23　ol.interaction.Select 的配置参数

名称	类型	说明
condition	ol.EventsConditionType | undefined	触发条件，默认为 singleClick
layers	undefined | Array.<ol.layer.Layer> | function	可被选中的矢量图层的集合

续表

名称	类型	说明
style	ol.style.Style | Array.<ol.style.Style> | ol. StyleFunction | undefined	选中后的样式
multi	boolean | undefined	是否可多选
features	ol.Collection.<ol.Feature> | undefined	默认选中的要素集合
filter	ol.SelectFilterFunction | undefined	过滤条件，true 为可选中

其常用方法如表 3-24 所示。

表 3-24　ol.interaction.Select 的常用方法

名称	类型	说明
getActive	boolean	获取激活状态
getFeatures	ol.Collection.<ol.Feature>	获取选中的要素
setActive	active	设置激活状态

创建一个 Select 交互的方法如下：

```
new ol.interaction.Select({
    // 触发条件
    condition: ol.events.condition.pointerMove,
    // 过滤条件
    filter: function (feat) {
        return feat.get('index') > 1
    },
    // 样式
    style: style
})
```

3）ol.interaction.Draw

矢量图层绘制交互，一种用于绘制地图要素的交互方式，可以通过鼠标或触屏单击操作，绘制地图上的点、线、面等要素。常用配置参数如表 3-25 所示。

表 3-25　ol.interaction.Draw 的配置参数

名称	类型	说明
clickTolerance	number | undefined	单击容差，默认为 6 像素
features	ol.Collection.<ol.Feature> | undefined	已绘制的要素集合
source	ol.source.Vector | undefined	绘制要素的数据源
snapTolerance	number | undefined	捕捉容差，默认为 12 像素
type	ol.geom.GeometryType | string	绘图类型，可选值包括 'Point' 'LineString' 'Polygon' 'MultiPoint' 'MultiLineString' 'MultiPolygon' 'Circle'
stopClick	boolean | undefined	绘制时是否停止单击、单击、双击等事件，默认为 false
style	ol.style.Style | Array.<ol.style.Style> | ol. StyleFunction | undefined	绘制要素的样式
freehand	boolean | undefined	是否为自由绘制，默认为 false

其常用方法如表 3-26 所示。

表 3-26 ol.interaction.Draw 的常用方法

名称	参数	说明
ol.interaction.Draw.createBox	无	创建一个矩形
ol.interaction.Draw.createRegularPolygon	opt_side 为边数；opt_angle 为角度	创建规则多边形
finishDrawing	无	结束绘制
getActive	无	获取激活状态
setActive	激活状态，值为 true 或 false	设置激活状态
removeLastPoint	无	删除最后一个点

创建一个绘制交互的示例代码如下：

```
new ol.interaction.Draw({
    source: source,            // source
    type: 'Polygon',           // 类型
    freehand: false,           // 是否手绘
    style: styleFunction       // 样式
})
```

4）ol.interaction.Modify

矢量图形编辑交互，通过 Modify 可以修改地图上已经添加或绘制的要素，一般与 Select 交互配合使用。常用配置参数如表 3-27 所示。

表 3-27 ol.interaction.Modify 的配置参数

名称	类型	说明
pixelTolerance	number | undefined	捕捉容差
style	ol.style.Style | Array.<ol.style.Style> | ol.StyleFunction | undefined	编辑时的样式
source	ol.source.Vector | undefined	矢量数据源
features	ol.Collection.<ol.Feature> | undefined	被编辑的要素集合

创建一个编辑交互的示例代码如下：

```
const modify=new ol.interaction.Modify({
    features: select.getFeatures()
});
modify.on('modifyend', function(e) {
    console.log(e);
});
```

7. Overlay

Overlay 用于在地图上添加覆盖层，可以是任何 HTML 元素，例如弹出窗口、菜单、文本标签等。使用 Overlay 可以轻松实现一些常见的用户交互功能，使用户与地图交互时获得更多的信息和更好的体验。

Overlay 作为 OpenLayers 中的一个类，在创建 Overlay 时需要指定一个 DOM 元素作为其内容，并可以设置 Overlay 的位置、大小、偏移量等属性。Overlay 可以在地图上的任何位置显示，并且会随着地图的缩放和平移而移动。

Overlay 的常用配置参数及说明如表 3-28 所示。

表 3-28　Overlay 的配置参数

名称	类型	说明
id	number | string | undefined	覆盖层 id
element	Element | undefined	覆盖层元素
offset	Array.<number> | undefined	偏移参数，默认是 [0, 0]
position	ol.Coordinate | undefined	展示的位置，投影与地图投影一致
positioning	ol.OverlayPositioning | string | undefined	显示的位置，可能值有 'bottom-left' 'bottom-center' 'bottom-right' 'center-left' 'center-center' 'center-right' 'top-left' 'top-center' 'top-right'，默认值是 'top-left'
stopEvent	boolean | undefined	是否阻止地图事件，如为 true，则光标移动到覆盖层上面时不可通过滚轮缩放地图或者通过鼠标左键拖曳地图；如为 false，则可操作地图，默认为 true
autoPan	boolean | undefined	当超出可视范围时是否自动调整，如为 true，则会自动调整，如为 false，则不会。默认是 false
autoPanAnimation	olx.OverlayPanOptions | undefined	自动调整动画
autoPanMargin	number | undefined	自动调整的边框距离
className	string | undefined	样式名

表 3-29 为 Overlay 的常用方法。

表 3-29　Overlay 的常用方法

名称	参数	返回值	说明
getElement	无	Element | undefined	获取覆盖层的 DOM 元素
getId	无	number | string | undefined	获取覆盖层的 id
getMap	无	ol.PluggableMap | undefined	获取覆盖层关联的 Map
getOffset	无	Array.<number>	获取覆盖层的偏移
getPosition	无	ol.Coordinate | undefined	获取位置
getPositioning	无	ol.OverlayPositioning	获取展示的位置
setElement	Element	无	设置 DOM 元素
setMap	map	无	设置地图
setOffset	offset	无	设置偏移
setPosition	position	无	设置位置
setPositioning	positioning	无	设置展示位置

创建一个 Overlay 的示例代码如下：

```
// 创建 overlay
var popup = new ol.Overlay({
    element: document.getElementById('popup')
});
// 设置 popup 位置
popup.setPosition(coordinate);
// 将 popup 添加在地图上
map.addOverlay(popup);
```

8. Style

Style 可以控制要素的颜色、大小、边框、填充、透明度等属性，从而使地图上的要素具有不同的外观和视觉效果，使用户能够更清楚地理解地图数据。

OpenLayers 提供了多种类型的 Style 类，例如 CircleStyle、IconStyle、StrokeStyle、FillStyle、TextStyle 等。Style 作为 OpenLayers 中的一个类，在创建时需要指定要素的类型，具体如下。

（1）image：点样式，一般为一个图标或带颜色的填充图形。

（2）stroke：边框样式，线的样式、多边形的边框样式等通过它来设置。

（3）fill：填充样式，多边形的填充样式通过它来设置。

（4）text：文本标注样式。

Style 的常用参数配置及说明如表 3-30 所示。

表 3-30　Style 的配置参数

名称	参数	说明
geometry	undefined | string | ol.geom.Geometry | ol.StyleGeometryFunction	Geometry 对象，一般在 styleFunction 中配合使用
fill	ol.style.Fill | undefined	填充样式
image	ol.style.Image | undefined	点样式
renderer	ol.StyleRenderFunction | undefined	自定义样式，如果设置了该参数，则 fill、stroke 和 image 的值会被忽略
stroke	ol.style.Stroke | undefined	线样式
text	ol.style.Text | undefined	文本样式
zIndex	number | undefined	渲染层级

小技巧： 通过 styleFunction 可以实现很多比较复杂的样式，其返回值可以是一个 Style 对象，也可以是一个 Style 数组。下面的代码演示了 styleFunction 返回数组，并展示线的节点，实现效果如图 3-7 所示。

```
function styleFunciton(feature) {
  const geom = feature.getGeometry();
  const coordinates = geom.getCoordinates();
  console.log(coordinates);
  let styles = [
    new ol.style.Style({
      stroke: new ol.style.Stroke({
        color: '#ff0000',
        width: 3
      })
    })
  ]
  coordinates.forEach(coord => {
    styles.push(new ol.style.Style({
      geometry: new ol.geom.Point(coord),
      image: new ol.style.Circle({
        radius: 5,
        fill: new ol.style.Fill({
          color: '#ffffff'
        }),
```

```
      stroke: new ol.style.Stroke({
        color: '#ff0000',
        width: 2
      })
    })
  }))
})
  return styles;
}
```

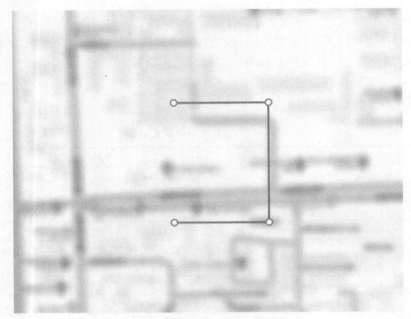

图 3-7   styleFunction 实现复杂样式

1）ol.style.Fill

填充样式，其配置参数如表 3-31 所示。

表 3-31   ol.style.Fill 的配置参数

名称	类型	说明
color	ol.Color | ol.ColorLike | undefined	颜色、渐变色或者图形

2）ol.style.Image

基础类，包括 ol.style.Icon、ol.style.Circle、ol.style.RegularShape。

3）ol.style.Icon

图标样式，其配置参数如表 3-32 所示。

表 3-32   ol.style.Icon 的配置参数

名称	类型	说明
anchor	Array.<number> | undefined	锚点位置，默认为中心 [0.5，0.5]，[0，0] 代表左上
anchorOrigin	ol.style.IconOrigin | undefined	锚点原始位置，可能值包括 bottom-left、bottom-right、top-left、top-right。默认值为 top-left
color	ol.Color | string | undefined	图标颜色，如果未指定，则展示图标本来样式

续表

名称	类型	说明
crossOrigin	null | string | undefined	图像跨域设置，取值为 anonymous 和 use-credentials
img	Image | HTMLCanvasElement | undefined	图标的 img
offset	Array.\<number\> | undefined	偏移，默认为 [0, 0]
offsetOrigin	ol.style.IconOrigin | undefined	图标的偏移初始值，可能值有 bottom-left、bottom-right、top-left、top-right。默认值为 top-left
opacity	number | undefined	透明度默认值为 1
scale	number | undefined	缩放比例，默认为 1，小于 1 为缩小，大于 1 为放大
rotateWithView	boolean | undefined	是否跟随地图旋转，默认值为 false
rotation	number | undefined	旋转弧度，默认为 0
size	ol.Size | undefined	图标大小
src	string | undefined	图标的地址

4）ol.style.RegularShape

如设置了 radius 参数，则为规则多边形，如设置了 radius1 和 radius2 则为星形，其配置参数如表 3-33 所示。

表 3-33　ol.style.RegularShape 的配置参数

名称	类型	说明
fill	ol.style.Fill | undefined	填充样式
points	number	边数
radius	number | undefined	半径
radius1	number | undefined	规则多边形时的外径
radius2	number | undefined	规则多边形时的内径
angle	number | undefined	角度，向上为 0°，默认为 0
stroke	ol.style.Stroke | undefined	边框样式
rotation	number | undefined	旋转弧度，默认为 0
rotateWithView	boolean | undefined	是否跟随视图旋转，默认为 false

5）ol.style.Circle

圆形样式，其参数如表 3-34 所示。

表 3-34　ol.style.Circle 的配置参数

名称	类型	说明
fill	ol.style.Fill | undefined	填充样式
radius	number	半径
stroke	ol.style.Stroke | undefined	边框样式

6）ol.style.Stroke

边框样式，其配置参数如表 3-35 所示。

表 3-35　ol.style.Stroke 的配置参数

名称	类型	说明
color	ol.Color | ol.ColorLike | undefined	边框颜色，如果不设置，则为黑色
lineCap	string | undefined	线帽的样式，可能值有 butt、round、square，默认值为 round
lineJoin	string | undefined	线之间的连接样式，可能值有 bevel、round、miter，默认值为 round
lineDash	Array.<number> | undefined	虚线和间隙的样式
width	number | undefined	宽度

7）ol.style.Text

文本样式，其配置参数如表 3-36 所示。

表 3-36　ol.style.Text 的配置参数

名称	类型	说明
font	string | undefined	CSS 字体设置，默认值为 10px sans-serif
maxAngle	number | undefined	最大展示的角度，当标注位置 placement 为 line 时的参数，默认为 45°（Math.PI / 4）
offsetX	number | undefined	横向的偏移，默认为 0
offsetY	number | undefined	纵向的偏移，默认为 0
overflow	boolean | undefined	是否允许叠加，默认为 false
placement	ol.style.TextPlacement | undefined	标注放置位置，可能值为 point 和 line。为 line 时，要素类型需为线或面。如果设置值为 line，则可以实现沿线标注
scale	number | undefined	比例
rotateWithView	boolean | undefined	是否跟随视图旋转，默认为 false
rotation	number | undefined	旋转弧度，默认为 0
text	string | undefined	文本内容
textAlign	string | undefined	文本对齐方式，可能值有 left、right、center、end、start
textBaseline	string | undefined	文本上下对齐方式，可选值有 bottom、top、middle、alphabetic、hanging、ideographic，默认值为 middle
fill	ol.style.Fill | undefined	填充样式
stroke	ol.style.Stroke | undefined	边框样式

9. Projection

Projection 可以进行不同坐标系之间转换和投影变换，使地图数据正确地显示在地图上。OpenLayers 中支持多种常见的地图投影方式，如 Web 墨卡托、EPSG:4326 等。每种投影方式都具有不同的坐标系和参数，可以使用 EPSG 代码、Proj4 字符串或自定义参数来定义 Projection。需要注意的是，在使用 Projection 时需要确保地图数据和投影方式的一致性，否则地图数据可能会显示不正确或者产生偏差。

1）Proj 方法

OpenLayers 中 Proj 提供了坐标定义或坐标转换等方法，常用方法与参数如表 3-37 所示。

表 3-37　Proj 常用方法与参数

名称	参数	说明
ol.proj.addProjection	projection	添加投影
ol.proj.fromLonLat	coordinate，opt_projection	将经纬度转换为 Web 墨卡托
ol.proj.toLonLat	coordinate，opt_projection	将 Web 墨卡托转换为经纬度
ol.proj.transform	coordinate，source，destination	单点的坐标转换
ol.proj.transformExtent	extent，source，destination	范围的坐标转换，可通过单点的坐标转换计算

2）ol.proj.Projection

定义投影，其配置参数与说明如表 3-38 所示。

表 3-38　ol.proj.Projection 的配置参数

名称	类型	说明
code	string	坐标编码
units	ol.proj.Units | string | undefined	单位
extent	ol.Extent | undefined	范围

使用 Projection 定义投影的示例代码如下：

```
// 定义平面坐标系
var projection = new ol.proj.Projection({
    code: 'xkcd-image',
    units: 'pixels',
    extent: extent
});
// 通过 Proj4 定义 code 为 3395 的坐标系
proj4.defs(
    'EPSG:3395',
    '+proj=merc +lon_0=0 +k=1 +x_0=0 +y_0=0 +datum=WGS84 +units=m +no_defs'
);
```

3.2　Leaflet

3.2.1　简介

Leaflet 是一个功能丰富、易用性高、轻量级的开源 WebGIS 框架，可以用于快速构建和部署交互式地图应用程序。它是一个为基于浏览器、移动设备的友好的交互式地图，Leaflet 的代码仅有 38KB，但它具有开发人员开发在线地图的大部分功能。Leaflet 的主要特点如下。

（1）易用性：Leaflet 提供了简单、易用的 API，它还提供了丰富的示例和文档，方便开发人员学习和使用。

（2）轻量级：Leaflet 是一个轻量级的框架，压缩后只有 38KB 左右。

（3）功能丰富：Leaflet 提供了丰富的功能，包括地图展示、数据可视化、地理编码和地图交互等。它支持多种数据格式和数据源，可以与各种 GIS 服务和 API 集成，例如 WMS、WFS、ArcGIS Server 和 GeoServer 等。

（4）可扩展性：Leaflet 是一个可扩展的框架，可以根据具体需求进行扩展和定制。它提供了插件和组件机制，可以方便地添加新的功能和特性。

（5）跨平台性：Leaflet 可以支持不同的操作系统、浏览器和设备，可以实现跨平台的 GIS 应用程序。

（6）开源：Leaflet 是一个完全开源的框架，可以自由使用、修改和分发。

3.2.2 引用

Leaflet 也可以通过两种方式引入，一种是 script 和 link 标签的方式引入。引入方法如下：

```
<link rel="stylesheet" href="https://unpkg.com/leaflet@1.7.1/dist/leaflet.css"/>
<script src="https://unpkg.com/leaflet@1.7.1/dist/leaflet.js"></script>
```

另一种是通过 npm 的方式进行引入。下载 Leaflet 的安装包后，需要同时引入 Leaflet 代码包和 CSS 文件，CSS 文件需要全部引入，代码包可以全部引入也可以按需引入。引入示例如下：

```
npm install leaflet -save
import L from "leaflet";
import "leaflet/dist/leaflet.css";
```

3.2.3 核心类说明

Leaflet 核心类提供了地图显示、交互、控制等基本功能，是构建 Leaflet 地图应用程序的必要组成部分。图 3-8 所示为结合官方文档和 GitHub 源码整理的 Leaflet 中的核心类及其子类之间的关系。

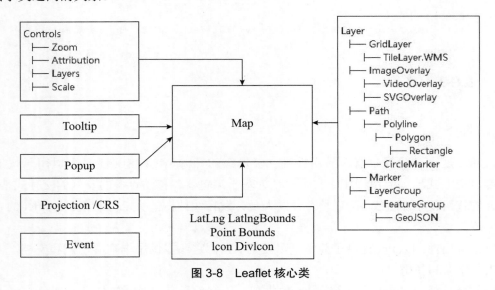

图 3-8　Leaflet 核心类

1. Map

Map 是 Leaflet 的核心类之一，提供了丰富的方法和属性，用于创建和管理地图对象，通过它可以在页面上创建并操作地图。初始化 Map 的方法为：

```
L.map(<String|HTMLElement> id, <Map options> options?)
```
Map 初始化配置参数如表 3-39 所示。

表 3-39　Map 初始化配置参数

类型	参数名称	参数类型	默认值	描述
Option	preferCanvas	Boolean	false	线和面要素的渲染方式，支持 SVG 和 Canvas 两种，默认为 SVG
Control Options	attributionControl	Boolean	true	是否添加属性控件
	zoomControl	Boolean	true	是否添加缩放控件
Interaction Options	closePopupOnClick	Boolean	true	单击地图是否关闭 Popup
	zoomDelta	Number	1	地图缩放级别变化的数量，包括鼠标缩放、缩放控件等
	trackResize	Boolean	true	地图容器大小变化时是否调整地图
	boxZoom	Boolean	true	是否按 Shift 键，可通过拉框操作缩放地图
	doubleClickZoom	Boolean|String	true	是否双击放大，如果为 center，则取地图当前的中心点放大，如果设置为 true，则在鼠标位置放大地图
	dragging	Boolean	true	是否地图可拖曳
Map State Options	crs	CRS	L.CRS.EPSG3857	地图投影，默认为 EPSG:3857
	center	LatLng	undefined	初始化地图中心
	zoom	Number	undefined	初始化地图级别
	minZoom	Number	*	地图的最小缩放级别
	maxZoom	Number	*	地图的最大缩放级别
	layers	Layer[]	[]	初始化图层
	maxBounds	LatLngBounds	null	地图的最大展示范围
	renderer	Renderer	*	绘制矢量图形的方式，可选值有两个：L.SVG 或者 L.Canvas

初始化 Map 的示例代码如下：

```
var map = L.map('map',{
    crs: L.CRS.EPSG3857,
    center: { lon: 103.847 , lat: 36.0473},
    zoom: 4
})
```

Map 相关的事件及说明如表 3-40 所示。

表 3-40　Map 事件及说明

类型	名称	描述
Layer events 图层事件	baselayerchange	底图变化时触发
	overlayadd	通过图层控件选择 Overlay 时触发
	overlayremove	通过图层控件取消选择 Overlay 时触发
	layeradd	图层添加时触发
	layerremove	图层移除时触发

类型	名称	描述
Map state change events 地图状态改变事件	zoomlevelschange	添加或移除图层，导致地图级别变换时触发
	resize	地图大小改变时触发
	load	地图加载完成时触发
	zoomstart	缩放开始时触发
	movestart	移动开始时触发
	zoom	地图缩放时触发
	move	地图移动时触发
	zoomend	缩放结束时触发
	moveend	移动结束时触发
Popup events 弹出框事件	popupopen	Popup 打开时触发
	popupclose	Popup 关闭时触发
Tooltip events 提示信息事件	tooltipopen	Tooltip 打开时触发
	tooltipclose	Tooltip 关闭时触发
Location events 定位事件	locationerror	定位失败时触发
	locationfound	定位成功时触发
Interaction events 交互事件	click	单击地图时触发
	dblclick	双击地图时触发
	mousedown	鼠标按下时触发
	mouseup	鼠标起来时触发
	mouseover	鼠标经过时触发
	mouseout	鼠标移出时触发
	mousemove	鼠标移动时触发
	contextmenu	右击或者长按时触发

如下代码演示了通过注册地图 mousemove 事件，实现鼠标移动时展示鼠标的位置。

```
map.on('mousemove', e => {
    const {lng, lat} = e.latlng
    const lngLat = [lng, lat].map(i => i.toFixed(4)).join(',')
    document.getElementById('mousePosition').innerText = lngLat
})
```

Map 提供的方法及说明如表 3-41 所示。

表 3-41　Map 方法及说明

类型	名称	返回值	描述
渲染方法	getRenderer(<Path> layer)	Renderer	获取渲染方式
图层或控件方法	addControl(<Control> control)	this	添加控件
	removeControl(<Control> control)	this	移出控件
	addLayer(<Layer> layer)	this	添加图层
	removeLayer(<Layer> layer)	this	移出图层
	hasLayer(<Layer> layer)	Boolean	是否存在图层
	eachLayer(<Function> fn, <Object> context ?)	this	枚举添加到地图的所有图层

续表

类型	名称	返回值	描述
图层或控件方法	openPopup(<Popup> popup)	this	打开 Popup
	openPopup(<String|HTMLElement> content，<LatLng> latlng，<Popup options> options?)	this	创建一个 Popup
	closePopup(<Popup> popup?)	this	关闭 Popup
	openTooltip(<Tooltip> tooltip)	this	打开提示框
	openTooltip(<String|HTMLElement> content，<LatLng> latlng，<Tooltip options> options?)	this	创建提示框
	closeTooltip(<Tooltip> tooltip?)	this	关闭提示框
修改地图状态的方法	setView(<LatLng> center，<Number> zoom，<Zoom/pan options> options?)	this	设置视图
	setZoom(<Number> zoom，<Zoom/pan options> options?)	this	设置缩放级别
	zoomIn(<Number> delta?，<Zoom options> options?)	this	放大地图
	zoomOut(<Number> delta?，<Zoom options> options?)	this	缩小地图
	fitBounds(<LatLngBounds> bounds，<fitBounds options> options?)	this	适应范围
	panTo(<LatLng> latlng，<Pan options> options?)	this	移动地图到某一位置
	panBy(<Point> offset，<Pan options> options?)	this	移动地图到某个像素点
	flyTo(<LatLng> latlng，<Number> zoom?，<Zoom/pan options> options?)	this	飞行到位置
	flyToBounds(<LatLngBounds> bounds，<fitBounds options> options?)	this	飞行到范围
	setMaxBounds(<LatLngBounds> bounds)	this	设置地图最大视图范围
	setMinZoom(<Number> zoom)	this	设置最小级别
	setMaxZoom(<Number> zoom)	this	设置最大级别
定位方法	locate(<Locate options> options?)	this	定位方法
	stopLocate( )	this	停止定位
其他方法	addHandler(<String> name，<Function> HandlerClass)	this	添加操作
	remove( )	this	移出所有操作
	createPane(<String> name，<HTMLElement> container?)	HTMLElement	创建面板
	getPane(<String|HTMLElement> pane)	HTMLElement	获取面板
	getPanes( )	Object	获取所有面板
	getContainer( )	HTMLElement	获取地图容器

类型	名称	返回值	描述
获取地图状态的方法	getCenter( )	LatLng	获取中心点
	getZoom( )	Number	获取地图缩放级别
	getBounds( )	LatLngBounds	获取地图范围
	getMinZoom( )	Number	获取地图最小级别
	getMaxZoom( )	Number	获取地图最大级别
	getBoundsZoom(<LatLngBounds> bounds, <Boolean> inside?, <Point> padding?)	Number	获取某一范围的缩放级别
	getSize( )	Point	获取地图大小
	getPixelBounds( )	Bounds	获取地图像素范围
	getPixelOrigin( )	Point	获取地图原点左上的位置
	project(<LatLng> latlng, <Number> zoom)	Point	地理坐标转换为屏幕坐标
	unproject(<Point> point, <Number> zoom)	LatLng	屏幕坐标转换为地理坐标
	distance(<LatLng> latlng1, <LatLng> latlng2)	Number	返回地图坐标下两点之间的距离

2. Marker

Marker 继承自 Layer，提供了丰富的方法和属性，可以用于设置标记的位置、图标、弹出框等。其初始化方法为 L.marker（<LatLng> latlng, <Marker options> options?）。

Marker 类的初始化配置参数如表 3-42 所示。

表 3-42　Marker 初始化配置参数

类型	名称	参数类型	默认值	描述
参数	icon	Icon	*	图标，默认使用 L.Icon.Default 设置的图标
	title	String	"	标题
	alt	String	"	图标名称
	opacity	Number	1	透明度
可拖曳 marker 参数	draggable	Boolean	false	是否可拖曳

其事件及说明如表 3-43 所示。

表 3-43　Marker 事件及说明

名称	说明
move	Marker 移动时触发
dragstart	拖曳开始时触发
movestart	移动开始时触发
drag	拖曳过程中触发
dragend	拖曳结束时触发
moveend	移动结束时触发

其方法及说明如表 3-44 所示。

表 3-44 Marker 方法及说明

名称	返回值	描述
getLatLng( )	LatLng	获取位置
setLatLng(<LatLng> latlng)	this	设置位置
getIcon( )	Icon	获取 icon
setIcon(<Icon> icon)	this	修改 icon
setOpacity(<Number> opacity)	this	设置透明度
toGeoJSON(<Number> precision?)	Object	转成 GeoJSON

Marker 的创建与使用示例代码如下：

```
// 创建 marker 并添加到地图
const marker = L.marker([34.2627, 107.1104]).addTo(map)
// 获取 marker 当前位置
const lngLat = marker.getLatLng()
// 给 marker 注册拖曳事件
marker.on('drag', e => {
    console.log(e)
})
```

3. Popup

Popup 类用于在地图上确定位置显示弹出框，并对弹出框进行各种设置和操作。Popup 类可以通过自定义内容和样式等，为地图应用程序增加更多的交互和可视化效果。如下列代码，创建一个 Popup，并通过 setContent 方法设置 Popup 显示内容，通过 openOn 方法展示在地图上。

```
var popup = L.popup()
    .setLatLng(latlng)
    .setContent('<p>Hello world!<br />This is a nice popup.</p>')
    .openOn(map);
```

Popup 的配置参数及说明如表 3-45 所示。

表 3-45 Popup 配置参数及说明

名称	类型	默认值	说明
maxWidth	Number	300	最大宽度
minWidth	Number	50	最小宽度
maxHeight	Number	null	最大高度
keepInView	Boolean	false	是否在视图内，如选择"是"，则地图被拖出地图范围时会自动调整
closeButton	Boolean	true	是否有关闭按钮
autoClose	Boolean	true	其他弹出框打开时是否关闭
closeOnEscapeKey	Boolean	true	是否可按 Esc 键关闭
closeOnClick	Boolean	*	是否可单击关闭，默认值取决于 Map 中的 closePopupOnClick 参数的值
className	String	''	自定义的类名称

其方法及说明如表 3-46 所示。

表 3-46　Popup 方法及说明

名称	默认值	说明
getLatLng( )	LatLng	获取位置
setLatLng(<LatLng> latlng)	this	设置位置
getContent( )	String | HTMLElement	获取弹出框的内容
setContent(<String | HTMLElement | Function> htmlContent)	this	设置弹出框的内容
getElement( )	String | HTMLElement	获取弹出框的 html 元素
update( )	null	更新，包括内容、布局、位置
isOpen( )	Boolean	判断是否打开
bringToFront( )	this	移到顶层
bringToBack( )	this	移到底层
openOn(<Map> map)	this	在地图上打开

4. Tooltip

用于在地图上展示提示信息，Tooltip 类还提供了丰富的方法和属性，可以设置提示信息的内容、位置、大小、样式等。使用方法为 marker.bindTooltip("my tooltip text").openTooltip()。

其配置参数及说明如表 3-47 所示。

表 3-47　Tooltip 配置参数及说明

参数	类型	默认值	描述
pane	String	'tooltipPane'	添加提示的地图窗格
offset	Point	Point（0，0）	偏移量
direction	String	'auto'	方向，可能值有 'right' 'left' 'top' 'bottom' 'center' 'auto'
permanent	Boolean	FALSE	永久展示还是仅在光标经过时展示
opacity	Number	0.9	透明度

5. TileLayer

加载和展示切片图层，继承自 GridLayer。TileLayer 类还可以设置瓦片图层的 URL、瓦片大小等，其创建方法为：

```
L.tilelayer(<String> urlTemplate, <TileLayer options> options?)
```

如下代码演示了通过使用 tileLayer 添加高德瓦片地图的方法：

```
L.tileLayer('http://webrd0{s}.is.autonavi.com/appmaptile?x={x}&y={y}&z={z}', {
    subdomains: '1234',
    minZoom: 3,
    maxZoom: 18
}).addTo(map);
```

其配置参数及说明如表 3-48 所示。

表 3-48　TileLayer 配置参数及说明

参数	类型	默认值	描述
minZoom	Number	0	最小缩放级别
maxZoom	Number	18	最大缩放级别
subdomains	String | String[]	'abc'	子域，用于多个 URL 的切片地址
errorTileUrl	String	''	切片加载错误地址
zoomOffset	Number	0	缩放偏移
tms	Boolean	false	是否 TMS 服务，是则值要进行反转
zoomReverse	Boolean	false	级别反转，如果是，则会根据最大级别 - 当前级别进行计算
detectRetina	Boolean	false	监测宽屏，如果是，则会对切片进行拼接
crossOrigin	Boolean | String	false	跨域设置

其方法及说明如表 3-49 所示。

表 3-49　TileLayer 方法及说明

名称	返回值	说明
setUrl(<String> url，<Boolean> noRedraw?)	this	设置 url
getTileUrl(<Object> coords)	String	获取切片地址

6. TileLayer.WMS

以切片的方式展示 WMS 服务，继承自 TileLayer，因此也提供 TileLayer 类的所有方法和属性。TileLayer.WMS 的初始化方法如下：

```
L.tileLayer.wms(<String> baseUrl, <TileLayer.WMS options> options)
```

示例代码如下。

```
var wmsLayer = L.tileLayer.wms("https://ip:port/geoserver/lzugis/wms", {
    layers: 'lzugis:china',
    format: 'image/png',
    transparent: true
});
```

其配置参数及说明如表 3-50 所示。

表 3-50　TileLayer.WMS 配置参数及说明

名称	类型	默认值	说明
layers	String	''	必填参数，要展示的图层，多个图层用逗号分隔
styles	String	''	WMS 的展示样式，用逗号隔开
format	String	'image/jpeg'	格式
transparent	Boolean	FALSE	是否透明
version	String	'1.1.1'	使用 WMS 服务的版本
crs	CRS	null	投影参数
uppercase	Boolean	FALSE	参数是否大写，如果为 true，则请求参数名全部大写

7. ImageOverlay

在地图上展示固定范围的静态图片，继承自 Layer。通过 ImageOverlay 类可以加载并显示各种类型的图片图层，并对图片图层进行各种设置和操作。同时，ImageOverlay 类也可以通过自定义图层的位置和大小等功能，为地图应用程序增加更多的灵活性和可视化效果。其创建方法如下：

```
L.imageOverlay(<String> imageUrl, <LatLngBounds> bounds, <ImageOverlay options> options?)
```

示例代码如下：

```
var imageUrl = '/webgis-book/data/tem.png',
    imageBounds = [[40.712216, -74.22655], [40.773941, -74.12544]];
L.imageOverlay(imageUrl, imageBounds).addTo(map);
```

其配置参数及说明如表 3-51 所示。

表 3-51　ImageOverlay 配置参数及说明

名称	类型	默认值	说明
opacity	Number	1	透明度
alt	String	''	替代文本
interactive	Boolean	false	是否可交互
crossOrigin	Boolean | String	false	跨域设置
errorOverlayUrl	String	''	加载错误时的地址
zIndex	Number	1	叠加层级
className	String	''	类名

其方法及说明如表 3-52 所示。

表 3-52　ImageOverlay 方法及说明

名称	返回值	说明
setOpacity(<Number> opacity)	this	设置透明度
bringToFront( )	this	移到顶层
bringToBack( )	this	移到底层
setUrl(<String> url）	this	设置 URL
setBounds(<LatLngBounds> bounds)	this	更新图片范围
setZIndex(<Number> value)	this	改变图片展示层级
getBounds( )	LatLngBounds	获取图片范围
getElement( )	HTMLElement	获取图片 DOM

8. VideoOverlay

在地图上展示视频图层，继承自 ImageOverlay，因此也提供了 ImageOverlay 类的所有方法和属性。VideoOverlay 使用 <video> 标签。初始化方法如下：

```
L.videoOverlay(<String|Array|HTMLVideoElement> video, <LatLngBounds> bounds, <VideoOverlay options> options?)
```

其配置参数及说明如表 3-53 所示。

表 3-53　VideoOverlay 配置参数及说明

名称	类型	返回值	说明
autoplay	Boolean	true	是否自动播放
loop	Boolean	true	是否循环播放
muted	Boolean	false	是否播放声音

9. SVGOverlay

在地图上展示 SVG 图片，可以用于设置 SVG 图层的内容、位置、大小等，继承自 ImageOverlay。其创建方法如下。

```
L.svgOverlay(<String|SVGElement> svg, <LatLngBounds> bounds, <SVGOverlay
options> options?)
```

示例代码如下：

```
var svgElement = document.createElementNS("http://www.w3.org/2000/svg", "svg");
svgElement.setAttribute('xmlns', "http://www.w3.org/2000/svg");
svgElement.setAttribute('viewBox', "0 0 200 200");
svgElement.innerHTML = '<rect width="200" height="200"/><rect x="75" y="23"
width="50" height="50" style="fill: red"/><rect x="75" y="123" width="50"
height="50" style="fill: #0013ff"/>';
var svgElementBounds = [ [ 32, -130 ], [ 13, -100 ] ];
L.svgOverlay(svgElement, svgElementBounds).addTo(map);
```

其配置参数及说明如表 3-54 所示。

表 3-54　SVGOverlay 配置参数及说明

名称	类型	默认值	说明
opacity	Number	1	透明度
alt	String	''	替代文本
interactive	Boolean	false	是否可交互
crossOrigin	Boolean | String	false	跨域配置
errorOverlayUrl	String	''	错误地址
zIndex	Number	1	展示层级
className	String	''	类名

10. Path

Path 是一个抽象类，继承自 Layer。用于定义地图上的路径对象，例如折线、多边形、圆形等，Path 类提供了一些基本的方法和属性，可以用于设置路径对象的样式。Polygon、Polyline、Circle 等都通过 Path 创建，其配置参数如表 3-55 所示。

表 3-55　Path 配置参数及说明

名称	类型	默认值	说明
stroke	Boolean	true	是否描边
color	String	'#3388ff'	描边颜色
weight	Number	3	描边宽度
opacity	Number	1	描边透明度
lineCap	String	'round'	线帽样式

续表

名称	类型	默认值	说明
lineJoin	String	'round'	连接处样式
dashArray	String	null	虚线和间隙的样式设置
dashOffset	String	null	虚线偏移
fill	Boolean	depends	是否填充
fillColor	String	*	填充颜色，默认值取决于 color 属性的值
fillOpacity	Number	0.2	填充透明度
fillRule	String	'evenodd'	填充规则
renderer	Renderer	无	渲染方式，默认为地图配置中 renderer 设置的渲染方式
className	String	null	类名，仅在 SVG 渲染时生效

其方法及说明如表 3-56 所示。

表 3-56　Path 方法及说明

名称	返回值	说明
redraw( )	this	重新绘制
setStyle(<Path options> style)	this	改变样式
bringToFront( )	this	移到顶部
bringToBack( )	this	移到底部

11. Polyline

Polyline 用于表示一条由多个点组成的折线，并可以配置其样式和交互行为。Polyline 继承自 Path。创建一个 Polyline 的方法为：

```
L.polyline(<LatLng[]> latlngs, <Polyline options> options?)
```

该方法需要传入两个参数：latlngs 和 options，latlngs 表示生成线的坐标点的集合，options 参数可以配置折线的宽度、颜色、虚实等。例如，通过下列代码，可以创建一个新的折线，并设置线的颜色为红色，通过 getBounds( ) 方法获取到线的范围，并将地图适配到线的范围。

```
// 通过坐标对创建线
var latlngs = [
    [45.51, -122.68],
    [37.77, -122.43],
    [34.04, -118.2]
];
var polyline = L.polyline(latlngs, {color: 'red'}).addTo(map);
// 缩放地图到线的范围
map.fitBounds(polyline.getBounds());
```

Polyline 的初始化参数如表 3-57 所示。

表 3-57　Polyline 初始化参数

名称	类型	默认值	说明
smoothFactor	Number	1	平滑因子
noClip	Boolean	false	无裁剪

其方法及说明如表 3-58 所示。

表 3-58　Polyline 方法及说明

名称	返回值	说明
toGeoJSON(<Number> precision?)	Object	转换为 GeoJSON
getLatLngs( )	LatLng[]	获取坐标
setLatLngs(<LatLng[]> latlngs)	this	设置坐标
isEmpty( )	Boolean	判断坐标是否为空
getCenter( )	LatLng	获取几何中心点
getBounds( )	LatLngBounds	获取范围
addLatLng(<LatLng> latlng, <LatLng[]> latlngs?)	this	添加点

12. Polygon

Polygon 用于在地图上展示一个多边形，创建一个 Polygon 的方法为：

```
L.polygon(<LatLng[]> latlngs, <Polyline options> options?)
```

该方法需要传入两个参数：latlngs 和 options。latlngs 表示生成多边形的坐标点集合，options 参数可以配置多边形填充颜色、边界样式等。例如，可以使用下列代码创建一个多边形，并设定多边形的边框颜色为绿色，填充颜色为红色。最后一行代码通过获取多边形的边界，将地图缩放自适应到多边形的范围。Polygon 继承自 Polyline，所以，配置参数和方法与 Polyline 相同。

```
// 通过坐标对创建多边形
var latlngs = [[37, -109.05],[41, -109.03],[41, -102.05],[37, -102.04]];
var polygon = L.polygon(latlngs,{color: 'green', fillColor: 'red'}).addTo(map);
// 缩放到多边形范围
map.fitBounds(polygon.getBounds());
```

13. Rectangle

Rectangle 用于在地图上展示矩形，它继承自 Polygon。创建一个 Rectangle 的方法为：

```
L.rectangle(<LatLngBounds> latLngBounds, <Polyline options> options?)
```

该方法需要传入两个参数：latLngBounds 和 options。latLngBounds 传入矩形左下角和右上角的坐标，options 参数可以配置矩形的样式。例如，使用以下代码，可以创建一个新的矩形，并设置矩形的边框颜色和边框粗细。

```
// 通过两个点定义矩形
var bounds = [[54.559322, -5.767822], [56.1210604, -3.021240]];
// 创建一个橙色的矩形
L.rectangle(bounds, {color: "#ff7800", weight: 1}).addTo(map);
// 缩放地图到矩形范围
map.fitBounds(bounds);
```

因为继承自 Polygon，所以 Rectangle 的配置参数和方法与 Polygon 相同。

14. Circle

Circle 类可用于创建圆，它继承自 CircleMarker，初始化方法为：

```
L.circle(<LatLng> latlng, <Number> radius, <Circle options> options?)
```

该方法需要传入三个参数：latlng、radius 和 options。latlng 表示圆的中心点坐标，radius 为圆的半径，options 参数用来配置圆形的样式。例如，可以使用以下代码创建一个新的圆形，并设置半径为 200m。

```
L.circle([50.5, 30.5], {radius: 200}).addTo(map);
// 或者
L.circle([50.5, 30.5], 200, {}).addTo(map);
```

Circle 类的方法及说明如表 3-59 所示。

表 3-59　Circle 方法及说明

名称	返回值	说明
setRadius(<Number> radius)	this	设置半径
getRadius( )	Number	获取半径，单位默认为 m（米）
getBounds( )	LatLngBounds	获取范围

15. CircleMarker

固定像素大小的圆，继承自 Path。其创建方法为：

```
L.circleMarker(<LatLng> latlng, <CircleMarker options> options?)
```

示例代码如下。

```
L.circleMarker([50.5, 30.5], {radius: 10}).addTo(map);
```

其配置参数及说明如表 3-60 所示。

表 3-60　CircleMarker 配置参数及说明

名称	数据类型	默认值	说明
radius	Number	10	半径的大小，单位为像素

其方法及说明如表 3-61 所示。

表 3-61　CircleMarker 方法及说明

名称	返回值	说明
toGeoJSON(<Number> precision?)	Object	转换为 GeoJSON
setLatLng(<LatLng> latLng)	this	设置位置
getLatLng( )	LatLng	获取位置
setRadius(<Number> radius)	this	设置半径
getRadius( )	Number	获取半径

16. LayerGroup

用于将多个图层组合成一个图层，方便图层的管理。继承自 Layer，其创建方法如下：

```
L.layerGroup(<Layer[]> layers?, <Object> options?)
```

示例代码如下：

```
L.layerGroup([marker1, marker2]).addLayer(polyline).addTo(map);
```

其方法及说明如表 3-62 所示。

表 3-62　LayerGroup 方法及说明

名称	返回值	说明
toGeoJSON(<Number> precision?)	Object	转换为 GeoJSON

名称	返回值	说明
addLayer(<Layer> layer)	this	添加图层
removeLayer(<Layer> layer)	this	移除图层
removeLayer(<Number> id)	this	根据图层 id 移除
hasLayer(<Layer> layer)	Boolean	是否包含图层
hasLayer(<Number> id)	Boolean	是否包含指定 id 的图层
clearLayers( )	this	移除所有图层
eachLayer(<Function> fn，<Object> context?)	this	遍历图层
getLayer(<Number> id)	Layer	根据 id 获取图层
getLayers( )	Layer[]	获取图层组里的所有图层
setZIndex(<Number> zIndex)	this	设置展示层级
getLayerId(<Layer> layer)	Number	获取图层的 id

17. FeatureGroup

FeatureGroup 用于将多个地图要素如点、线、面等组合成要素组。FeatureGroup 类继承自 LayerGroup，因此也提供了 LayerGroup 类的所有方法和属性。FeatureGroup 类还提供了一些特定于地图要素的方法和属性，可以用于添加、移除、控制地图要素的可见性等。它的存在更加方便我们完成：一次性绑定弹出框或者提示框、一次性添加事件、图层添加和移除方法。要素组 FeatureGroup 的创建方法为：

```
L.featureGroup(<Layer[]> layers?, <Object> options?)
```

示例代码如下：

```
L.featureGroup([marker1, marker2, polyline])
    .bindPopup('Hello world!')
    .on('click', function() { alert('Clicked on a member of the group!'); })
    .addTo(map);
```

其方法及说明如表 3-63 所示。

表 3-63　FeatureGroup 方法及说明

名称	返回值	说明
setStyle(<Path options> style)	this	设置样式
bringToFront( )	this	移动到顶
bringToBack( )	this	移动到底
getBounds( )	LatLngBounds	获取数据范围

18. GeoJSON

GeoJSON 继承自 FeatureGroup，可以用于将 GeoJSON 数据转换为地图上的图层对象。创建方法如下：

```
L.geoJSON(<Object> geojson?, <GeoJSON options> options?)
```

如下代码所示，演示了将一个 Geojson 文件添加到地图上，并设置样式和添加单击交互的方法。

```
L.geoJSON(data, {
    style: function (feature) {
        return {color: feature.properties.color};
    }
}).bindPopup(function (layer) {
    return layer.feature.properties.description;
}).addTo(map);
```

GeoJSON 类的参数及说明如表 3-64 所示。

表 3-64　GeoJSON 参数及说明

名称	类型	说明
pointToLayer	Function	类型为点的 GeoJSON 数据默认的展示方式，在不指定的情况下，默认返回 L.marker
style	Function	样式函数，仅可以定义线和面图层的样式
onEachFeature	Function	Feature 枚举函数，在每个 Feature 被创建和样式化后，都会调用一次，可以对要素进行事件绑定
filter	Function	过滤条件
coordsToLatLng	Function	将 GeoJSON 坐标转换为 latlng 的函数

其方法及说明如表 3-65 所示。

表 3-65　GeoJSON 方法及说明

类型	返回值	说明
addData(data)	this	添加数据
resetStyle(layer?)	this	重置样式
setStyle(style)	this	修改样式

19. GridLayer

抽象类，用于处理 HTML 元素的平铺网格的通用类，通过 GridLayer 可以创建 html 标签的元素，定义地图网格图层对象，例如地图瓦片图层、热力图层等。创建方法为 L.gridLayer(<GridLayer options> options?)

如下代码演示了通过继承 GridLayer 类，实现 canvas 自定义绘制切片的方法。

```
var CanvasLayer = L.GridLayer.extend({
    createTile: function(coords, done){
        var error;
        // 创建一个 canvas 画布
        var tile = L.DomUtil.create('canvas', 'leaflet-tile');
        // 根据切片参数设置大小
        var size = this.getTileSize();
        tile.width = size.x;
        tile.height = size.y;

        setTimeout(function() {
            done(error, tile);
        }, 1000);
        return tile;
    }
});
```

其配置参数及说明如表 3-66 所示。

表 3-66　GridLayer 配置参数及说明

名称	类型	默认值	说明
tileSize	Number | Point	256	切片大小
opacity	Number	1	透明度
updateInterval	Number	200	更新频率
zIndex	Number	1	展示层级
bounds	LatLngBounds	undefined	图层范围
minZoom	Number	0	最小缩放级别
maxZoom	Number	undefined	最大缩放级别
className	String	''	用户自定义的类名
keepBuffer	Number	2	缓冲设置

20. LatLng

用于定义地图上一个包含经纬度的地理坐标，其创建方法为：

```
L.latLng(<Number> latitude, <Number> longitude, <Number> altitude?) |
L.latLng(<Array> coords) | L.latLng(<Object> coords))
```

其方法及说明如表 3-67 所示。

表 3-67　LatLng 方法及说明

名称	返回值	说明
equals(<LatLng> otherLatLng, <Number> max Margin?)	Boolean	判断两个坐标是否相等，可以设置一定的容差
toString()	String	转成字符串
distanceTo(<LatLng> otherLatLng)	Number	计算以 m 为单位的两点间的距离

21. latLngBounds

用于定义一个矩形地理区域，创建方法为：

```
L.latLngBounds(<LatLng> corner1, <LatLng> corner2 | <LatLng[]> latlngs)
```

示例代码如下：

```
var corner1 = L.latLng(40.712, -74.227),
corner2 = L.latLng(40.774, -74.125),
bounds = L.latLngBounds(corner1, corner2);
```

其方法及说明如表 3-68 所示。

表 3-68　latLngBounds 方法及说明

名称	返回值	说明
extend(<LatLng> latlng)	this	根据坐标扩展
extend(<LatLngBounds> otherBounds)	this	根据范围扩展
pad(<Number> bufferRatio)	LatLngBounds	缩放范围，大于 1 是扩大，小于 1 是缩小
getCenter()	LatLng	获取中心点
getSouthWest()	LatLng	左下坐标
getNorthEast()	LatLng	右上坐标

续表

名称	返回值	说明
getNorthWest()	LatLng	左上坐标
getSouthEast()	LatLng	右下坐标
getWest()	Number	最小经度
getSouth()	Number	最大维度
getEast()	Number	最大经度
getNorth()	Number	最大纬度
contains(<LatLngBounds> otherBounds)	Boolean	判断是否包含矩形区域
contains(<LatLng> latlng)	Boolean	判断是否包含点
intersects(<LatLngBounds> otherBounds)	Boolean	判断跟矩形区域是否相交
overlaps(<LatLngBounds> otherBounds)	Boolean	判断跟矩形区域是否有重叠
toBBoxString()	String	转换为 bbox 字符串
equals(<LatLngBounds> otherBounds, <Number> maxMargin?)	Boolean	判断矩形区域是否相等
isValid()	Boolean	判断是否正确初始化

22. Point

用于定义地图上的一个像素点，Point 类还提供了一些方法和属性，可以用于获取和设置像素点的值、计算两个像素点之间的距离、判断两个像素点是否相等等。Point 的创建方法为：

```
L.point(<Number> x, <Number> y, <Boolean> round? | <Number[]> coords |
<Object> coords)
```

示例代码如下：

```
var point = L.point(200, 300);
```

其方法及说明如表 3-69 所示。

表 3-69　Point 方法及说明

名称	返回值	说明
clone( )	Point	复制点
add（<Point> otherPoint）	Point	坐标相加
subtract（<Point> otherPoint）	Point	坐标相减
divideBy（<Number> num）	Point	坐标除以一个数
multiplyBy（<Number> num）	Point	坐标乘一个数
round( )	Point	四舍五入取整
floor( )	Point	向下取整
ceil( )	Point	向上取整
distanceTo（<Point> otherPoint）	Number	计算两点的距离
equals（<Point> otherPoint）	Boolean	判断两个点是否相等
toString( )	String	转换成字符串

23. Bounds

Bounds 用于定义矩形的像素点坐标，可以用于获取和设置边界框的值、判断像素点是否在边界框内等。其初始化方法为：

```
L.bounds(<Point> corner1, <Point> corner2 | <Point[]> points)
```

示例代码如下。

```
var p1 = L.point(10, 10),
    p2 = L.point(40, 60),
    bounds = L.bounds(p1, p2);
```

其方法及说明如表 3-70 所示。

表 3-70　Bounds 方法及说明

名称	返回值	说明
extend(<Point> point)	this	扩展矩形范围
getCenter(<Boolean> round?)	Point	获取中心点
getBottomLeft( )	Point	左下坐标
getTopRight( )	Point	右上坐标
getTopLeft( )	Point	左上坐标，即最小坐标
getBottomRight( )	Point	右下坐标，即最大坐标
getSize( )	Point	获取范围的大小
contains(<Bounds> otherBounds)	Boolean	是否包含范围
contains(<Point> point)	Boolean	是否包含点
intersects(<Bounds> otherBounds)	Boolean	是否与范围相交
overlaps(<Bounds> otherBounds)	Boolean	是否与范围叠加

24. Icon

Icon 为创建 Marker 时需要提供的一个图标。其创建方法为：

```
L.icon(<Icon options> options)
```

示例代码如下：

```
var myIcon = L.icon({
    iconUrl: 'my-icon.png',
    iconSize: [38, 95],
    iconAnchor: [22, 94],
    popupAnchor: [-3, -76],
    shadowUrl: 'my-icon-shadow.png',
    shadowSize: [68, 95],
    shadowAnchor: [22, 94]
});

L.marker([50.505, 30.57], {icon: myIcon}).addTo(map);
```

其初始化参数及说明如表 3-71 所示。

表 3-71　Icon 初始化参数及说明

名称	类型	默认值	说明
iconUrl	String	null	必需参数，图标的地址
iconSize	Point	null	图标大小
iconAnchor	Point	null	图标锚点位置
popupAnchor	Point	[0，0]	弹出框的锚点位置

续表

名称	类型	默认值	说明
tooltipAnchor	Point	[0, 0]	提示信息锚点位置
shadowUrl	String	null	阴影图标的地址
shadowSize	Point	null	阴影的大小
shadowAnchor	Point	null	阴影图标的锚点位置
className	String	"	类名

其方法及说明如表 3-72 所示。

表 3-72　Icon 方法及说明

名称	返回值	说明
createIcon(<HTMLElement> oldIcon?)	HTMLElement	创建图标
createShadow(<HTMLElement> oldIcon?)	HTMLElement	创建阴影

25. DivIcon

用一个 div 代替图片生成 icon，其创建方法为：

`L.divIcon(<DivIcon options>options)`

示例代码如下：

```
var myIcon = L.divIcon({className: 'my-div-icon'});
L.marker([50.505, 30.57], {icon: myIcon}).addTo(map);
```

其参数及说明如表 3-73 所示。

表 3-73　DivIcon 参数及说明

名称	类型	默认值	说明
html	String | HTMLElement	"	HTML 内容或者元素
bgPos	Point	[0, 0]	背景位置

26. Control.Zoom

缩放控件，继承自 Control 类，所以拥有 Control 类的所有方法和属性。其创建方法为：

`L.control.zoom(<Control.Zoom options> options)`

其配置参数及说明如表 3-74 所示。

表 3-74　Control.Zoom 配置参数及说明

名称	类型	默认值	说明
zoomInText	String	'+'	放大的文字
zoomInTitle	String	'Zoom in'	放大的标题
zoomOutText	String	'—'	缩小的文字
zoomOutTitle	String	'Zoom out'	缩小的标题

27. Control.Scale

比例尺控件，继承自 Control。其创建方法为：

```
L.control.scale(<Control.Scale options> options?)
```

示例代码如下：

```
L.control.scale().addTo(map);
```

其配置参数及说明如表 3-75 所示。

表 3-75　Control.Scale 配置参数及说明

名称	类型	默认值	说明
maxWidth	Number	100	最大宽度
metric	Boolean	true	是否显示公制比例尺
imperial	Boolean	true	是否显示英制比例尺
updateWhenIdle	Boolean	false	是否只在地图缩放结束后更新

28. LineUtil

线的工具类，用于提供一些静态方法，对地图上的线进行各种操作。使用 LineUtil 类可以进行线的长度计算、判断两条线是否相交、计算两个点之间的距离等。LineUtil 的方法及说明如表 3-76 所示。

表 3-76　LineUtil 方法及说明

名称	返回值	说明
simplify(<Point[]> points, <Number> tolerance)	Point[]	简化线
pointToSegmentDistance(<Point> p, <Point> p1, <Point> p2)	Number	返回点 P 到（P_1, P_2）线段的距离
closestPointOnSegment(<Point> p, <Point> p1, <Point> p2)	Point	获取线段（P_1, P_2）上距离点 P 最近的点
clipSegment(<Point> a, <Point> b, <Bounds> bounds, <Boolean> useLastCode?, <Boolean> round?)	Point[] | Boolean	根据矩形截取线

29. Projection

Projection（投影）是用于定义将地图坐标和屏幕坐标进行转换的类。它提供了将地图坐标转换为屏幕坐标和将屏幕坐标转换为地图坐标的方法。Projection 的方法及说明如表 3-77 所示。

表 3-77　Projection 方法及说明

名称	返回值	说明
project(<LatLng> latlng)	Point	将地图坐标转换为屏幕坐标
unproject(<Point> point)	LatLng	将屏幕坐标转换为地图坐标

30. CRS

CRS（Coordinate Reference System，坐标参考系统）是用于定义地图坐标参考系统的类。Leaflet 支持多种坐标参考系统，包括经纬度坐标系、墨卡托投影坐标系、UTM 投影坐标系等。CRS 类提供了将地理坐标系转换为投影坐标系的方法，使得在不同坐标系之间进行地图显示和数据处理变得简单和可靠。CRS 的常用方法及说明如表 3-78 所示。

表 3-78　CRS 常用方法

名称	返回值	说明
latLngToPoint(<LatLng> latlng, <Number> zoom)	Point	将经纬度转换为指定级别下的屏幕坐标
pointToLatLng(<Point> point, <Number> zoom)	LatLng	将屏幕坐标转换为地理坐标
project(<LatLng> latlng)	Point	将经纬度转换为投影坐标
unproject(<Point> point)	LatLng	将投影坐标转换为经纬度坐标

CRS 预定义方法如表 3-79 所示。

表 3-79　CRS 预定义

CRS	说明
L.CRS.EPSG:3395	椭圆墨卡托投影，主要是一些商业切片供应商在使用，如海图
L.CRS.EPSG:3857	球形墨卡托投影，是最常见的在线地图投影坐标，谷歌、OSM 等都在使用。它是 Map 的 CRS 配置项的默认值
L.CRS.EPSG:4326	地理坐标系

3.3　MapboxGL

3.3.1　简介

MapboxGL 是一个基于 WebGL 渲染交互式矢量瓦片地图和栅格瓦片地图的 JavaScript 库，可以用于快速构建和部署交互式地图应用程序。MapboxGL 支持 GeoJSON 或矢量瓦片数据源，可以在多种平台上运行，例如 Web、移动设备、桌面应用程序等。同时还提供多种开发工具和 SDK 库、API 完善，可以方便地进行开发和部署。MapboxGL 构建的应用程序性能高，能够渲染大量的地图要素，拥有流畅的交互以及动画效果。

需要注意的是，MapboxGL 在一些场景下可能需要较高的计算机性能和网络带宽，同时还需要考虑到数据隐私和安全方面的问题。可以根据需要对 Mapbox GL 进行优化和调整，例如使用缓存来提高性能、使用数据压缩来减小数据大小、使用数据加密来保护数据安全等。

MapboxGL 的主要特点如下。

（1）高性能：MapboxGL 使用 WebGL 技术，可以实现高效的地图渲染和数据可视化，可以处理大规模的地图数据和矢量数据。

（2）功能丰富：MapboxGL 提供丰富的功能，包括地图展示、数据可视化、地理编码和地图交互等。它支持多种数据格式和数据源，可以与各种 GIS 服务和 API 集成，例如 WMS、WFS、ArcGIS Server 和 GeoServer 等。

（3）可扩展性：MapboxGL 是一个可扩展的框架，可以根据具体需求进行扩展和定制。它提供插件和组件机制，可以方便地添加新的功能和特性。

（4）跨平台性：MapboxGL 支持不同的操作系统、浏览器和设备，可以实现跨平台的 GIS 应用程序。

3.3.2　引用

与 OpenLayers 和 Leaflet 一样，MapboxGL 的引入方式也有两种。一种通过 script 和 link 标签引入。

```
<link href="··/mapbox-gl.css" rel="stylesheet" />
<script src="··/mapbox-gl.js"></script>
```

另一种通过 npm 的方式引入。

```
npm i mapbox-gl -S
import 'mapbox-gl/dist/mapbox-gl.css';
import mapboxgl from 'mapbox-gl';
// or const mapboxgl = require('mapbox-gl'); // 引入文件，效果同上一行代码
```

3.3.3　核心类说明

结合官方文档，MapboxGL 的知识点及核心类整理如图 3-9 所示。

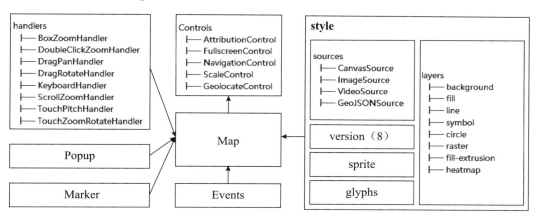

图 3-9　MapBoxGL 核心类

1. Map

Map 类是 MapboxGL 中最核心的类之一，用于创建地图实例并管理地图的显示和交互。Map 类提供了多种方法和事件，用于管理地图数据和控制地图行为。

Map 类的配置参数及说明如表 3-80 所示。

表 3-80　Map 类的配置参数及说明

参数	类型	默认值	说明
accessToken	string	null	访问令牌，如果访问 Mapbox 在线服务则是必需的
antialias	boolean	false	抗锯齿优化，出于效率考虑，默认为 false

续表

参数	类型	默认值	说明
attributionControl	boolean	true	是否添加属性控件
bearing	number	0	地图的初始方位（旋转），默认为 0
bearingSnap	number	7	初识方位容差值
bounds	LngLatBoundsLike	null	初始化范围，如果同时定义了范围和地图的中心点和级别，则范围优先
boxZoom	boolean	true	通过拉框方式缩放
center	LngLatLike	[0，0]	初始化中心点
clickTolerance	number	3	单击容差
container	(HTMLElement | string)	无	地图容器
customAttribution	(string | Array \<string\>)	null	自定义属性
doubleClickZoom	boolean	true	双击放大地图
dragPan	(boolean | Object)	true	是否可拖曳地图
dragRotate	boolean	true	是否可拖曳旋转地图
fadeDuration	number	300	淡入淡出时间
hash	(boolean | string)	false	如果为 true，会在方位地址后加上当前地图参数，刷新页面时用之前的参数，例如 http://path/to/my/page.html#2.59/39.26/53.07/-24.1/60
interactive	boolean	true	是否有交互
keyboard	boolean	true	是否可键盘操作
localFontFamily	string	false	是否启用本地字体
localIdeographFontFamily	string	'sans-serif'	本地字体名称
logoPosition	string	'bottom-left'	Logo 的位置，可能值有 top-left、top-right、bottom-left、bottom-right，默认为 bottom-left
maxBounds	LngLatBoundsLike	null	地图最大范围，超出范围则会调整到该范围内
maxPitch	number	85	倾斜最大值
maxZoom	number	22	最大缩放级别
minPitch	number	0	倾斜最小值
minZoom	number	0	最小缩放级别
pitch	number	0	地图的初始俯仰（倾斜）
renderWorldCopies	boolean	true	在地图缩小时，是否可渲染多个全局地图的副本
scrollZoom	boolean	true	是否可通过鼠标滚轮缩放
style	(Object | string)	'mapbox://styles/mapbox/standard'	地图样式
trackResize	boolean	true	是否自动跟踪地图大小变化
zoom	number	0	初始化缩放级别

初始化一个地图的方法如下：

```
var map = new mapboxgl.Map({
    container: 'map', // 容器
    maxZoom: 18,
    minZoom: 0,
    zoom: 7.4,
    center: {lng: 113.484, lat: 20.9368},
    style: mapStyle,
    attributionControl: false
})
```

Map 相关的方法如表 3-81 ～表 3-84 所示。其中，表 3-81 为通过地图状态相关方法，可以设置或获取地图状态。表 3-82 为图层和数据源相关方法，主要包括图层、数据源以及图像等相关的操作，如添加数据源、添加图层、添加图像等。表 3-83 为相机相关方法，主要用以获取或者设置跟视图相关的内容，如中心点、缩放级别、倾斜角、旋转角度等。表 3-84 为其他方法，包括坐标转换、设置样式、获取地图容器、添加地图控件等。

表 3-81　地图状态的相关方法

名称	参数	返回值	说明
resize	无	Map	调整地图大小
getBounds	无	LngLatBounds	获取地图当前四至
getMaxBounds	无	Map	获取地图最大四至
setMaxBounds	bounds	Map	设置或者清除地图最大四至
setMinZoom	minZoom	Map	设置或者清除最小缩放
getMinZoom	无	number	获取最小缩放
setMaxZoom	maxZoom	Map	设置或者清除最大缩放级别
getMaxZoom	无	number	获取最大缩放级别
getRenderWorldCopies	无	boolean	获取复制地图状态
setRenderWorldCopies	boolean	Map	设置复制地图状态

表 3-82　图层和数据源的相关方法

名称	参数	返回值	说明
addSource	id，source	Map	添加数据源
isSourceLoaded	source-id	boolean	数据源是否加载完成
removeSource	source-id	Map	移除数据源
getSource	source-id	Object	获取数据源
addImage	id，image，options	无	添加图片
updateImage	id，image	无	更新图片
hasImage	id	boolean	是否存在图片
removeImage	id	无	移除图片
loadImage	url，callback	无	加载一个图片
listImages	无	Array<string>	获取样式里面的图片集合
addLayer	layer，beforeId?	Map	添加图层
moveLayer	id，beforeId?	Map	移动图层，设置图层展示顺序

续表

名称	参数	返回值	说明
removeLayer	id	Map	移除图层
getLayer	id	Object	获取图层
setLayerZoomRange	id, minzoom, maxzoom	Map	设置图层缩放范围
setFilter	id, filter, opt = {}	Map	设置图层过滤
getFilter	id	Array	获取图层过滤
setPaintProperty	id, name, val, option = {}	Map	设置绘制属性
getPaintProperty	id，name	any	获取绘制属性
setLayoutProperty	id, name, val, option = {}	Map	设置布局属性
getLayoutProperty	id，name	any	获取布局属性

表 3-83 相机的相关方法

名称	参数	返回值	说明
getCenter	无	LngLat	获取地图中心点
setCenter	center, evtData	Map	设置地图中心点
panBy	offset，options	Map	平移地图
panTo	LngLat, options	Map	平移地图到位置
getZoom	无	number	获取地图缩放级别
setZoom	zoom	Map	设置地图缩放级别
zoomTo	zoom，options	Map	缩放地图到固定级别
zoomIn	无	Map	放大地图
zoomOut	无	Map	缩小地图
getBearing	无	number	获取地图方位
setBearing	bearing	Map	设置地图方位
rotateTo	bearing，options	Map	旋转地图
resetNorth	无	Map	重置地图方位
getPitch	无	number	获取倾斜
setPitch	pitch，options	Map	设置倾斜
setMinPitch	minPitch	Map	设置或者清除最小倾斜
getMinPitch	无	number	获取地图最小倾斜
setMaxPitch	maxPitch	Map	设置或者清除最大倾斜
getMaxPitch	无	number	获取地图最大倾斜
fitBounds	bounds，options	Map	适配范围
jumpTo	options	Map	跳转到参数
flyTo	options	Map	飞行到参数
stop	无	Map	停止地图动画

表 3-84　其他方法

名称	参数	返回值	说明
project	lnglat	Point	经纬度转换为屏幕坐标
unproject	Point	LngLat	屏幕坐标转换为经纬度
queryRenderedFeatures	geometry?，options?	Array<Object>	获取渲染的要素集合
querySourceFeatures	sourceId，parameters?	Array<Object>	获取数据源的要素集合
setStyle	style	Map	设置地图的样式
getStyle	无	style	获取地图的样式
isStyleLoaded	无	boolean	判断样式是否加载完成
getContainer	无	HTMLElement	获取地图的 DOM 元素
getCanvasContainer	无	HTMLElement	获取包含地图画布的 DOM 元素
getCanvas	无	HTMLCanvasElement	获取地图画布
addControl	control，position?	control	添加控件，位置参数的值有 top-left、top-right、bottom-left、bottom-right，默认为 top-right
removeControl	control	control	移除控件
hasControl	control	boolean	判断控件是否添加

Map 类的常用事件及说明如表 3-85 所示。

表 3-85　Map 常用事件及说明

名称	示例	说明
resize	map.on('resize', ( ) => {});	地图改变大小触发
remove	map.on('remove', ( ) => {});	地图移除时触发
mousedown	map.on('mousedown', 'layer-id'?, ( ) => {});	按下鼠标键事件
mouseup	map.on('mouseup', 'layer-id'?, ( ) => {});	抬起鼠标键事件
mouseover	map.on('mouseover', 'layer-id'?, ( ) => {});	光标经过事件
mousemove	map.on('mousemove', 'layer-id'?, ( ) => {});	光标移动事件
click	map.on('click', 'layer-id'?, ( ) => {});	单击鼠标事件
dblclick	map.on('dblclick', 'layer-id'?, ( ) => {});	双击鼠标事件
mouseenter	map.on('mouseenter', 'layer-id', ( ) => {});	光标指针进入事件
mouseleave	map.on('mouseleave', 'layer-id', ( ) => {});	光标指针离开事件
mouseout	map.on('mouseout', ( ) => {});	光标指针移出事件
contextmenu	map.on('contextmenu', ( ) => {});	鼠标右键事件
wheel	map.on('wheel', ( ) => {});	鼠标滚轮事件
movestart	map.on('movestart', ( ) => {});	地图移动开始时触发
move	map.on('move', ( ) => {});	地图移动时触发
moveend	map.on('moveend', ( ) => {});	地图移动结束时触发
dragstart	map.on('dragstart', ( ) => {});	开始拖曳地图时触发
drag	map.on('drag', ( ) => {});	拖曳地图时触发
dragend	map.on('dragend', ( ) => {});	结束拖曳地图时触发

续表

名称	示例	说明
zoomstart	map.on('zoomstart', ( ) => {});	缩放开始时触发
zoom	map.on('zoom', ( ) => {});	缩放时触发
zoomend	map.on('zoomend', ( ) => {});	缩放结束时触发
load	map.on('load', ( ) => {});	地图加载完时触发

2. Style

Style 用于定义地图的数据的管理、图层的管理、图层样式的设置，是地图渲染的核心。Style 类使用 JSON 格式的样式表示，包括样式版本、样式名称、sources、layers 等内容。它是 Map 初始化时的一个重要配置，Style 的配置参数如图 3-10 所示。

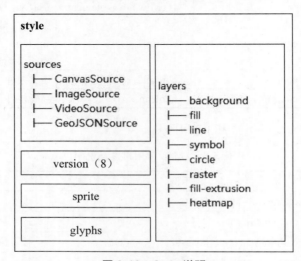

图 3-10   Style 说明

Style 示例样式内容如下：

```
{
    "version": 8,
    "name": "Dark",
    "sources": {
        "mapbox": {
            "type": "vector",
            "url": "mapbox://mapbox.mapbox-streets-v6"
        }
    },
    "sprite": "mapbox://sprites/mapbox/dark-v9",
    "glyphs": "mapbox://fonts/mapbox/{fontstack}/{range}.pbf",
    "layers": [
        {
            "id": "background",
            "type": "background",
            "paint": {
                "background-color": "#fff"
            }
        }
    ]
}
```

Style 参数及说明如表 3-86 所示。

表 3-86　Style 参数及说明

名称	说明
version	样式版本号，常量，值为 8
name	样式名称
sprite	图标库地址
glyphs	字体地址
sources	数据源
layers	图层

3. Source

Source 用于管理地图数据源，MapboxGL 支持多种类型的数据源，如矢量数据源、栅格数据源、矢量瓦片数据源等，每种数据源都对应一个相应的 Source 类。MapboxGL 中的 source 根据类型可分为 vector、raster、raster-dem、image、canvas、video 六种，相关配置如图 3-11 所示。

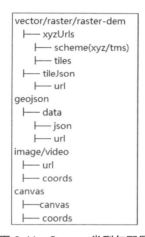

图 3-11　Source 类型与配置

Source 的添加方法有两种：直接写入 Style 和调用 map.addSource( ) 方法，map.addSource( ) 方法添加的示例代码如下：

```
map.addSource('source', {
    type: 'geojson',
    data: 'JSON or URL'
});
```

4. Layer

Layer 是用于管理地图上展示的图层，并定义图层在地图上的要素如何显示、如何与其他要素进行交互等。MapboxGL 中的 Layer 有 10 种：background、circle、line、fill、symbol、raster、fill-extrusion、heatmap、hillshade、sky。Layer 的添加也有两种方式：在 style 文件内添加或调用 map.addLayer（layer）。map.addLayer（layer）方式添加的示例代码如下。

```
map.addLayer({
    id: 'points',
    type: 'circle',
    source: 'points',
    paint: {
```

```
        'circle-color': '#ff0000',
        'circle-radius': 3,
        'circle-stroke-width': 0
    }
})
```

MapboxGL 中，Source 和 Layer 是一对多的关系，同一个 Source 可通过多个图层、多种样式呈现出来。一个 Layer 的配置及说明如表 3-87 所示。

表 3-87　layer 配置及说明

名称	类型	说明
id	string	必需参数，图层的唯一 id
type	enum	必需参数，枚举类型，值包括 fill、line、symbol、circle、heatmap、fill-extrusion、raster、hillshade、background、sky，代表图层的渲染类型
filter	expression	图层过滤，是一个表达式，如 ['in', 'id', 1, 2]
layout	layout	图层布局属性
maxzoom	number	最大级别
metadata	object	元数据，图层的说明性内容
minzoom	number	最小级别
paint	paint	图层的绘制属性
source	string	数据源
source-layer	string	针对矢量切片，数据源中的图层名

1）background

背景图层样式，一般放在 style 配置中，其样式配置参数如图 3-12 所示。

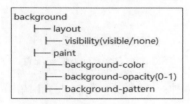

图 3-12　背景图层配置

2）circle

点图层样式设置，其样式参数如图 3-13 所示。

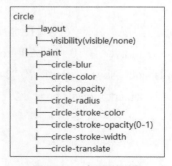

图 3-13　点图层配置

3）line

线图层样式，其样式参数如图 3-14 所示。

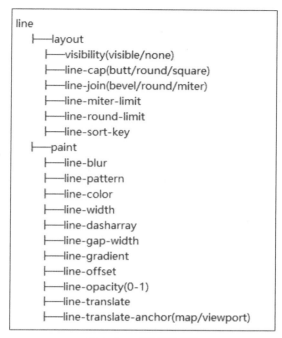

图 3-14　线图层配置

4）fill

填充图层样式，其配置如图 3-15 所示。

5）raster

栅格图层样式，其配置如图 3-16 所示。

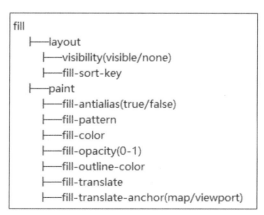

图 3-15　面图层配置

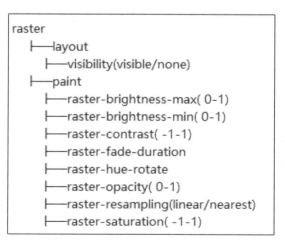

图 3-16　栅格图层配置

6）fill-extrusion

白膜图层样式，其配置如图 3-17 所示。

```
fill-extrusion
   ├──layout
   │    ├──visibility(visible/none)
   ├──paint
       ├──fill-extrusion-base
       ├──fill-extrusion-color
       ├──fill-extrusion-height
       ├──fill-extrusion-opacity( 0-1)
       ├──fill-extrusion-pattern
       ├──fill-extrusion-translate
       ├──fill-extrusion-translate-anchor
       ├──fill-extrusion-vertical-gradient(true/false)
```

图 3-17　拉伸填充图层配置

7）heatmap

热力图的图层样式，其配置如图 3-18 所示。

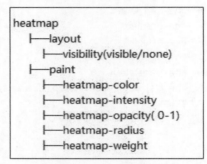

```
heatmap
   ├──layout
   │    ├──visibility(visible/none)
   ├──paint
       ├──heatmap-color
       ├──heatmap-intensity
       ├──heatmap-opacity( 0-1)
       ├──heatmap-radius
       ├──heatmap-weight
```

图 3-18　热力图图层配置

8）hillshade

高程阴影图层，其配置如图 3-19 所示。

```
hillshade
   ├──layout
   │    ├──visibility(visible/none)
   ├──paint
       ├──hillshade-accent-color
       ├──hillshade-exaggeration(0-1)
       ├──hillshade-highlight-color
       ├──hillshade-illumination-anchor
       ├──hillshade-illumination-direction(0-359)
       ├──hillshade-shadow-color
```

图 3-19　山体阴影图层配置

9）sky

天空图层样式，其配置如图 3-20 所示。

```
sky
    ├──layout
    │    ├──visibility(visible/none)
    ├──paint
         ├──sky-atmosphere-color
         ├──sky-atmosphere-halo-color
         ├──sky-atmosphere-sun( 0-360/180)
         ├──sky-atmosphere-sun-intensity(0-100)
         ├──sky-gradient
         ├──sky-gradient-center
         ├──sky-gradient-radius
         ├──sky-opacity(0-1)
         ├──sky-type(gradient/atmosphere)
```

图 3-20　天空样式配置

10）symbol

符号图层样式，包括图标和文本的配置，所以其配置参数比较多，配置参数如图 3-21
所示。

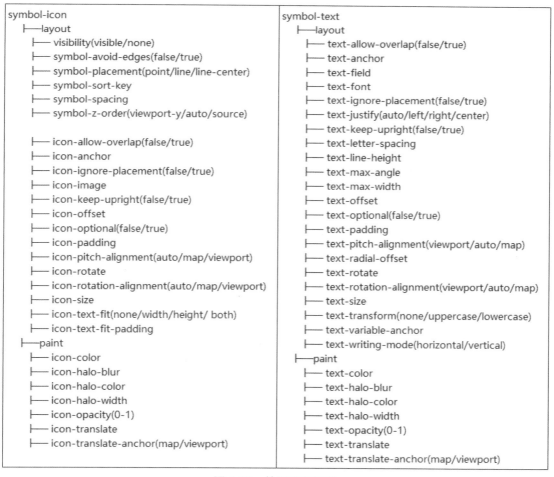

图 3-21　符号图层配置

11）filter

图层过滤配置，针对 Source 类型为 Vector 的图层，我们可通过 style 中的 filter 配置或者 map.setFilter( ) 方法来设置图层的过滤条件。常用过滤及示例如表 3-88 所示。

表 3-88 过滤及说明

过滤器	说明	示例
==	等于	['==', 'num', 15]
!=	不等于	['!=', 'cluster', true]
>	大于	['>', 'height', 100]
>=	大于等于	['>=', 'height', 100]
<	小于	['<', 'height', 100]
<=	小于等于	['<=', 'height', 100]
in	在值范围内	['in', 'name', ' 北京市 ', ' 天津市 ']
not in	不在值范围内	['!in', 'name', ' 北京市 ', ' 天津市 ']
has	包含字段	['has', 'point_count']
not has	不包含字段	['!', ['has', 'point_count']]

示例代码如下：

```
// 添加过滤条件，
map.setFilter('bike-docks', ['>=', ['get', 'available-spots'], 5]);
// 当条件为 null 的时候，则为删除条件
map.setFilter('bike-docks', null);
```

5. Control

Control 是用于添加和管理地图控件的核心类之一。控件是一些常用的 UI 元素，例如缩放控件、比例尺等，可以帮助用户更加方便地浏览和操作地图。MapboxGL 提供了一些预定义的控件，同时也支持开发者自定义控件。MapboxGL 中地图控件包括AttributionControl（属性控件）、FullscreenControl（全屏控件）、NavigationControl（缩放控件）、ScaleControl（比例尺控件）、GeolocateControl（地理定位控件）。

1）AttributionControl

在地图上展示地图信息的属性控件，创建方法和示例代码如下：

```
map.addControl(new mapboxgl.AttributionControl({
    customAttribution: 'WebGIS 开发 '
}));
```

属性控件的配置参数及说明如表 3-89 所示。

表 3-89 AttributionControl 配置参数及说明

名称	数据类型	默认值	说明
compact	boolean?	无	是否以简洁方式展式，简洁方式只展示控件图标，当光标悬停时会显示全部内容
customAttribution	（string	Array\<string\>）?	无	自定义属性内容

2）FullscreenControl

全屏控件，配置参数只有 container，用以指定全屏的容器，其初始化方法和示例代码

如下：

```
map.addControl(new mapboxgl.FullscreenControl({
    container: document.querySelector('body')
})); ·
```

3）GeolocateControl

定位控件，其创建方法和示例代码如下：

```
map.addControl(new mapboxgl.GeolocateControl({
    positionOptions: {
        enableHighAccuracy: true
    },
    trackUserLocation: true,
    showUserHeading: true
}));
```

其配置参数及说明如表 3-90 所示。

表 3-90　GeolocateControl 配置参数及说明

名称	数据类型	默认值	说明
fitBoundsOptions	Object	{maxZoom：15}	定位的适配参数
showAccuracyCircle	Object	true	显示定位精度圆圈
showUserLocation	Object	true	显示用户位置
trackUserLocation	Object	false	跟踪用户位置

其相关事件及说明如表 3-91 所示。

表 3-91　GeolocateControl 事件及说明

名称	示例	说明
geolocate	geolocate.on('geolocate', ( ) => {});	位置改变事件
trackuserlocationstart	geolocate.on('trackuserlocationstart', ( ) => {});	跟踪用户位置开始时触发
trackuserlocationend	geolocate.on('trackuserlocationend', ( ) => {});	跟踪用户位置结束时触发

4）NavigationControl

NavigationControl 可用于在地图中添加缩放按钮和指北针按钮。如下代码展示了向地图添加 NavigationControl 控件，包含缩放按钮和指北针，该控件将会显示在地图的左上角。

```
var nav = new mapboxgl.NavigationControl({
    showCompass: false,
    visualizePitch: true
});
map.addControl(nav, 'top-left');
```

NavigationControl 控件的配置参数及说明如表 3-92 所示。

表 3-92　NavigationControl 配置参数及说明

名称	数据类型	默认值	说明
showCompass	boolean	TRUE	显示指北按钮
showZoom	boolean	TRUE	显示缩放按钮

6. Marker

Marker 用于在地图上添加标记。标记可以是自定义的图标、文字、HTML 元素等。MapboxGL 的 Marker 类提供了多种方法和事件，可以用于创建、管理和交互地图标记。创建一个 Marker，其初始化方法和示例代码如下：

```
const marker = new mapboxgl.Marker({
    color: "#FFFFFF",
    draggable: true
}).setLngLat([30.5, 50.5]).addTo(map);
```

Marker 的配置参数及说明如表 3-93 所示。

表 3-93　Marker 配置参数及说明

名称	数据类型	默认值	说明
anchor	string	'center'	锚点参数，可能值有 center、top、bottom、left、right、top-left、top-right、bottom-left、bottom-right，默认为 center
clickTolerance	number	0	单击容差，默认取 Map 的设置
color	string	'#3FB1CE'	颜色
draggable	boolean	false	是否可拖曳
element	HTMLElement?	无	DOM 元素
offset	PointLike?	无	偏移参数
rotation	number	0	旋转参数
rotationAlignment	string	'auto'	旋转时的对齐参数
scale	number	1	缩放比例，默认大小为 27×41

其方法及说明如表 3-94 所示。

表 3-94　Marker 方法及说明

名称	参数	返回值	说明
addTo	map	Marker	添加到 Map
remove	无	Marker	从 Map 中移除
getLngLat	无	LngLat	获取位置
setLngLat	LngLat	Marker	设置位置
getElement	无	HTMLElement	获取 DOM 元素
setPopup	Popup	Marker	设置弹出框
togglePopup	无	Marker	切换显示或隐藏弹出框
getOffset	无	Point	获取偏移参数
setOffset	Point	Marker	设置偏移参数
setDraggable	boolean	Marker	设置是否可拖曳
isDraggable	无	boolean	获取是否可拖曳参数
setRotation	number	Marker	设置旋转参数
getRotation	无	number	获取旋转参数
setRotationAlignment	String	Marker	设置旋转对齐方式
getRotationAlignment	无	String	获取旋转对齐方式
setPitchAlignment	String	Marker	设置倾斜对齐方式
getPitchAlignment	无	String	获取倾斜对齐方式

小技巧: 将 Marker 与第三方图表插件,如 ECharts 相结合,可以实现地图统计图等。

7. Popup

Popup 是用于在地图上显示弹出框的核心类。弹出框可以显示更多的信息,例如标记的名称、描述、图片等,同时也可以包含自定义的 HTML 元素。MapboxGL 的 Popup 类可以用于创建、管理和交互地图弹出框。Popup 的创建方法和示例代码如下:

```
const markerHeight = 50;
const markerRadius = 10;
const linearOffset = 25;
const popupOffsets = {
    'top': [0, 0],
    'top-left': [0, 0],
    'top-right': [0, 0],
    'bottom': [0, -markerHeight],
    'bottom-left': [linearOffset, (markerHeight - markerRadius + linearOffset) *
-1],
    'bottom-right': [-linearOffset, (markerHeight - markerRadius + linearOffset)
* -1],
    'left': [markerRadius, (markerHeight - markerRadius) * -1],
    'right': [-markerRadius, (markerHeight - markerRadius) * -1]
};
const popup = new mapboxgl.Popup({offset: popupOffsets, className: 'my-class'})
    .setLngLat(e.lngLat)
    .setHTML("<h1>Hello World!</h1>")
    .setMaxWidth("300px")
    .addTo(map);
```

其配置参数及说明如表 3-95 所示。

表 3-95 Popup 配置参数及说明

名称	数据类型	默认值	说明
anchor	string	无	锚点位置,可能值包括 center、top、bottom、left、right、top-left、top-right、bottom-left、bottom-right
className	string	无	类名称
closeButton	boolean	true	是否显示关闭按钮
closeOnClick	boolean	true	单击地图时是否关闭弹窗
closeOnMove	boolean	false	移动时是否关闭弹窗
focusAfterOpen	boolean	true	第一次打开时是否聚焦地图
maxWidth	string	'240px'	最大宽度
offset	(number | PointLike | Object)?	无	偏移参数

其方法及说明如表 3-96 所示。

表 3-96 Popup 方法及说明

名称	参数	返回值	说明
addTo	map	Popup	添加到地图
isOpen	无	boolean	判断是否打开
remove	无	Popup	从地图上移除
getLngLat	无	LngLat	获取位置

续表

名称	参数	返回值	说明
setLngLat	LngLat	Popup	设置位置
getElement	无	HTMLElement	获取 DOM 元素
setText	String	Popup	设置文本内容
setHTML	String	Popup	设置 HTML 内容
getMaxWidth	无	String	获取最大宽度
setMaxWidth	String	Popup	设置最大宽度
addClassName	String	Popup	添加类名
removeClassName	String	Popup	移除类名
toggleClassName	String	Popup	切换添加和移除类名
getOffset	无	Point	获取偏移参数
setOffset	Point	Popup	设置偏移参数

3.4　小结

本章讲述了 WebGIS 开发中用到的开源框架：OpenLayers、Leaflet 和 MapboxGL，对如何理解、应用这些框架做了详尽的说明，帮助用户在学习时快速上手和开发中快速提升。另外还提及了其他 WebGIS 框架，如高德地图 API、百度地图 API 等，对于一些功能相对简单、项目体量较小、可以连网应用的情况，可以非常方便且能够满足需求。此外，还有一些专业的 GIS 软件开发公司也提供操作更简单、文档更加齐全的 WebGIS 开发 API，如 ESRI 的 Arcgis for js 等，在开发中有实际需求时也会使用到。

WebGIS 框架是用于构建 WebGIS 应用程序的软件架构，通常包括地图显示、数据管理、空间分析、可视化等功能。本章所列举的框架中，Leaflet 和 OpenLayers 都是开源 JavaScript 库，Leaflet 更加轻量，它们都用于构建交互式地图应用程序，都提供了丰富的地图显示和交互功能，同时也支持各种地图数据格式和插件扩展。MapboxGL 是一个基于 WebGL 的地图渲染引擎，用于构建交互式地图应用程序，它提供了高性能的地图显示和交互功能，可以与 Mapbox 的地图服务进行集成。

总的来说，每个框架的特点和优劣势有所不同，开发者可根据实际情况进行选择和使用。

高　级　篇

　　高级篇将从 GIS 服务、空间数据管理、基于框架的地图功能开发等几方面展开，是在基础篇基础上的提升，内容涵盖 WebGIS 开发中的大部分技能和知识点。

一个 WebGIS 系统通常由客户端、服务端和数据端三部分（图 4-1）构成，客户端是可以被用户感知的终端，用于向用户展示地图和地理数据，并负责执行用户交互。服务端处于中间位置，包括 Web 服务和 GIS 服务，分别用于处理 Web 请求与响应、处理地理空间数据、进行相关业务逻辑实现等。数据端顾名思义是负责数据管理的终端，包括空间数据和非空间数据的存储与管理。

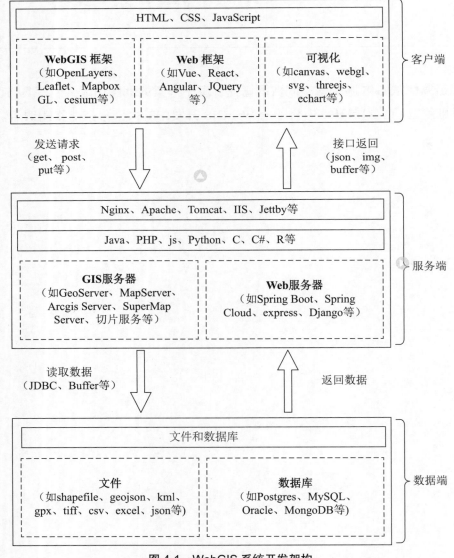

图 4-1　WebGIS 系统开发架构

图 4-1 所示为 WebGIS 系统的通用框架，上述数据交互的流程为，客户端发出指令到达服务端，服务端解析指令并拆解成为具体的过程，然后连接数据端进行读写操作，执行完成后，将结果返回给客户端。可以看到，解析前端请求指令、连接数据库读写数据都是由服务端完成的，其中，Web 服务器的内容在 1.5 节中已经有所介绍，本章主要讲解 GIS 服务器。

4.1 OGC标准

OGC（Open GeoSpatial Consortium）标准是由开放地理空间联盟制定的一系列地理信息技术标准，是 GIS 服务中遵循的最主要的标准。OGC 是一个非营利性组织，目的是定制与空间信息、基于位置服务相关的标准，促进地理信息系统（GIS）和其他相关领域的互操作性和数据共享。这些标准其实是一些接口或编码的技术文档，不同厂商和各种 GIS 产品都可以对照这些文档来定义开发服务的接口、空间数据存储的编码、空间操作的方法等。

目前，OGC 提供的标准多达几十种，常用的服务如 WMS、WFS、WCS、WMTS 等，还有一些地理数据信息的描述文档，如 KML、SFS、GML、SLD（地理数据符号化）等。

OGC 标准已经成为 GIS 和其他相关领域的国际标准，被广泛应用于地图制作、遥感影像处理、地理空间分析和其他相关领域。在 WebGIS 开发中，它在地理信息的存储、传输和分析方面发挥着重要作用。本节主要对常用服务和它们所支持的操作接口等进行说明。

4.1.1 WMS

WMS（Web Map Service，Web 地图服务）是一种用于在 Web 上发布地图数据的标准协议，被广泛应用于地图制作、数据共享、空间分析和其他相关领域。WMS 将地理数据添加样式后进行实时出图，是一个使用动态数据或用户定制地图的理想解决办法。WMS 服务的主要使用场景包括用于地图渲染和实时出图功能。WMS 具有以下特征。

（1）是最常用的地图服务之一。

（2）支持实时渲染和数据实时更新。

（3）可以结合多种样式实现多样化渲染。

（4）数据量大时会出现渲染效率慢的情况，比较适用于小数据量的场景。

1. WMS 接口

WMS 定义了一组标准化的接口和参数，可以方便地与其他 GIS 应用程序进行集成和交互，可以支持多种数据格式、多种投影方式、多层数据，支持地图的缩放和平移，同时还支持标注和查询等。OGC 定义的 WMS 服务的接口如表 4-1 所示。

表 4-1　WMS 服务参数及说明

接口	参数	参数含义	是否必需
GetCapabilities 获取服务能力	VERSION	版本号	否
	SERVICE=WMS	服务类型，固定值：WMS	是
	REQUEST=GetCapabilities	请求接口	是
	FORMAT	返回类型，如果未定义，默认为 xml 格式	否

续表

接口	参数	参数含义	是否必需
GetMap 获取地图	VERSION	版本号	是
	REQUEST=GetMap	请求接口	是
	LAYERS	图层名称	是
	STYLES	样式类型	是
	BBOX	边界框值	是
	CRS	投影坐标系	是
	WIDTH	图片宽度	是
	HEIGHT	图片高度	是
	FORMAT	图片格式	是
	TRANSPARENT	图片是否透明，默认为 false，不透明	否
	BGCOLOR	图片背景	否
	TIME	请求时间，主要用于元数据中包括时间维度时使用，如天气数据	否
	ELEVATION	用于元数据包括高程维度时，如不同海拔高度的氧气浓度等	否
GetFeatureInfo 获取要素信息	VERSION	版本号	是
	REQUEST=GetFeatureInfo	请求接口	是
	QUERY_LAYERS	查询图层，表示检索的图层信息，多个图层以逗号隔开	是
	INFO_FORMAT	返回格式，表示特征信息以何种形式返回	是
	FEATURE_COUNT	特征信息数，表示每个图层返回的最大特征信息数	否

2. WMS 请求

WMS 使用 HTTP GET 方法发送请求，请求 URL 中需要包含各接口的必要参数。以 GetMap 接口为例，获取一个区域的出图结果，请求示例如下：

```
https://ip: port/geoserver/lzugis/wms?
    SERVICE=WMS&
    VERSION=1.1.1&
    REQUEST=GetMap&
    FORMAT=image/png&
    TRANSPARENT=true&
    LAYERS=lzugis: province&
    SRS=EPSG:4326&
    WIDTH=769&
    HEIGHT=442&
    BBOX=70.470703125,16.4619140625,138.005859375,55.2568359375
```

该地址中包含 GetMap 接口的所有必需的参数，获取的是以图片形式返回的地图图像。

4.1.2 WFS

WFS（Web Feature Service，Web 要素服务）是一种用于在 Web 上发布矢量地理信息数据的标准协议。支持对地理要素的插入、更新、删除、检索等，用户可以通过 WFS 协议获取到需要的矢量地理信息数据。该服务根据 HTTP 客户请求返回 GML（Geography Markup Language，地理标识语言）数据，可以通过 OGC Filter 构造查询条件，支持基于空间几何关系的查询、基于属性域的查询、基于空间关系和属性域的共同查询等。WFS 获取到的结果包括矢量地理数据、数据范围、数据属性等内容，用户可以根据需要选择合适的参数进行访问和查询。

WFS 的主要使用场景包括用于地图数据的基本增删改查、用于数据的导出及高级查询操作。

1. WFS 接口

OGC 定义的 WFS 服务的接口如表 4-2 所示。

表 4-2　WFS 服务参数及说明

接口	参数	参数含义	是否必须
GetCapabilities 获取服务能力	SERVICE	服务名称	是
	REQUEST=GetCapabilities	请求接口	是
GetFeature 根据条件查询地理要素信息	VERSION	版本号	是
	SERVICE	服务名称	是
	REQUEST=GetCapabilities	请求接口	是
	OUTPUTFORMAT	输出格式	否
	STARTINDEX	起始索引，设置查询结果从该索引位置显示	否
	COUNT	限制返回属性值的数量	否
	BBOX	边界范围	否
	RESOLVE	资源文件位置，默认为 none	否
	RESOLVEDEPTH	资源解析深度，默认值为 *	否
	RESOLVETIMEOUT	解析超时时间	否
	FILTER	过滤条件	否
	SORTBY	排序字段，表示按照哪个特征字段进行排序	否
	MAXFETURES	最大特征数	否
	PROPERTYNAME	特征类型名称	否
	SRSNAME	坐标系名称，表示 WFS 能够处理的投影坐标	否
	STOREDQUERY_ID	查询标识符	是
	RESOURCEID	资源表示 id	否
	RESULTTYPE	查询响应操作，默认为 results，表示返回资源的完整文档	否

2. WFS 请求

以 GetFeature 为例，通过访问 WFS 服务来获取一个区域的数据。WFS 服务获取到的是要素的矢量数据，包括空间数据和属性数据。访问以下接口，会获取到以 JSON 格式返回的要素信息。

```
https://lzugis.cn/geoserver/lzugis/ows?
    service=WFS&
    version=1.0.0&
    request=GetFeature&
    typeName=lzugis: province&
    maxFeatures=5&
    outputFormat=application/json
```

4.1.3　WMTS

WMTS（Web Map Tile Service，Web 地图切片服务）是一种用于在 Web 上发布地图切片数据的标准协议，用户可以通过 WMTS 协议获取到需要的地图切片数据。WMTS 提供一种采用预定义切片方法发布数字地图服务的标准化解决方案，弥补 WMS 在数据不变的情况下请求慢的不足。WMTS 服务返回的是预先生成的地图切片数据，而不是动态生成的地图图像，通过提供静态数据（基础地图）来增强伸缩性。它的主要使用场景如下。

（1）用于地图数据缓存切片。WMTS 服务由 Geoserver 插件 GeoWebCache 实现，对数据进行缓存。

（2）加载无须更新要素的地图数据。数据不会频繁变化，结合数据缓存，提高渲染性能。

（3）数量大或区域面积比较广的场景。

需要注意：使用 WMTS 服务需要制定切片规则，即切片方案。所以，使用前需要对切片知识有所了解。

1. WMTS 接口

OGC 定义的 WMTS 服务的接口如表 4-3 所示。

表 4-3　WMTS 服务参数及说明

接口	参数	参数含义	是否必需
GetCapabilities 获取服务能力	SERVICE	服务名称	是
	REQUEST=GetCapatilities	请求接口	是
GetTile 获取服务切片	SERVICE	服务名称	是
	REQUEST=GetTile	请求接口	是
	VERSION	版本号	是
	LAYER	图层	是
	STYLE	样式类型	是
	FORMAT	返回格式	是
	TILEMATRIXSET	瓦片矩阵设置	是
	TILEMATRIX	瓦片矩形	是
	TILEROW	瓦片的行索引	是
	TILECOL	瓦片的列索引	是
GetFeatureInfo 获取要素信息	SERVICE	服务名称	是
	REQUEST=GetTile	请求接口	是
	REQUEST=GetFeatureInfo	请求接口	是
	VERSION	版本号	是

续表

接口	参数	参数含义	是否必需
GetFeatureInfo 获取要素信息	GetTile	GetTile 的请求参数，主要是获取瓦片	否
	I	瓦片水平方向的像素点，取值范围为 0 ～瓦片宽度 −1	是
	J	瓦片垂直方向的像素点，取值范围为 0 ～瓦片高度	否
	INFOFORMAT	信息返回格式	是

2. WMTS 请求

WMTS 服务获取的结果也是一张图片，以 GetTile 接口为例，获取一个栅格瓦片的请求示例如下：

```
https://ip: port/geoserver/gwc/service/wmts?
    layer=lzugis: province&
    tilematrixset=EPSG: 4326&
    Service=WMTS&
    Request=GetTile&
    Version=1.0.0&
    Format=image/png&
    TileMatrix=EPSG:4326: 3&
    TileCol=13&
    TileRow=3
```

4.1.4 WCS

WCS（Web Coverage Service，Web 覆盖服务）是一种用于在 Web 上发布栅格数据的标准协议，用户可以通过 WCS 协议获取到需要的栅格数据。它发布的是 Coverage 数据，与 WMS 和 WMTS 不同，WCS 服务返回的是栅格数据而不是地图图像或地图切片数据。目前使用 WCS 服务的需求很少，有所了解即可。OGC 提供的操作接口如表 4-4 所示。

表 4-4　WCS 服务参数及说明

接口	参数	参数含义	是否必需
GetCapabilities 获取服务中的要素，即支持的操作	SERVICE	服务名称	是
DescribeCoverage 返回表示覆盖范围的文档描述	VERSION	版本号	是
	SERVICE	服务名称	是
	EXTENSION	辅助参数	是
	COVERAGEID	图层信息	是
GetCoverage 获取服务上元数据与请求数据的覆盖数据	VERSION	版本号	是
	SERVICE	服务名称	是
	EXTENSION	辅助参数	是
	COVERAGEID	图层信息	是
	DIMENSION-SUBSET	子集维度设置	否
	DIMENSION	子集维度名称	是
	TRIMLOW	裁剪的下边界	否
	TRIMHIGH	裁剪的上边界	否

4.2 地图切片

地图切片是采用预生成的方法，将地图存放在服务器端，然后根据用户提交的不同请求，将相应的地图瓦片发送给客户端的过程。它是一种多分辨率的层次模型，按照一定的规则将数据处理成以"级 - 行 - 列"方式组织的图片集或数据集，以类似于金字塔的形式存储。从瓦片金字塔底层到顶层，表示的地理范围不变，但分辨率越来越低。

地图切片的优势在于能够减小地图加载的时间和带宽消耗，提高地图的显示效率和用户体验。当用户在地图上进行缩放或平移操作时，地图软件会动态加载和显示对应范围的地图切片，而不是加载整张地图，这样可以减少数据传输量和地图渲染的计算量。

地图瓦片的加载过程：客户端提交一个特定地图范围和级别的请求，服务端通过"级 - 行 - 列"，返回对应的底图瓦片给客户端，进行渲染，如图 4-2 所示。

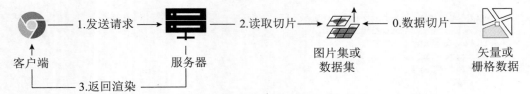

图 4-2 获取地图切片的流程

地图切片有其自身的优势，具体如下。

（1）按需加载。一方面，地图切片通过预先生成和存储瓦片的方式，将地图数据按照一定的规则划分为若干个固定大小的瓦片（Tile），用户请求时只加载当前视图区域的数据，而不是整个地图，大大提高了地图的加载速度和响应性能。另一方面，由于只加载当前屏幕的可见部分，可以显著减少数据的传输量，这对于移动设备和低带宽连接尤为重要；当用户再次访问已经查看过的地图区域时，浏览器可以直接使用之前缓存的瓦片，不需要重新下载，进一步节约了宽带资源。

（2）多级缩放。地图切片通常使用分层结构（例如，XYZ 切片方式），这允许地图在不同的分辨率下保持清晰和高效，用户可以根据需要切换不同的地图细节，获得更加丰富的地图信息。

（3）优化用户体验。用户可以通过 Ajax 技术异步下载每个地图切片，使得用户的每一步交互（如移动地图）都不必再次下载所有的地图切片，用户可以在更短的时间内看到地图内容，减少了等待时间，从而提升地图的交互性和用户体验。

（4）跨平台兼容性。地图切片可以适用于 Web、桌面端和移动端等各种设备和操作系统，使地图服务可以轻松地跨多个平台部署。

（5）支持离线访问。用户可以预先下载并缓存地图切片，即使在网络连接不可用时也能查看地图。

4.2.1 切片原理

栅格切片概念的背后，是一个基于预先设定好的包含自定义符号和样式的原始数据集，所有的瓦片都是使用同一套样式规则。这种方式的一个缺点是，当数据集有修改时，全部的瓦片生成程序都需要重新运行，生成新的瓦片。

矢量切片操作的是矢量数据，服务侧只需要存储矢量数据的几何特征，矢量要素的符号、渲染和放大等级等都运行在客户端。所以，矢量瓦片使得改变符号和拓扑结构变得容易。

一般而言，相同的范围和放大级别，所需要的矢量瓦片大小一般少于栅格瓦片。地图切片的发展也是先有栅格切片，才逐渐出现矢量切片。学习切片原理，首先需要了解几个概念，包括切片范围、切片原点、切片大小、切片分辨率等，如图 4-3 所示。

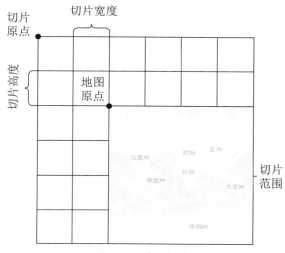

图 4-3　地图切片

1. 切片范围

切片范围（Tile Extent）是指在制定切片规则时，需要定义一个大于数据范围或者与数据范围一致的切片范围，它与数据范围不是同一个概念。数据范围是数据的实际范围，而切片范围是指切片的规则范围，如 EPSG:4326 下的切片范围可设置为 [-180，-90，180，90]。

2. 切片原点

在确定了切片范围后，需要定义一个切片原点（Tile Scheme Origin）。切片原点的选择有两种：左上（如 xyz）或者左下（如 tms）。切片原点的选择主要影响"级 - 行 - 列"中的"列"，如在有些框架中将 tms 的请求地址可以写成 {z}/{x}/{-y}，代表切片原点位于地图的左下角。同理，切片地图的原点也与切片原点方向一致，都为左上角或左下角。

3. 切片大小

切片大小（Tile Size）由每个切片的宽度 × 高度决定。对于栅格切片，切片大小是指切片完成后每张图片的大小。对于矢量切片，切片大小指的是客户端在渲染切片数据时所呈现出来的大小。早期切片的大小是 256 像素，这个和当时计算机的分辨率比较小有很大关系，随着技术的进步，现在很多切片会采用 512 像素的大小，矢量切片在渲染时就是采用的这个大小。

4. 切片分辨率

切片分辨率（Tile Resolution）是根据切片范围和切片大小计算而来的，如切片的范围为 [-180，-90，180，90]，切片的大小为 256 像素，则在第 0 级时分辨率的计算公式为（180 -（-180））/ 256 = 1.40625。切片分辨率和级别相对应，其计算公式为：

（xmax – xmin）/ tileSize * Math.pow（2，zoom）

其中，（xmax_xmin）表示经度范围，分别为经度最大值和最小值。tileSize 表示切片大小，zoom 表示级别。从最小级别到最大级别对应的分辨率所形成的组称为分辨率组。

与分辨率对应的还有一个概念——比例尺，可以通过分辨率计算得到比例尺。如果地图单位是米，dpi=96，1 英寸 =2.54 厘米，1 英寸 =96 像素，最终换算的单位是米，两者的转换关系则为：

Scale=1 :（96 * Resolution / 0.0254）

其中，Scale 表示比例尺，Resolution 表示分辨率。

地图切片在服务端预先分层切片全量渲染，形成类似的金字塔模型，如图 4-4 所示。其中，0 级只包含一个切片，这也是地图的切片范围。1 级时，地图被切片成 2×2 个切片，2 级时，地图切片为 4×4 个，以此类推，第 n 级的切片为 $2^n×2^n$。地图在每个级别的切片范围都是一样的，但每一级的要素不一样，展示的内容也不同。

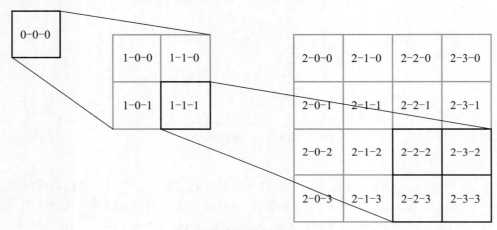

图 4-4　切片原理

用户每次访问时，根据当前的地理范围映射到瓦片坐标的图片索引（XYZ），然后从后端请求这些图片索引，客户端拿到图片后按照顺序依次渲染图片即可。

4.2.2　切片类型

地图切片包括栅格切片和矢量切片。这是两种不同的数据切片技术，在实际应用中，根据应用场景和数据特征不同，选择合适的切片技术可以提高 Web 地图应用的性能和用户体验。

1. 栅格切片

栅格切片可用于遥感影像、数字地图和卫星图像等大型栅格数据集的发布，或大数据量矢量数据的切片发布。使用栅格切片可以提高数据处理效率，但是，栅格切片缺乏灵活性，切片一旦生成就无法再改变样式。栅格切片缺乏实时性，当数据发生变化时，需要重新执行切片操作。另外，栅格切片的数据完整性受损，无法进行属性查询等操作。栅格切片的分辨率通常是固定的，这可能会导致某些区域的数据精度过低，从而影响数据分析和处理的准确性。

2. 矢量切片

为了弥补栅格切片的不足，发展出矢量切片。矢量切片是将数据按照规则进行裁切并保存，客户端根据需求发送请求，服务器返回对应参数的数据给客户端做渲染，因此矢量切片对于客户端的要求比栅格切片高一些。

相比栅格切片，矢量切片可以保留原始矢量数据的准确性和细节，数据精度更高、矢量切片更灵活，具有更细粒度的数据划分。矢量切片的数据信息接近无损，且矢量数据通常比栅格数据的体积更小。矢量切片样式可改变和定制，可以更灵活地控制地图的样式和交互性，实现更复杂的地图效果和用户体验。最后，矢量切片的数据更新快，更加灵活，比较适用于需要高精度地图数据和复杂地图效果的应用场景。

4.2.3　切片服务

常见的切片服务有 XYZ、TMS 和 WMTS 等格式，前面小节中有所提及，本节结合切片进行详细说明。

1. XYZ 服务

XYZ 是最常用、也最常见的一种切片服务格式，谷歌、高德、OSM 等都是采用这种方式。它的切片坐标是 EPSG:3857，切片四至为 [−20037508.34，−20037508.34，20037508.34，20037508.34]，切片原点为左上角，即 [−20037508.34，20037508.34]。

XYZ 服务在请求时需要在 URL 中指定 xyz 参数，其中 z 为地图级别，x 为行号，y 为列号。以 OSM 为例，获取一个 OSM 的地图服务的方式为 https://tile.openstreetmap.org{z}/{x}/{y}.png。

2. TMS 服务

TMS 是 OSGeo 创建的协议，GeoServer 等开源地图服务就是通过该格式提供切片服务。TMS 的切片坐标和切片四至均与 XYZ 服务一致，只是其切片原点不同。TMS 服务的切片原点为左下角，即 [−20037508.34，−20037508.34]。

在有些框架中，调用 TMS 服务需要指定其切片方式为 TMS。同时，为方便在有些框架中使用，TMS 服务也支持通过 {z}{x}{−y} 的方式调用。

3. WMTS 服务

WMTS 是 Web 地图切片服务（Web Map Tils Service）的简称，与 XYZ 切片服务的方式类似，只是其"级 - 行 - 列"的参数变成了 tilematrix、tilerow、tilecol，因此需指定其 tilematrixset 参数。一个完整的 WMTS 的请求 URL 示例如下，URL 中参数的具体含义，请参考 4.1 节中的说明。

```
https://ip:port/geoserver/gwc/service/wmts?layer=lzugis:province&tilematrixset=
EPSG:4326&Service=WMTS&Request=GetTile&Version=1.0.0&Format=image/png&TileMatrix
=EPSG:4326:3&TileCol=13&TileRow=33
```

4.2.4　切片工具

切片工具有开源工具和商业工具，商业工具如 Arcgis Server、Supermap Server 等，本节主要讲开源的切片工具：GWC 和 QGIS。

1. GWC

GWC（GeoWebCache）是一个基于 Java 的瓦片服务器，可以将 WMS 服务进行切片缓存。

地图客户端在调用 WMS（Web 地图服务）服务时，由于服务器实时出图，这可能会增加等待时间。GeoWebCache 通过在请求时保存（缓存）地图图像或切片来优化这种体验，实际上充当客户端（例如 OpenLayers 或 Google Maps）和服务器（例如 GeoServer 或任何 WMS 兼容服务器）之间的代理。

当请求新的地图和切片时，GeoWebCache 会拦截这些调用并返回预渲染切片，或者调用服务器以根据需要渲染新切片。因此，一旦存储了瓦片，地图渲染的速度就会提高很多倍，从而大大改善用户体验。图 4-5 所示就是上述所讲的 GWC 工作流程。

图 4-5　GeoWebCache 工作流程

使用 GeoWebCache 首先需要进行安装，有两种方式。

1）war 包安装

访问 GWC 官方网站（https：//www.geoWebcache.org/），下载最新安装包（geoWebcache-1.15.0-war.zip）。这是一个 Java 的 war 包，将其解压后直接放到 Tomcat 的 Webapp 目录下，启动 Tomcat（可以参考 5.2 节）。启动后，在浏览器中输入地址 http://IP:端口 /geoWebcache。GeoWebCache 的 Web 界面如图 4-6 所示。

图 4-6　访问 GeoWebCache

单击页面上的 "A list of all the layers and automatic demos" 字样，可以看到已经配置好的图层列表，如图 4-7 所示。在该列表中，可以对图层进行切片或者预览等操作。

图 4-7 GeoWebCache 图层列表

在 GeoWebCache 页面最底部的 "Storage Location" 中，显示了配置文件的位置。找到 geoWebcache.xml 文件，使用记事本打开后如图 4-8 所示。在配置文件中，Service Infomation 为服务信息，说明服务的能力等，gridsets 为切片网格配置，layers 节点为配置好的需要切片的文件。

图 4-8 GeoWebCache 配置

2）GeoServer 中集成

除了直接下载安装包外，GeoServer 中也集成了 GWC，可以在 GeoServer 中使用 Tile Caching 下的 Tile Layers 功能进行切片，如图 4-9 所示，具体使用方式参考第 5 章的有关内容。

GWC 默认只支持栅格切片，进行矢量切片还需要添加矢量切片插件，具体可以参考 5.5 节中插件的下载与安装及矢量切片插件的相关内容。

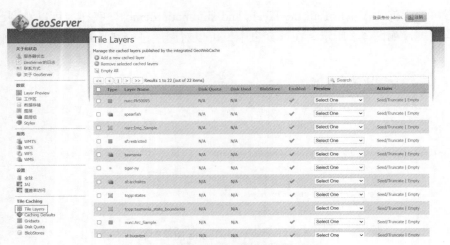

图 4-9　GeoSever 中使用切片工具

2. QGIS

QGIS 是一个免费的开源 GIS 应用程序，用户能够通过它进行地理空间数据展示、管理、编辑，进行数据分析、导出地图等。它可以在 Linux、UNIX、macOS X、Windows 和 Android 上运行，您可以从 QGIS 官方网站 https://qgis.org/ 下载最新版本。

QGIS 新旧版本的切片功能有所不同，旧版本的切片功能通过插件 QMetaTiles 来实现，操作界面如图 4-10 所示。在该对话框中配置切片参数，然后执行切片即可。

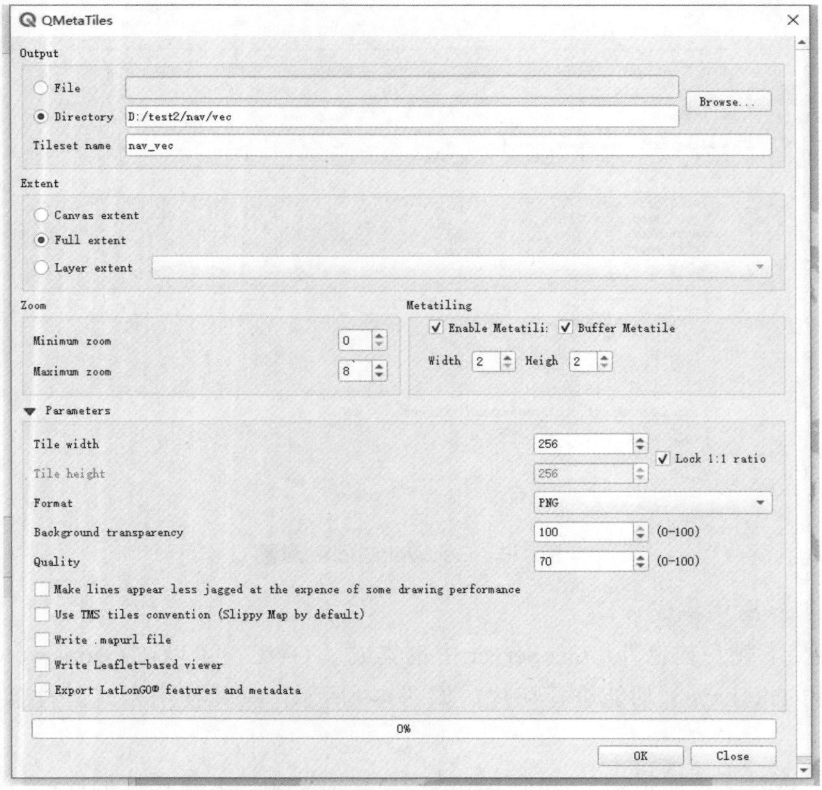

图 4-10　QMetaTiles 切片

新版本的 QGIS 的切片工具是在工具箱中，执行 Processing → Toolbox 命令打开工具箱，如图 4-11 所示。

图 4-11　QGIS 中打开切片工具

在工具箱中，执行 Raster tools → Generate XYZ tiles 命令（图 4-12 右侧），切片参数设置内容如图 4-12 左侧对话框所示。

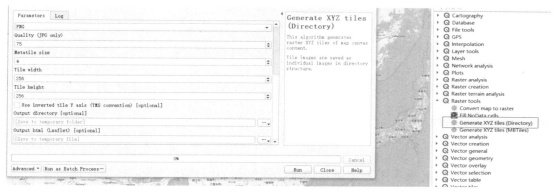

图 4-12　QGIS 中的切片工具及操作界面

新版 QGIS 不仅提供栅格切片的能力，还提供矢量切片的能力，工具位于 Toolbox 工具箱的 Vector tiles 包内，如图 4-13 所示。

图 4-13　QGIS 中栅格切片工具

通过 QGIS 完成的切片保存在 MBTiles 或者文件中，需要提供一个接口或者静态资源服务（如 Tomcat 或者 Nginx 等）将资源发布出去，以供客户端调用。

4.3　GIS服务器

GIS 服务器是一种专门用于管理地理空间数据和服务的服务器，可用于创建和管理地图、执行空间分析、提供地理信息数据和应用程序的访问等。常见的 GIS 服务器包括商业软件，如 ArcGIS Server、SuperMap Server 和开源软件 MapServer、GeoServer 等。

4.3.1 ArcGIS Server

ArcGIS Server 是 ArcGIS Enterprise 的后端服务器软件组件，是由 Esri 公司开发的一款企业级地理信息系统（GIS）服务器软件，可以用于构建和发布 GIS 应用程序和地图服务。

ArcGIS Server 支持多种数据格式和投影方式，同时还提供了多种地图服务标准，如 WMS、WFS、WCS、KML 等。安装了 ArcGIS Server 后，就可以将 GIS 资源（包括地图、影像、处理模型等）发布成 Web 服务。用户可以通过 ArcGIS Server 管理和分发地理空间数据，实现地图制作、数据共享、空间分析和其他相关功能。发布后的服务可以在客户端进行调用，通过 ArcGIS Server 可以进行服务部署、服务管理和 ArcGIS Server 管理，还可以开发一些扩展程序，通过预配置发布服务。ArcGIS Server 的特点如下。

（1）支持多种数据格式和投影方式：ArcGIS Server 支持如 Shapefile、GeoTIFF、GIF、PNG、EPSG:4326、EPSG:3857 等多种数据格式和投影。

（2）支持多种地图服务标准支持，如 WMS、WFS、WCS、KML 等。

（3）可扩展性和灵活性：ArcGIS Server 提供多种扩展和定制机制，用户可以根据自己的需求进行扩展和定制。

（4）易于部署和管理：ArcGIS Server 提供了一个易于使用的管理界面，可以方便地进行数据管理、服务管理和安全管理等。

4.3.2 SuperMap Server

SuperMap Server 是超图公司研发的基于跨平台 GIS 内核的云 GIS 应用服务器产品，通过服务的方式，面向网络客户端提供与专业 GIS 桌面产品相同功能的 GIS 服务。

SuperMap Server 具有基于 Web 的用户界面，用户可以浏览和搜索地理空间数据，创建和发布地图和地理空间应用程序。它提供了一系列地理空间服务，包括数据存储、管理、分析和可视化等功能。SuperMap Server 旨在支持各种数据格式，包括矢量数据、栅格数据和 3D 模型数据。它还支持多种数据存储方式，包括基于文件、基于数据库和基于云的存储。

SuperMap Server 的特点如下。

（1）支持二三维一体化 B/S 应用和二三维一体化地图缓存。

（2）支持 Windows、Linux、Unix 操作系统。

（3）支持发布 OGC 标准的 WMS、WFS、WMTS、KML 等服务。

（4）分布式层次集群技术，整合 GIS 服务器资源，提升系统的容错能力和并发性能。

（5）提供基于角色的服务访问控制功能，保障系统的安全。

（6）提供轻量级的基础版本产品——SuperMap iServer Express，专用于远程服务代理与本地地图瓦片缓存发布，通过加速客户端地图访问，让用户充分享受到流畅的云端 GIS 服务。

（7）基于开放的体系架构，提供完善的 REST SDK、for Java SDK、for .NET SDK 和方便的业务服务定制机制。

（8）支持将空间处理函数编排为流程，以定时的方式执行，同时支持空间处理函数的二次开发。

SuperMap Server 服务框架是一个三层结构的体系，它们分别是 GIS 服务提供者、GIS 服务组件层和 GIS 服务接口层。GIS 服务提供者实现具体的 GIS 功能实体，GIS 功能实体被封装为粗粒度的模块，即 GIS 服务组件。iServer 通过 GIS 服务接口将封装好的 GIS 功能发布为多种类型的服务，层次之间由定义好的标准接口进行交互。

SuperMap Server 的定位是高性能的企业级 GIS 服务，它具有强大的跨平台能力、灵活的部署方式、高效的缓存策略、多源服务的无缝聚合、分布式层次集群、分布式切图服务等。SuperMap Server 的版本划分有基础版、标准版、专业版和高级版，基础版是云端用户的首选，支持基础的地图服务，支持聚合第三方地图服务，支持地图切片缓存快速分发。

标准版是普通 GIS 功能需求，是小型应用系统的首选，可以实现基本 WebGIS 功能，如发布数据、浏览、查询等，还可以在 Web 客户端聚合服务，可以扩展三维服务。

专业版是大中型网站建设者的选择，支持高并发量的 SuperMap iServer Java 专业版，提供集群服务，用于实现应用系统中 GIS 服务能力的高可伸缩性和高可靠性。在性能方面，基于 SuperMap iServer Java 专业版构建的系统相对于传统的 WebGIS 提高了 2 个数量级，如果根据具体的使用情况对应用系统进行特殊优化，系统性能可以得到进一步提高。在可扩展性方面，除了支持对三维服务的扩展，还支持对一些高级分析功能的扩展，如空间分析服务、网络分析服务等。

高级版是大型门户网站建设者的最佳选择，SuperMap iServer Java 高级版在专业版的基础上增加了在线数据编辑，以及统计分析的功能，以满足用户的多样性需求。

4.3.3　MapServer

MapServer 是由美国明尼苏达大学开发的开源 WebGIS 软件，具有强大的空间数据的网络发布功能。MapServer 服务器可以通过处理地理数据并生成地图图像，为 Web 应用程序提供地图服务。MapServer 支持多种数据格式，包括矢量数据和栅格数据。它可以处理各种地理空间数据，包括点、线、多边形、栅格、矢量和栅格混合等数据类型，使得在 WebGIS 中整合空间数据和非空间数据变得更加容易。MapServer 还支持多种投影方式，并可以进行图层叠加、查询、标注、符号化和渲染等操作，支持 WMS、WFS、WCS 等地理空间标准协议。MapServer 服务器的输出格式包括 PNG、JPEG、PDF、SVG 和 KML 等，它通过配置文件进行定制和扩展，以满足不同的需求。

MapServer 是基于胖服务器 / 瘦客户端模式开发的 WebGIS 平台，读取地理数据，并利用 GD 库绘制好 jpg/png/gif 格式的图片后再传回客户端浏览器。MapServer 支持在 Windows、UNIX、Linux 等多种平台使用，MapServer 服务器的特点如下。

（1）支持多种数据格式。MapServer 支持多种地理信息数据格式，包括 ESRI Shapefile、MapInfo、PostGIS、Oracle Spatial 等。

（2）支持 OGC 标准服务。MapServer 支持如 Web Map Service、Web Feature Service、Web Coverage Service 等多种服务。

（3）可定制的 Web API。MapServer 提供可定制的 Web API，可以用于创建基于 Web

的地图应用程序和服务。

（4）良好的扩展性和可定制性。MapServer 具有良好的扩展性和可定制性，支持多种插件和扩展，可以处理各种不同的地理空间数据和应用程序。

（5）良好的性能和稳定性。MapServer 具有良好的性能和稳定性，能够处理大量的地理信息数据和服务请求。

（6）开源免费。MapServer 是一种免费的开源 GIS 服务器软件，可以自由使用和修改。

4.3.4 GeoServer

GeoServer 是 OpenGIS Web 服务器规范的 J2EE 实现，利用 GeoServer 可以方便地发布地图数据，允许用户对数据进行更新、删除、插入操作，通过 GeoServer 可以比较容易地在用户之间迅速共享空间地理信息。GeoServer 是社区开源项目，可以通过社区网站直接下载。

GeoServer 的特性是它可以兼容 WMS 和 WFS 特性，支持 PostgreSQL、Shapefile、MySQL。支持上百种投影，能够将网络地图输出为 JPEG、GIF、PNG、SVG、KML 等格式，能够运行在任何基于 J2EE/Servlet 容器之上。

GeoServer 也是通过地理数据库引擎发布服务，GeoServer 能够发布的数据类型有 shapefile 文件或文件目录、Geopackage、PostGIS 数据库、MySQL 数据库、TIFF 等。

它与前几种 GIS 服务的区别如下。

（1）GeoServer 是开源服务器，MapServer 也是开源服务器，其他两种是收费软件。

（2）GeoServer 自带的一些 GIS 服务器的功能，基本上能够满足大多数的 Web 地图应用开发。只是在访问速度上，商业软件相对于大多数开源服务器（包括 MapServer）更快一些。

（3）Geoserver 集成了 Openlayers 框架，支持多种数据格式和协议，能够非常方便地被 WebGIS 框架使用，满足大部分 Web 地图应用的开发。

（4）在操作性上，GeoServer 本不具备对应的桌面软件，所以前期对地理数据的编辑整理必须借助第三方软件，如进行样式处理，目前比较常用的是 uDig 和 QGIS。而商业软件如 ArcGIS Server 等一般都有配套的数据处理和样式配置软件，前期对于数据的编辑整理会比较方便。但在服务管理、服务配置等操作上，GeoServer 提供的基于 Web 的管理界面使得管理和配置服务变得简单直观，即使初学者也相对容易上手。总体来讲，GeoServer 的使用是相对简单的。

（5）从应用层面，无论是开源软件还是收费的商业软件，目前都已经比较成熟，关于其使用的教材和应用示例等都相对较多，网上都能够找到的 Demo 和操作说明也较多。但是，就目前来看，国内很多的 GIS 教学基本以 ArcGIS 为主，对 GeoServer 等服务器的使用较少。大多数企业开发中，由于以上种种原因，使用 GeoServer 服务器的比例相对更大。所以，对于一部分初学者来说，使用 GeoServer 可能会存在一些困难。

本书中的案例都是基于 GeoServer 来提供数据服务，关于 GeoServer 的使用，可以通过第 5 章内容了解它的详细使用方法。

4.4 小结

本章对 GIS 应用服务相关的内容进行了介绍，首先介绍 OGC 标准中的 WMS、WFS、WCS 和 WMTS 这几种服务及它们的使用。其次，介绍地图切片的原理、几种切片服务和常用的切片工具。地图切片是 Web 端地图应用开发中的重要内容之一，通过地图切片，可以解决很多开发中遇到的问题。最后，介绍几款常用的 GIS 服务器，包括商业软件（如 ArcGIS Server、SuperMap Server）和开源软件（如 MapServer、GeoServer）。商业软件的优点在于性能更加稳定，访问速度更快，但由于它们的不开源性质，且 GeoServer 与 OpenLayers 等 WebGIS 框架具有非常好的集成，尽管 GeoServer 是个轻量级的 GIS 服务器，但其自带的功能已经能够满足大部分的 Web 地图应用开发的需求，在目前的企业应用中使用更为普遍。在全面分析并结合企业中的开发实践后，我们选择 GeoServer 作为本书示例开发的服务，并在后续章节进行详细介绍。

第 5 章　GeoServer

5.1　GeoServer简介

GeoServer 是使用 Java 和 GeoTools 开发的开源软件平台，用于构建地理信息系统（GIS）和地图服务，实现如 WMS、WFS、WMTS 等多种 OGC 的开源协议，提供可视化的操作界面对数据和服务进行管理，并且提供服务发布后的预览。GeoServer 的官方网站为 http://geoserver.org/，在官网可查看帮助文档、开发文档、下载安装软件等。

1. GeoServer 特性

（1）兼容性：GeoServer 是 OpenGIS Web 服务器规范的 J2EE 实现，兼容 WMS、WFS、WMTS、TMS 等。

（2）数据支持：GeoServer 支持多种数据格式，包括 PostGIS、Shapefile、MySQL 等。

（3）支持投影：支持上百种投影。

（4）输出格式：能够输出为 JPEG、GIF、PNG、SVG、KML、GeoJSON 等多种格式。

（5）易于使用：GeoServer 提供了可视化的、友好的用户操作界面。

（6）安全性：GeoServer 提供了安全性和访问控制功能，可以保护地图服务和地理数据的安全。

（7）社区支持：GeoServer 有一个活跃的社区，为使用者提供技术支持和帮助。

2. GeoServer 界面

图 5-1 所示为 GeoServer 服务未登录状态下的界面，界面中右侧展示的是 GeoServer 所支持的服务能力，包括 WCS、WFS、WMS、TMS、WMS-C、WMTS。每一类服务下方都展示有版本号，代表该服务支持的版本，如图中 WMS 服务支持的版本有 1.1.1 和 1.3.0。

图 5-1　GeoServer未登录界面

在未登录状态下，左侧菜单栏中包含三部分：关于和状态、数据栏、演示。"关于和状态"对 GeoServer 版本信息和构建版本信息进行展示说明，"数据"下的图层预览可提供图层和图层组的快速预览。

3. GeoServer 预览图层列表

执行左侧"数据"→"图层预览"命令，进入图层预览界面，如图 5-2 所示。需要注意：这里所展示的图层，是发布图层或图层组时打开了"广告"配置的图层或图层组，以列表的形式展示。图层列表的内容有类型、标题、名称、常用格式、所有格式。

（1）"类型"表示图层的数据类型，是点、线、面、栅格还是图层组，以图标的方式表示。

（2）"标题"是图层或图层组的名称。

（3）"名称"是服务调用时图层或图层组的名称。图层名称由"工作区 + 名称"组合而成；图层组如果发布时没有选择"工作区"，则仅为名称。

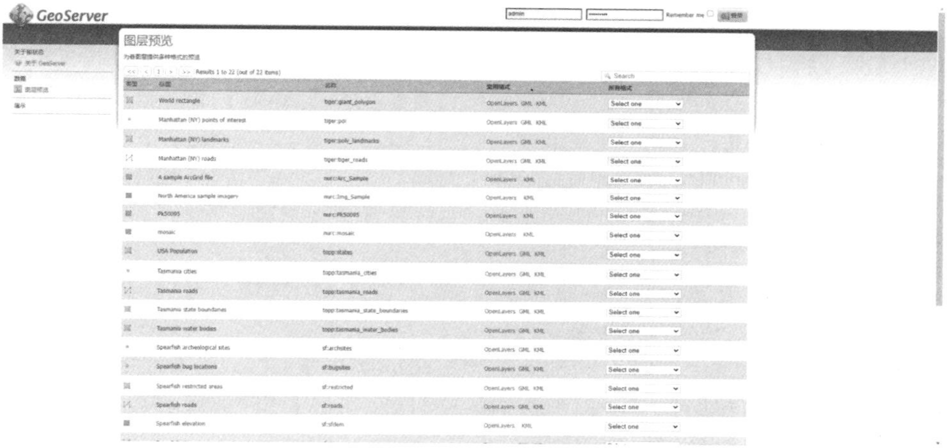

图 5-2　GeoServer 图层预览界面

（4）"常用格式"为预览图层的常用格式。矢量数据的常用预览格式有 OpenLayers、GML、KML，栅格数据常用的格式有 OpenLayers、KML。OpenLayers 和 KML 格式在所有图层种都有，这是因为 GeoServer 集成了 OpenLayers，可以通过 OpenLayers 直接实现图层的预览。单击 OpenLayers 字样，便会打开一个新的页面进行图层预览。

（5）"所有格式"一栏，每个图层的下拉框中都包含了多个格式，图层预览提供的预览图层的格式如表 5-1 所示。

表 5-1　GeoServer服务图层的格式

服务	格式	文件类型	执行结果
WMS	AtomPub	xml	浏览器预览
	GIF	gif	浏览器预览
	GeoRSS	xml	下载文件
	GeoTiff	tiff	下载文件
	GeoTiff-bit8	tiff	下载文件
	JPEG	jpeg	浏览器预览
	Kml(compressed)	kmz	下载文件

续表

服务	格式	文件类型	执行结果
WMS	Kml(network link)	kml	下载文件
	Kml(plain)	kml	下载文件
	OpenLayers	无	浏览器预览
	PDF	pdf	文件下载
	PNG	png	浏览器预览
	PNG 8bits	png	浏览器预览
	SVG	svg	浏览器预览
	TIFF	tif	文件下载
	TIFF 8bits	tif	文件下载
WFS 仅矢量数据支持	CSV	csv	文件下载
	GML2	GML	浏览器预览
	GML3.1	GML	浏览器预览
	GML3.2	GML	浏览器预览
	GeoJSON	要素信息	浏览器预览
	KML	KML	文件下载
	shapefile	zip	下载文件

4. GeoServer 图层特点

（1）同一个数据源可以发布成多个图层，每个图层可以设置一个自己的样式。

（2）同一套样式可以被多个图层使用。

（3）图层可以单独存在，也可以将多个图层组成图层组。

（4）数据源又称为数据存储，每个数据源中只能包含同一种类型的数据。

（5）数据源的创建需指定工作区。

图 5-3 对 GeoServer 中数据存储、样式、图层和图层组的关系进行了说明。

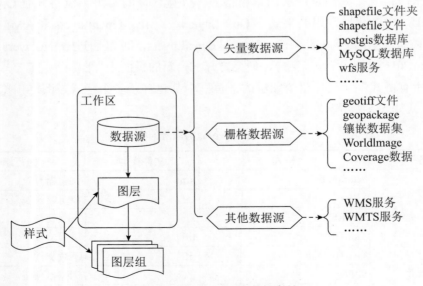

图 5-3　GeoServer 中数据存储

5.2　GeoServer安装

GeoServer 的运行需要有 JDK 环境，所以，第一步是安装与配置系统的 JDK 环境。不同版本的 GeoServer 对应的 JDK 的版本有所不同，如本书使用的 GeoServer2.20.2 的版本使用的是 JDK1.8，所以，需要先下载 JDK1.8，下载安装完成后，完成系统环境变量的配置，此处略过不讲。完成 JDK 的安装与环境配置后，就可以进行 GeoServer 下载和安装。

GeoServer 的安装有两种方式。

1. 使用安装包进行安装

使用安装包安装的方式是一般软件的安装过程，适用于 Windows 或 macOS 系统，Windows 系统的安装包格式为 .exe，macOS 系统为 .dmg 格式。安装过程为，进入官网下载安装包并安装，安装完成后即可启动 GeoServer。

2. 使用 war 包进行安装（推荐使用）

使用 war 包安装的方式适用于所有系统，它的运行通过 Tomcat 来启动。相比较通过安装包直接安装的方式，这种方式在不同的操作系统中，操作方式是类似的。下面介绍具体的安装过程。

（1）下载并安装 Tomcat。进入 Tomcat 的官方网站 https://tomcat.apache.org/，选择所需的版本下载并安装，这与一般的软件安装过程类似，此处略过不讲。

（2）下载 GeoServer 。这种方式下载的 GeoSerevr 格式为 *.war，将下载的 geoserver.war 包文件放置到 Tomcat 的 Webapps 目录下，例如我的路径为 E:\apache-tomcat-9.0.22\Webapps\geoserver.war，这样就完成了 GeoServer 的安装。

（3）启动 Tomcat。在 Linux 操作系统中，启动 Tomcat 需要使用命令行执行 startup.sh，在 Windows 操作系统中，双击 startup.bat 即可启动。图 5-4 所示为 Windows 中通过 Tomcat 成功启动后的界面。访问 http://ip:port/geoserver 地址，就可以查看 GeoServer 管理页面。访问地址中，ip 为部署服务器的 ip 地址，如 localhost，port 为部署端口。从图 5-4 中可以看出，本次部署 GeoServer 用的是 8080 端口，即通过 http://localhost:8080/geoserver 就可以访问该服务。

图 5-4　Tomcat 启动 GeoServer

5.3 数据与服务管理

5.3.1 工作区

GeoServer 的工作区用于组织、管理和发布地图数据和地图服务。通过合理地使用工作区，可以更好地管理数据和业务逻辑，提高地图服务的可维护性。

在 GeoServer 中，图层的引用通过"工作区：图层名"的方式，如"topp:states"。两个不同工作区中的图层可以使用相同的名称，如"sf:states"和"topp:states"，图层名称都是 states，但它们属于不同的工作区 sf 和 topp，所以，图层的引用不会出现冲突。但在同一个 GeoServer 服务中，工作区的名称必须具有唯一性。

GeoServer 中一个工作区的属性包括工作区名、是否为默认工作区、是否隔离工作区（Isolated），如图 5-5 所示。

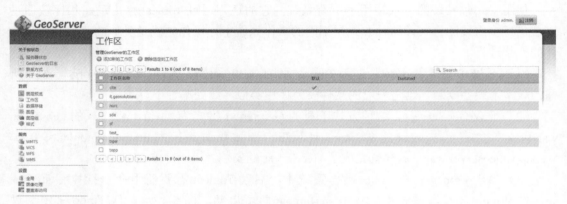

图 5-5 工作区

1. 新建工作区

登录 GeoServer 后，进入工作区界面，单击"添加新的工作区"按钮。添加一个工作区需要设置名称和 URI（图 5-6），工作区名称最长限制 10 个字符，不能包含空格。URI（Uniform Resource Identifier，统一资源定位符）是唯一的标识即可，并不要求一定指定到 Web 中的一个实际位置。不过，一般情况下我们建议将工作区的 URI 设置成与自己项目相关联的 URL（注意：URI 并不等于 URL），这样可能在检查错误时，可以作为一个有区别的追踪识别。在本例中，http://lzugis.cn 就是工作区 lzugis 的 URI。

2. 编辑工作区

单击工作区名称，进入编辑工作区的界面。除了可以编辑创建时填写的基本信息外，还可以修改"设置"和"服务"（图 5-7）。其中，"设置"是客户端在连接该工作区时，发送通知的联系地址，"服务"项表示在该工作区中，某一类型的服务是否可用。

新建工作区时，"设置"和"服务"使用 GeoServer 的默认配置，所以不需要填写。但是，如果对工作区的某个信息进行了修改，那么，在下一次的连接中就会优先使用修改后的值。

服务共有 4 类：WFS、WCS、WMS 和 WMTS。勾选服务旁的复选框，则表示启用该服务，如果不启用，则该类服务将无法被使用。单击名称可进入编辑界面，对服务进行编辑。

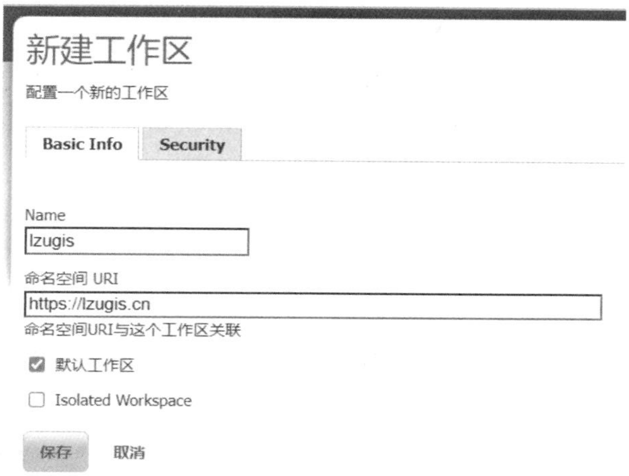

图 5-6　添加工作区

图 5-7　编辑工作区

GeoServer 有很多全局配置，这些全局配置会在某一些使用场景进行修改，如在工作区中修改服务、在图层中修改切片缓存等，局部配置的优先级高于全局配置，在使用时会优先使用。后续还有很多配置的修改，同样遵循这一原则。

"设置"中，如果勾选"启用"复选框，则需要配置连接工作区时的通知信息，如地址、电子邮件、电话等，如图 5-8 所示。

3. 删除工作区

"删除选工作区"可将列表中已选中的工作区进行删除。

5.3.2　数据存储

数据存储是 GeoServer 中管理数据源的模块，GeoServer 支持矢量数据源、栅格数据源和其他多种类型的数据源。

在数据存储页面，单击"添加新的数据存储"按钮可以查看具体类型。其中，矢量数据源默认有 7 种，分别为 Shapefile 数据目录、GeoPackage 文件、PostGIS 数据库、PostGIS（JNDI）、属性文件（Java 属性格式的一个子集）、Shapefile 矢量数据、WFS 服务。栅格数据源的种类默认有 5 种，分别为 ArcGrid、GeoPackage 拼接影像、GeoTIFF、影像镶嵌（ImageMosaic）、WorldImage。还有其他两类数据源：WMS 和 WMTS，它们是通过悬挂一个远程网站地图服务，通过代理转发来进行访问。

1. 新建数据源

新建数据源，只需要单击对应数据格式的名称即可进入创建。每种数据源都需要设置一些基本信息，包括工作区、数据源名称、说明和启用（图 5-9）。新建数据源时需要选择一个已经创建好的工作区作为该数据的存储空间。新创建的数据会直接引用该工作区的相关配置。数据源名称可以自己命名。数据源启用，表示该工作区的该数据源可以被使用，可用于创建新的图层。

图 5-8　工作区设置——提供默认联系方式 　　　图 5-9　新建数据源——基本配置

2. 数据源格式

新建数据源需要设置的配置项有很多，可以查看官方文档获取详细说明。下面对常用的矢量数据 Shapefile 文件目录、Shapefile 文件、PostGIS 格式，栅格数据的 GeoTIFF 数据源和 ImageMosaic 镶嵌影像，以及 WMS 格式进行说明。

1）Shapefile 文件目录

Shapefile 文件目录是将整个目录作为数据源进行创建，在图层创建时，选择该数据源，会列出该目录下的所有 *.shp 文件，选择其中任何一个文件进行发布，都可以形成新的图层。使用文件目录作为数据源,更加方便数据的管理。如图 5-10 所示的 shp_dir 数据源,将某区域的建筑、景点、街区、道路、河流数据存放在同一个文件目录下,并创建为数据源,想要使用这 5 个数据的任何一个创建图层,都可以在该数据源下进行选择,在使用时管理起来更加方便。

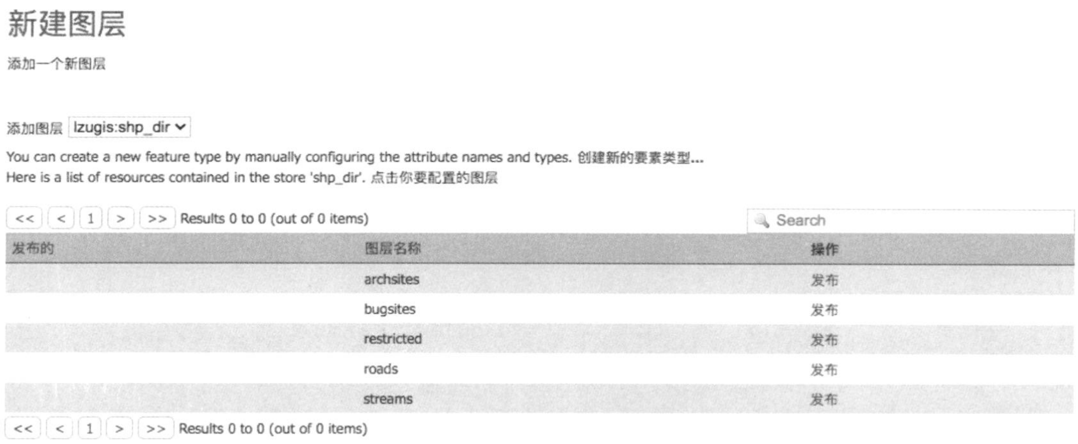

新建图层

添加一个新图层

添加图层 lzugis:shp_dir ∨

You can create a new feature type by manually configuring the attribute names and types. 创建新的要素类型...
Here is a list of resources contained in the store 'shp_dir'. 点击你要配置的图层

<< < 1 > >> Results 0 to 0 (out of 0 items)   🔍 Search

发布的	图层名称	操作
	archsites	发布
	bugsites	发布
	restricted	发布
	roads	发布
	streams	发布

<< < 1 > >> Results 0 to 0 (out of 0 items)

图 5-10 文件目录数据源

创建一个 Shapefile 文件目录数据源,需要设置"shapefiles 文件目录""DBF 文件的字符集",以及设定 dbf 文件的编码方式,如存在中文,一般需根据 dbf 文件的字符集设置值为 GBK 或 utf-8。

2)Shapefile 文件

将单个的 *.shp 文件作为数据源,可直接将其发布为图层。与 Shapefile 文件目录数据源一样,创建 Shapefile 数据源也需要选择"Shapefile 文件的位置",不过这里选择的是后缀为 .shp 的单个文件,"DBF 文件的字符集"参照 Shapefile 文件目录数据源的设置。

3)PostGIS 格式

将 PostGIS 数据库作为数据源。创建数据源时,需要填写数据库的连接信息,包括数据库 Host、端口号、数据库名称、模式、用户名、密码以及最大连接数、最小连接数等。如图 5-11 所示,在 lzugis 这个工作区中创建一个名称为 pg_test 的 PostGIS 数据源,连接的是本地端口号为 5432、public 模式的 pg_gis 数据库,数据库的最大连接数和最小连接数分别为 10 和 1。创建 PostGIS 数据源,需要对 PostGIS 数据库有所了解,可参考 GeoServer 官方文档了解每项配置的具体含义。

4)GeoTiff 数据源

将单个的 *.tiff 文件作为数据源,每个数据源只包含一个文件。Geotiff 格式的数据源连接参数只有一项,即数据的 URL。选择一个 .tiff 格式的文件,保存即可完成数据源的创建,如图 5-12 所示。

5)ImageMosaic

创建 ImageMosaic 数据源只需要数据源名称和 URL 参数即可,如图 5-13 所示,该 URL 为存储 .tiff 格式栅格数据的文件夹。单击"保存"按钮后,该文件夹下会生成一个与文件夹同名的 .shp 文件,这个文件存储的是所有栅格数据的边界(图 5-14)。在加载镶嵌数据时，会通过由该矢量数据的属性信息与栅格数据建立起来的索引，直接检索出对应的数据。所以，当需要加载数据量较大的栅格数据时，一般不会选择将多个数据单独发布，然后组合成图层组来访问，而是将数据发布成 ImageMosaic 格式。因为 ImageMosaic并不会真正地将栅格数据合并成一个数据，数据加载会按需加载，数据访问和数据加载的效率会更高。

图 5-11　创建 PostGIS 数据源

图 5-12　创建 GeoTIFF 数据源

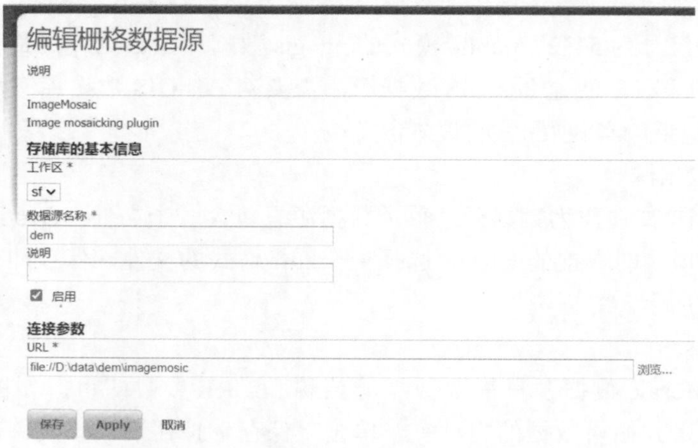

图 5-13　添加影像镶嵌数据存储

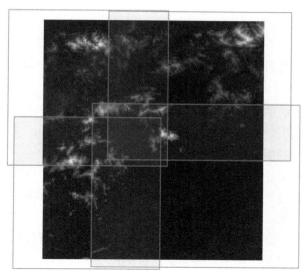

图 5-14　影像镶嵌

6）WMS

WMS 数据源实际上是对其他 WMS 服务的代理，所以，创建 WMS 数据源需要配置一个可访问的 WMS 服务地址为"功能 URL"。还需要配置最大并发连接数、读超时时间、连接超时时间，这些都是网络连接相关的内容，需要根据实际情况进行配置，如图 5-15 所示。

新建WMS连接

编辑连接到远程的WMS连接

存储库的基本信息

工作区 *

lzugis ∨

WMS源名称 *

wms_test

说明

wms test

☑ 启用

连接信息

功能URL *

https://ahocevar.com/geoserver/wms

用户名

密码

☑ 使用HTTP连接池

最大并发连接数 *

6

连接超时（秒）*

30

读超时（秒）*

60

保存　取消

图 5-15　新建 WMS 数据源

5.3.3 图层

1. 图层列表

在左侧菜单栏中，执行"数据"→"图层"命令进入图层管理界面，如图 5-16 所示。图层列表中展示的内容如下。

（1）类型：表示图层的数据类型，包括点、线、面、栅格等，以图标的方式表示。

（2）标题：新建图层时定义的图层名称。

（3）存储仓库：图层所引用的数据存储的名称。

（4）图层名称：由工作区加分号加图层命名组成。图层命名可以修改，分号前是工作区，不能修改。需要注意的是，图层名称被修改后，在调用图层时，layers 参数也需要同步修改，否则会调用出错。

（5）在表格中单击"存储仓库"和"标题"列的值，可以对数据源或图层进行编辑。

（6）启用：表示图层是否可用，如未启用，则图层无法被使用。

（7）Native SRS：数据的投影和坐标信息，使用 EPSG 代码表示。

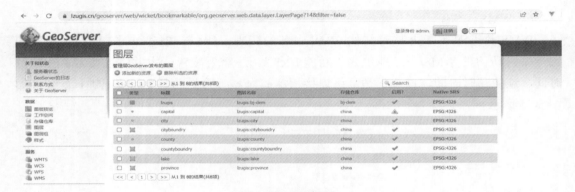

图 5-16　图层列表

2. 新建图层

在图层列表中单击"添加新的资源"按钮，进入新建图层的页面。在页面顶部的"添加图层"处选择一个数据存储，该数据存储下的所有可用数据就会以列表形式展示出来，如图 5-17 所示，我们选择的是 lzugis 工作区下的 wms_test 存储 lzugis:wms_test。可以看到，在图层列表的最后一列"操作"中，未被发布过的数据会显示为"发布"，已发布过的显示"再次发布"。单击"发布"或"再次发布"按钮，都可以进入图层设置页面，填写相关配置后，就可以将其发布为一个新的图层。

"发布"和"再次发布"的区别是，"再次发布"可以将数据再次发布成一个新的图层，发布时必须对图层名称进行修改，否则发布不成功。而首次使用该数据"发布"图层，需要填写相关配置。无论是"发布"还是"再次发布"，发布后都会形成一个新的图层，每个图层需要有一个在该工作区下的唯一命名，这也充分体现了 GeoServer 中数据和图层一对多的关系。

"发布"和"再次发布"图层时需要配置的内容包括数据、发布、维度、瓦片缓存、安全。

新建图层

添加一个新图层

添加图层 lzugis:wms_test ∨

You can import all cascading WMS layers from selected store at once using 批量导入
Here is a list of resources contained in the store 'wms_test'. 点击你要配置的图层

发布的	图层名称	操作
✓	nexrad-n0r-wmst	再次发布
✓	nexrad_base_reflect	再次发布
	time_idx	发布

<< < 1 > >> Results 0 to 0 (out of 0 items)

图 5-17　新建图层

1）数据

数据的配置内容较多，其中比较重要的有基本资源信息、坐标参考系统和边框。基本资源信息需要填写图层名称、图层启用、是否广告，如图 5-18 所示。

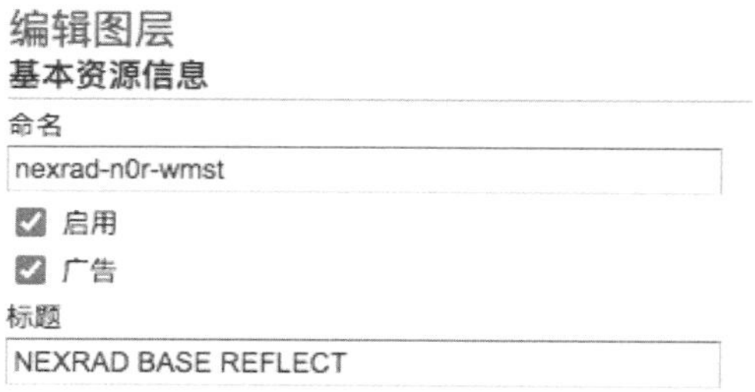

编辑图层
基本资源信息

命名

nexrad-n0r-wmst

☑ 启用
☑ 广告

标题

NEXRAD BASE REFLECT

图 5-18　发布图层——基本信息

图层名称在工作区中必须唯一，不可重复。启用表示图层是否可用，如果不启用，则无法对该图层进行调用。

广告控制的是图层是否在"图层预览"中展示，关闭广告，则在图层预览页中无法查看该图层。

图层的坐标参考系统和边框如图 5-19 所示。定义 SRS 会将默认的数据坐标系统填写在文本框内，如果默认值不正确，可以直接修改或单击"查找"按钮选择数据对应的投影和坐标系统。

边框是图层预览时的初始范围，它不会对数据进行过滤，也不会对服务的调用产生影响。边框范围可以自定义填写，也可以从数据中自动计算或从 SRS 中自动获取（Compute from SRS bounds）。在确定好边框后，还需要单击"Compute from native bounds"字样，计算数据的经纬度范围。

坐标参考和边框是发布一个图层的重要信息，是在创建或修改图层时必须要填写的重要参数。

数据配置还可以填写或修改要素类型、关键词、添加过滤条件等，不同数据类型可以通过不同的参数设置发布为不同结果的图层。如图 5-20 所示，图中左侧展示的是全部的数据，再次发布该图层时，将 Restrict the features on layer by CQL filter 修改为 cat > 15，发布后的结果如图中右侧所示，对数据做了过滤。可见，可以通过 CQL 过滤筛选出所需要的数据，发布为一个新的图层，而不必修改原始数据。

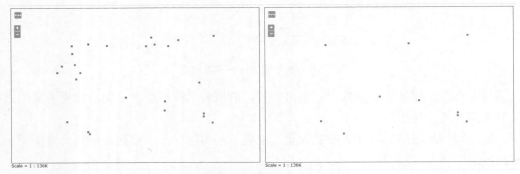

坐标参考系统

本机SRS

定义SRS

EPSG:4326　　　　　　　　　　　　　　　　[查找...] EPSG:WGS 84...

SRS处理

强制声明

边框

Native Bounding Box

最小 X	最小 Y	最大 X	最大 Y
87.576079383021	19.970150077576	126.56705607814	45.693856553844

从数据中计算
Compute from SRS bounds

纬度/经度边框

最小 X	最小 Y	最大 X	最大 Y
87.576079383021	19.970150077576	126.56705607814	45.693856553844

Compute from native bounds

图 5-19　发布图层——坐标信息

图 5-20　发布图层——CQL 过滤

2）发布

主要配置服务发布的相关内容，如 HTTP 设置，包括缓存响应头、缓存时间等。WFS 配置包括预请求要素数、单位时间最大请求数量等。WMS 设置包括是否可查询、图层不透明、图层样式，以及设置权限等。这部分内容一般使用默认值，若能正确地修改某些配置，却可以成为提高服务效率、优化系统性能的关键点之一。

3）维度

维度包含时间和高程两个维度。其中，含有日期属性的图层启用时间维度，可以发布成时间序列的图层。含有高程属性的图层启用高程维度，可以发布为高程序列的图层。在服务调用时，添加 time 或者 elevation 参数可实现对对应维度数据的过滤。

4）Tile Caching

Tile Caching 是用来设置瓦片缓存的配置，包括是否创建图层缓存、是否开启图层瓦片缓存，以及瓦片格式、瓦片样式、网格集等。图 5-21 是发布 lzugis：country 图层时的配置，允许缓存图层和图层瓦片，瓦片格式为 image/jpeg 和 image/png 格式，并且将服务器缓存时间和客户端缓存时间都设置为 10s，样式和样式过滤等使用默认值。这部分配置的内容较多，读者也可以自行查阅资料进行尝试，此处不详述。

图 5-21　发布图层——切片缓存

5）安全

用于授权读写权限给不同角色的用户。

不同格式的数据的可配置内容有所不同，一些配置对于发布一个高效可用的服务、优化系统性能等有着重要的作用。使用不同格式的数据源新建图层时操作也不尽相同，如有的可以新增要素，有的可以批量导入（WMS 服务数据源）、创建 SQL（PostGIS 数据源）等，感兴趣的读者可以查看 GeoServer 官方文档进行尝试。

5.3.4　图层组

图层组就是将已经添加的图层或图层组进行组合，形成一个新的图层。由于图层组可以将不同工作区的图层组合到一起，所以在配置时，工作区是可选参数。

通过左侧菜单栏进入图层组界面。单击"添加新的图层组"按钮,新建图层组。单击图层组列表中的图层组名称,可以对该图层组的配置进行修改。新建和修改图层组时,可以设置的内容包括数据、发布、Tile Caching 和安全,其中,发布、Tile Caching 和安全中的参数的配置与图层相同,可以参考 5.3.3 节中的内容。"数据"配置的说明如下。

1)图层

在"图层"模块中,可以"添加图层"或"添加图层组",添加完图层后,即可通过"生成边界"来生成当前图层组的边界范围,这是图层组的必填参数,否则无法进行创建。编辑图层组时,也可以对图层组中的图层进行修改,修改后同样需要计算修改后图层组的边界,如图 5-22 所示。

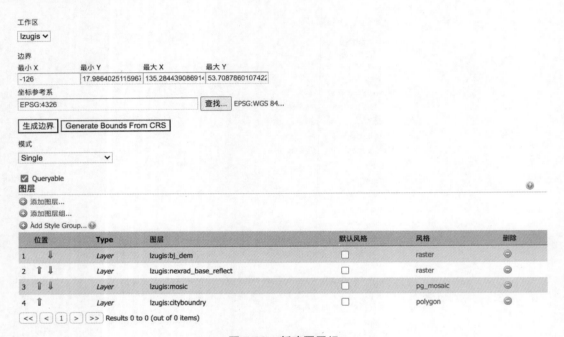

图 5-22　新建图层组

2)边界

"边界"的最大、最小 XY 值都可以进行修改,修改后不影响已添加数据的展示。在"参考坐标系"中,单击"查找"按钮,指定图层组的坐标系,这也是图层组的重要参数之一,决定数据在视图中的显示,影响坐标表示。

3)查询

Querable 表示图层是否可查询,如果配置为否,则该图层组无法使用 getFeatureInfo 接口获取要素的信息。

4)图层样式

在图层组的图层列表中,可以设置图层使用"默认风格",也可以对图层"风格"进行编辑,使用"默认风格"的图层,"风格"不允许编辑。

5)图层顺序

在图层列表中,可以通过"位置"列的 ↓↑ 按钮调整图层顺序。图层组的叠加是按照添加顺序从下往上显示，最下面的展示在最上面。

6）其他

图层组还有其他一些配置，如图层组名称：必填参数、添加关键字、允许启用、开启广告等，图层组的基本设置与图层相同，可以参考 5.3.3 节图层配置中的内容。

5.3.5 样式

GeoServer 中使用 SLD 进行样式的定义。SLD 是一种描述地图图层样式的标准，以 XML 文件的结构形式定义图层的样式。SLD 样式可以使用软件生成，常用的有 QGIS、uDig 等，其中，QGIS 生成的样式在一些使用中的可用性有限，uDig 的兼容性更好，所以推荐使用 uDig。当然，您也可以选择其他更好更适用的软件或直接手写。

新建或编辑样式，可以设置的内容如下。

1）样式数据

样式数据包括设置样式名称、选择工作区、样式内容和图例等，样式可以从一个已存在的样式中复制，也可以上传样式文件，还可以在样式预览框中自定义编写。需要注意的是，由于样式可以被多个图层引用，图层有可能在不同的工作区中，所以样式可以不设置工作区。

2）发布

在图层列表中，选择哪几个图层，就代表将该样式应用到所选择的图层上。

3）样式预览

可以在底部的 Style Editor 中编辑样式并实时预览，预览的图层可以在 Layer Attributes 中进行切换，如图 5-23 所示。

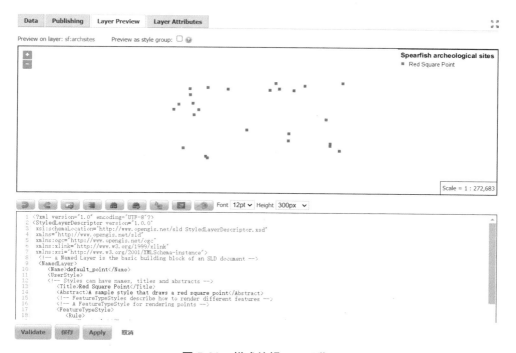

图 5-23　样式编辑——预览

4）图层属性

选择一个图层后，会展示该图层的第一条数据，查看该图层的属性。

总之，GeoServer 中以工作区的维度管理数据，一个工作区包含多个数据存储，数据存储可以是文件夹格式，也可以是单个的数据文件，还可以是一个服务，数据类型可以是矢量数据、栅格数据、服务等。一个数据存储可以包含一个或多个数据图层，通过对数据存储的引用形成图层。GeoServer 中可以被访问的图层，是由对工作区中某个数据源的其中一个数据图层进行引用而来的。图层可以设置样式，使得图层样式更加美观、数据表达更加直观。

在 GeoServer 的 Data 目录下，可以查看各模块的数据存放位置，如图 5-24 所示，可以帮助我们更好地理解 GeoServer 中的概念。

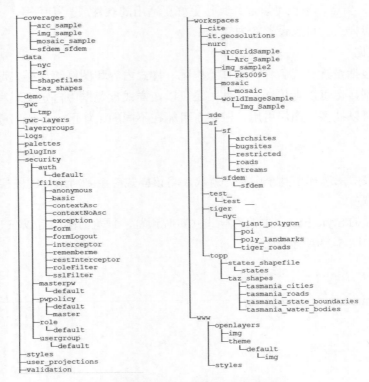

图 5-24　GeoServer 的 Data 目录结构

5.3.6　CQL/ECQL 过滤器语言

CQL（Common Query Language，通用查询语言）是由 OGC 为 Catalog Web Services 规范创建的查询语言，它使用纯本文格式编写，语言易读，适应性强。GeoServer 为了能够让其有更好的适用性，还优化了 CQL 在过滤时的局限性，形成了具有更强大功能的 ECQL（Extended CQL）语言，所以 GeoServer 中可以同时支持 CQL 和 ECQL。

1. 使用场景

CQL/ECQL 在 GeoServer 中的使用场景如下。

（1）WMS GetMap 请求通过 cql_filter 参数，过滤在地图上展示的要素。

（2）WFS GetFeature 请求通过 cql_filter 参数，指定要返回的要素。

（3）SLD 动态符号器中，对专题地图上的要素进行符号化。

2. 属性过滤

与一般的数据库语言一样，CQL/ECQL 过滤器语言也有自己的运算符以及空间查询函数。

1）判断运算符

对指定值之间进行关系判断的运算符，包括一些关系运算符、逻辑与判断运算符等，如表 5-2 所示。

表 5-2　ECQL 判断运算符

运算符	描述
= 或 <> 或 < 或 <= 或 > 或 >=	比较操作，依次为等于、不等于、小于、小于等于、大于、大于等于
[NOT] BETWEEN AND	测试一个值是在一个范围内还是范围外（包括）
[NOT] LIKE 或 ILIKE	简单的模式匹配。 like-pattern 将该 % 字符用作任意数量字符的通配符。 ILIKE 进行不区分大小写的匹配
[NOT] IN（ , ）	测试表达式值是否（不）在一组值中
IN（ , ）	测试特征 ID 值是否在给定集中。ID 值是整数或字符串文字
IS [NOT] NULL	测试一个值是否（非）空
EXISTS 或 DOES-NOT-EXIST	测试特征类型是否（不）具有给定属性
INCLUDE 或 EXCLUDE	始终包含（排除）应用此过滤器的要素

我们以 GeoServer 自带的示例图层 sf:archsites 为例，进入图层预览界面，单击顶部按钮打开高级选项工具栏，如图 5-25 所示。单击图层任意位置，可以看到，在地图底部位置都会显示所选中的要素的信息。在图层上方 Filter:CQL 后面的输入框中输入查询语句，单击 Apply 按钮就可以进行过滤。

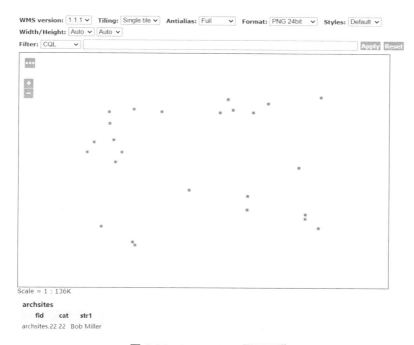

图 5-25　topp：state 图层预览

注：①通过该界面，大家可仔细观察此图中所展示的要素，包括版本号、切片、抗锯齿、格式、样式、长宽、过滤条件等，这些都是和图层相关的信息。②本例使用 GeoServer 默认的图层，数据仅做教学示例，不代表真实数据，后文同理。

如图 5-26 所示，输入"cat > 15"，过滤后仅展示值大于 15 的点。

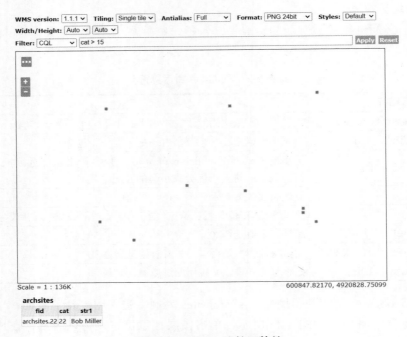

图 5-26　ECQL 比较运算符

比较运算符可以组合使用，也支持文本值，还可以将两个属性进行相互比较，以及使用运算符算术表达式进行计算等。如选择某个范围的值可以使用 BETWEEN 运算符（如 cat BETWEEN 10 AND 18，表示筛选值为 10 ～ 18 的点），筛选某些文本相似的值可以使用 LIKE（如 str1 LIKE 'Bob%'，表示以 Bob 开头的点），或者将两个属性值进行比较得出正确的结果（UNEMPLOY /（EMPLOYED + UNEMPLOY）> 0.07，表示失业率高于 7%）。

2）时间运算符

进行时间判断的关键字有 BEFORE、DURING、AFTER，如要查找早于某个时间的数据，就可以使用"字段 BEFORE time"的方式进行查找。

3. 空间过滤

GeoServer 中进行空间查询是一个相当重要的能力，空间查找的方法在表 5-3 中进行了列举。如通过 BBOX（the_geom，589851.43，4914490.88，609851.43，4926501.89）可以过滤出在（589851.43，4914490.88，609851.43，4926501.89）范围内的点（图 5-27），BBOX 共 5 个参数，第一个是空间字段参数，后 4 个依次为经度 W、维度 S、经度 E、纬度 N。

相反，如果查找该范围外的要素，则使用 DISJOINT。如图 5-28 所示，通过 DISJOINT（the_geom，POLYGON（（589851.43 4914490.88，589851.43 4926501.89，609851.43 4926501.89，609851.43 4914490.88，589851.43 4914490.88）））语句，过滤出了

POLYGON 范围外的要素。需要注意的是，DISJOINT 的 POLYGON 参数必须是一个闭合的多边形。

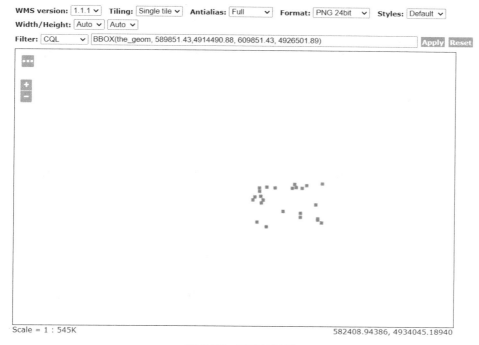

图 5-27　BBOX 过滤

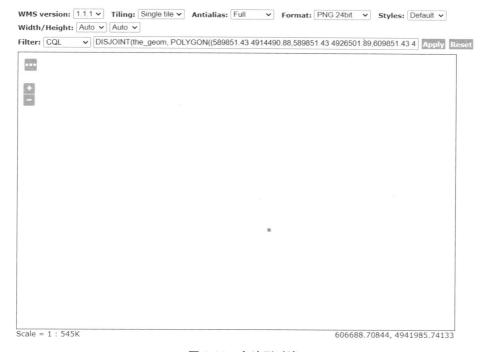

图 5-28　多边形过滤

其他空间过滤函数的使用参考表 5-3。

表 5-3　GeoServer 空间过滤方法

表达式	描述
INTERSECTS（表达式，表达式）	测试两个要素是否相交，反之为 DISJOINT
DISJOINT（表达式，表达式）	测试两个要素是否不相交，反之为 INTERSECTS
CONTAINS（表达式，表达式）	测试第一个要素是否包含第二个要素
WITHIN（表达式，表达式）	测试第一个要素图形是否在第二要素图形内
TOUCHES（表达式，表达式）	测试两个几何图形是否接触。如果要素至少有一个共同点，那么它们就会接触，但它们的内部不相交
CROSSES（表达式，表达式）	测试两个要素是否交叉。如果要素有一些但不是所有的内部点是共同的，那么它们就会交叉
OVERLAPS（表达式，表达式）	测试两个要素是否重叠。如果要素之间具有相同的维度、至少有一个点彼此不共享，并且两个几何内部的交点与几何本身具有相同的维度，则这两个要素相互重叠
EQUALS（表达式，表达式）	测试两个几何在拓扑上是否相等
RELATE（表达式，表达式，模式）	测试几何是否具有 DE-9IM 矩阵模式指定的空间关系。DE-9IM 模式是使用字符指定的长度为 9 的字符串 *TF012。例如，'1*T***T**'
DWITHIN（表达式，表达式，距离，单位）	测试两个几何之间的距离是否不超过指定距离。distance 是距离容差的无符号数值。单位是 feet、meters、statute miles、nautical miles、kilometers 之一
BEYOND（表达式，表达式，距离，单位）	类似于 DWITHIN，但测试两个要素之间的距离是否大于给定距离
BBOX（表达式，数字，数字，数字，数字 [, CRS]）	测试几何是否与由其最小和最大 X 和 Y 值指定的边界框相交。可选的 CRS 是一个包含 SRS 代码的字符串（例如 'EPSG:1234'，默认是使用查询层的 CRS）
BBOX（表达式，表达式 | 要素）	测试几何是否与由函数计算的几何值指定的边界框或几何文字提供的边界框相交

5.4　切片缓存

GeoServer 切片缓存是借助 GWC（GeoWebCache）的能力，通过 GWC 插件来实现的。切片缓存是一种用于加速地图切片服务的技术，它通过将地图切片缓存到磁盘中，以便在下一次请求相同切片时，可以直接从缓存中获取，而不需要重新生成或渲染。这样可以大大提高地图切片服务的性能和响应速度，尤其在大规模、高并发的应用场景下，切片缓存对于减少数据传输和渲染时间，提高用户体验和应用效率具有极大帮助。

5.4.1　切片图层

在左侧菜单栏中，通过"Tile Layers 切片图层"进入切片图层列表页面，如图 5-29 所示，表中包含图层类型、名称、是否启用、图层预览等。在切片图层页面需要明白两件事情：一是列表中的图层从何而来，二是对表格最后一列"操作"的掌握。

1. 图层从何而来
瓦片图层的添加有两种方式。

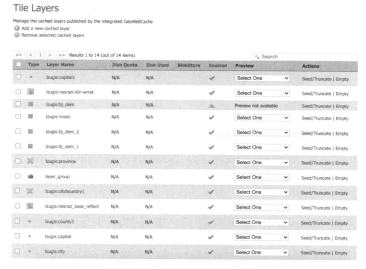

图 5-29　瓦片缓存图层列表

（1）在瓦片图层页面中，通过"Add a new cached layer 层"添加新的瓦片图层。但一般是在图层发布时，通过 Tile Caching（图 5-21）来生成的。

（2）缓存瓦片。图层新建或编辑时，Tile Caching 可以设置是否为该图层创建瓦片缓存，当需要创建瓦片缓存时，需要设置瓦片的格式、网格集等信息。

2."操作"瓦片

"操作"列包括 Seed/Truncate 和 Empty 两种操作，Seed/Truncate 是将数据进行预切图，Empty 是将缓存清空。

1）预切图

预切图操作可以设置切片任务数、操作类型（可以只生成缺失瓦片或重新生成瓦片，以及删除缓存瓦片等）、设置网格集、瓦片格式、切片的最大最小缩放级别、样式、切片范围等。

单击 Seed/Truncate 按钮进入页面进行相关设置，单击"提交"按钮，便可开始图层切片。预切图可配置的内容有 Number of tasks to use（切图线程数）、Type of operation（操作类型包括重新生成瓦片、生成缺失瓦片、删除瓦片三类）、Grid Set（网格集）、Format（切片格式）、Zoom start/ Zoom stop（切片级别）、Modifiable Parameters（可修改参数）、Bounding box（切图范围），如图 5-30 所示。

图 5-30　预切图配置

2）清空缓存

Empty 会将该图层已有的缓存瓦片全部清除，磁盘空间将会被释放。

5.4.2　缓存默认设置

在左侧菜单栏中单击 Caching defaults 按钮，进入配置页面。切片缓存的默认配置，主要设置以下三个参数。

1）配置切片服务的类型

一般切片的原点是在切片图层的左上角，GeoServer 提供的是 TMS 服务，切片原点位于图层的左下角，切片调用时地址为 {z}/{x}/{-y}。

2）切片格式

可将数据切片成 PNG、GIF 等栅格格式，如添加了矢量切片的扩展，还可以使用 PBF、GeoJSON 等格式。

3）默认网格集

网格集包含网格集名称、坐标系、切片大小、缩放等级和磁盘容量等，可以通过 Add default gridset 增加新的网格集，也可以将已添加的网格集从列表中进行删除，如图 5-31 所示。网格集决定了切片的大小、坐标系、缩放等级等，GeoServer 中关于网格集配置将会在 5.4.3 节中详细介绍

Default Cached Gridsets

Gridset	CRS	Tile Dimensions	Zoom levels	Disk Usage	
EPSG:4326	EPSG:4326	256 x 256	22	0.0B	⊖
EPSG:900913	EPSG:900913	256 x 256	31	0.0B	⊖
GlobalCRS84Scale	EPSG:4326	256 x 256	21	0.0B	⊖

Add default gridset GlobalCRS84Pixel ▾ ⊕

图 5-31　图层切片默认网格集

5.4.3　网格集 GridSet

新建一个网格集，需要设置名称、描述、坐标系统、网格集范围、切片大小等多项配置。其中，名称和描述属于自定义选项，用户可以根据需要自己设定。坐标系统需要从现有的坐标系统中选择一个合适的选项，选择坐标系统后，还可以查看该坐标系统的相关信息。

图 5-32 所示为新建一个网格集的配置项，左侧显示该网格集使用的是 EPSG:4326 坐标系统（WGS84 地理坐标），坐标单位为度，右侧显示的是对 EPSG:4326 坐标系统的描述信息。除此之外，我们还设置了网格集的范围，经度范围和纬度范围分别为 [-180，180] 和 [-90，90]。切片大小的宽（单位为像素）和高（单位为像素）均为 256 像素。

网格集的最后一个重要配置是瓦片矩阵设置（Tile Matrix Set）。图 5-33 所示是 GeoServer 默认配置的 WGS84 坐标系统下，将经度 [-180，180]、纬度 [-90，90] 范围的地图切片成 256×256 大小的瓦片后，0 ～ 21 级每个层级的像素大小、比例尺、各层级名称、切片后的瓦片数量。表格中，Pixel Size 表示单位像素所代表的大小，Scale 是在该层级下的切片比例尺，Name 是使用坐标系编号和层级编号组合形成的切片后该层级的名

称，Tiles 则代表使用以上规则切片后，在不同层级下切片后的瓦片数量，如在 0 级时，为 2×1，只有两个瓦片，层级为 1 时，瓦片数量会递增为 4×2，以此类推，每次切片都会以上一级别 4 倍的数量递增。

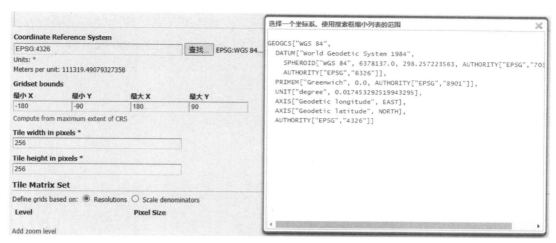

图 5-32　网格集坐标系统配置

Tile Matrix Set

Define grids based on: ○ Resolutions　○ Scale denominators

Level	Pixel Size	Scale	Name	Tiles
0	0.703125	1: 279,541,132.0143589	EPSG:4326:0	2 x 1
1	0.3515625	1: 139,770,566.00717944	EPSG:4326:1	4 x 2
2	0.17578125	1: 69,885,283.00358972	EPSG:4326:2	8 x 4
3	0.087890625	1: 34,942,641.50179486	EPSG:4326:3	16 x 8
4	0.0439453125	1: 17,471,320.75089743	EPSG:4326:4	32 x 16
5	0.02197265625	1: 8,735,660.375448715	EPSG:4326:5	64 x 32
6	0.010986328125	1: 4,367,830.1877243575	EPSG:4326:6	128 x 64
7	0.0054931640625	1: 2,183,915.0938621787	EPSG:4326:7	256 x 128
8	0.00274658203125	1: 1,091,957.5469310894	EPSG:4326:8	512 x 256
9	0.001373291015625	1: 545,978.7734655447	EPSG:4326:9	1,024 x 512
10	0.0006866645507815	1: 272,989.38673277234	EPSG:4326:10	2,048 x 1,024
11	0.0003433227539062	1: 136,494.69336638617	EPSG:4326:11	4,096 x 2,048
12	0.0001716613769531	1: 68,247.34668319309	EPSG:4326:12	8,192 x 4,096
13	0.00008583068847656	1: 34,123.67334159654	EPSG:4326:13	16,384 x 8,192
14	0.0000429153442383	1: 17,061.83667079827	EPSG:4326:14	32,768 x 16,384
15	0.0000214576721191	1: 8,530.918335399136	EPSG:4326:15	65,536 x 32,768
16	0.0000107288360596	1: 4,265.459167699568	EPSG:4326:16	131,072 x 65,536
17	0.0000053644180298	1: 2,132.729583849784	EPSG:4326:17	262,144 x 131,072
18	0.0000026822090149	1: 1,066.364791924892	EPSG:4326:18	524,288 x 262,144
19	0.0000013411045074	1: 533.182395962446	EPSG:4326:19	1,048,576 x 524,288
20	0.0000006705522537	1: 266.591197981223	EPSG:4326:20	2,097,152 x 1,048,576
21	0.0000003352761269	1: 133.2955989906115	EPSG:4326:21	4,194,304 x 2,097,152

图 5-33　切片网格集

切片是 GeoServer 的重要功能之一，不论是矢量数据还是栅格数据，GeoServer 都可以进行切片，需要重点掌握。

除此之外，使用切片数据往往还需要考虑它的加载效率。在 GeoServer 的地图切片中，提高切片加载效率主要是通过配置缓存来达到目的，GeoWebCache 就是用于切片缓存的一种处理方式。与缓存相关的还有磁盘容量的配置等会在 5.4.5 节中讲解。通过这样的配置，可以提高切片数据的加载性能，提高磁盘利用率，使得硬件能被最大化使用，软件使用体验更优。

5.4.4　BlobStore

BlobStore 用于配置切片缓存的存储位置、存储格式，位于 Tile Caching 菜单下。本书中使用的是 GeoServer 2.20.7 版本，仅支持文件缓存，可配置的内容包括缓存标记、是否开启缓存、缓存目录、缓存大小等，如图 5-34 所示。文件缓存是一种比较简单的缓存方式，GeoServer 不同版本还支持其他方式的缓存，如 Metastore、S3 BlobStore 等，在使用到新版本的 GeoServer 时可尝试使用。

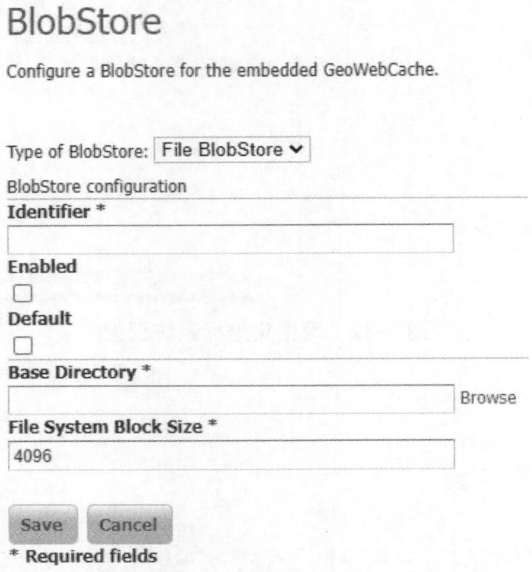

图 5-34　配置 GeoWebCache

5.4.5　磁盘定额

瓦片缓存需要占用磁盘或数据库容量，所以，不得不提 GeoServer 的另外一个重要配置：磁盘定额。

在 GeoServer 中，通过 Tile Caching 的 Disk Quota 菜单，进入磁盘定额配置页面，如图 5-35 所示。在这里，可以配置的内容如下。

（1）Eanble disk quota：是否启动磁盘配置。

（2）Disk quota check frequency：磁盘配置检测周期，默认为 10s，即每隔 10s，系统会自动检查一次磁盘配置。

（3）Maximum tile cache size：缓存最大空间，默认为 500MB，超过该空间的瓦片，将无法全部缓存。

（4）When enforcing disk quota limits，remove tiles that are：按照什么方式执行磁盘回收。有两种方式，分别为"使用次数最少"和"最近很少使用"，这两种方式类似于垃圾回收机制，"使用次数最少"相当于引用计数的方式，决定磁盘是继续被该缓存占用，还是可以被回收。"最近很少使用"则类似于标记方法，执行磁盘回收。

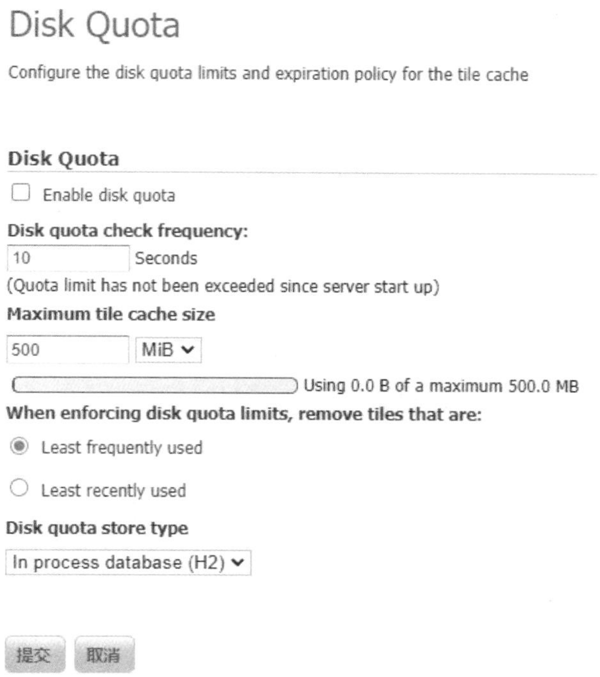

Disk Quota

Configure the disk quota limits and expiration policy for the tile cache

Disk Quota

☐ Enable disk quota

Disk quota check frequency:

[10] Seconds

(Quota limit has not been exceeded since server start up)

Maximum tile cache size

[500] [MiB ∨]

[_____] Using 0.0 B of a maximum 500.0 MB

When enforcing disk quota limits, remove tiles that are:

◉ Least frequently used

○ Least recently used

Disk quota store type

[In process database (H2) ∨]

[提交] [取消]

图 5-35　磁盘定额配置

（5）Disk quota store type：存储方式。可以选择使用程序运行的数据库进行存储，也可以使用外部数据库。选择使用外部数据库时，需要配置数据库的连接参数，保证数据库能正常连接，方可进行存储。

5.5　GeoServer插件

GeoServer 除了提供了基本的地图服务，例如 WMS、WMTS、WFS 等能方便、快捷地满足很多地图应用场景外，还支持扩展插件开发，并且有很多已经开发测试完成的扩展插件，可以供用户免费使用。下面介绍如何在 GeoServer 中添加插件，并将常用的插件 MongoDB 数据源、MYSQL 数据源、矢量切片、Excel 输出的使用加以详细介绍，其他插件可查阅官方相关操作文档。

5.5.1　插件的下载与安装

1. 下载对应版本的插件

GeoServer 插件需要与 GeoServer 版本对应起来，因此使用前请确认当前使用的版本，获取到具体的版本后，在浏览器中输入地址 https://geoserver.org/download/ 后，进入页面如图 5-36 所示。

单击对应的版本链接即可进入对应版本的 GeoServer 下载页面，如图 5-37 所示。

在 GeoServer 下载页面中，Extensions 类别里列举的是 GeoServer 插件，如图 5-38 所示。GeoServer 的插件可以分类为矢量数据格式插件、栅格数据格式插件、制图插件、输出格式插件、服务插件、安全插件等。

图 5-36　GeoServer 下载页面

图 5-37　对应版本下载页面

Extensions

Extensions
GeoServer Extension downloads.

Vector Formats

- App Schema
- DB2
- H2
- MySQL
- Oracle
- Pregeneralized Features
- SQL Server
- MongoDB

Cartography

- Chart Symbolizer
- CSS Styling
- MBStyle Styling
- Printing
- YSLD Styling

Miscellaneous

- Control Flow
- Cross Layer Filtering
- Monitor
- Importer
- INSPIRE
- Resource Browser Tool
- GWC S3 tile storage
- Request parameters extractor

Security

- Key authentication
- CAS
- GeoFence (Client, Server)

Coverage Formats

- GDAL
- GRIB
- Image Pyramid
- JPEG2K
- NetCDF

Output Formats

- DXF
- Excel
- GeoPackage Output
- Image Map
- JPEG Turbo
- MapML
- NetCDF
- OGR (WFS, WPS)
- Vector Tiles
- XSLT

Services

- CSW
- WCS 2.0 EO
- WPS
- WPS clustering, Hazelcast
- WPS clustering, JDBC
- WPS download
- SLDService
- WMTS multi-dimensional

图 5-38　支持插件列表

2. 安装插件

图 5-39 所示为矢量切片插件，是一个包含多个 JAR 文件的压缩包，将压缩包里面的内容复制到 GeoServer 的安装路径下的"/geoserver/WEB-INF/lib"路径下面，复制后重启 GeoServer 即可。

图 5-39 插件文件

5.5.2 MongoDB 插件

将 MongoDB 添加为 GeoServer 的数据源，充分利用了 MongoDB 非结构化存储的特点，以及它的文本检索能力进行地理空间数据的管理。添加 MongoDB 数据源主要分以下几个步骤。

1. 添加 MongoDB 插件

在图 5-38 所示的插件列表中，单击 Vector Formats（矢量数据格式）→ MongoDB 链接，将下载的插件解压到 GeoServer 部署目录 geoserver\WEB-INF\lib，重启 GeoServer。

2. 添加数据源

进入 GeoServer 页面，在"数据存储"页面，单击"新建数据源"按钮，进入"新建数据源"页面，如图 5-40 所示。在矢量数据源类别中，显示 MongoDB 矢量数据源，则说明安装成功。

图 5-40 GeoServer 中 MongoDB 数据库显示位置

MongoDB 的数据源参数有两个：data_store 和 scheme_store，data_store 为数据库连接地址，格式如下：

```
# 单数据源
mongodb://root:root@localhost:27017/lzugis?authMechanism=SCRAM-SHA-
1&authSource=admin
# 多集群
mongodb://root: root@localhost:27017,localhost:27018/lzugis?authMechanism=
SCRAM-SHA-1&authSource=admin
```

scheme_store 是 GeoServer 发布图层时生成的，可以是一个本地文件，也可以存储在数据库中。

使用文件时，设置方式如图 5-41 所示，最后生成的数据如图 5-42 所示，文件存放的位置为我们在图 5-43 中添加数据源时所设置的位置。

图 5-41　添加矢量数据源

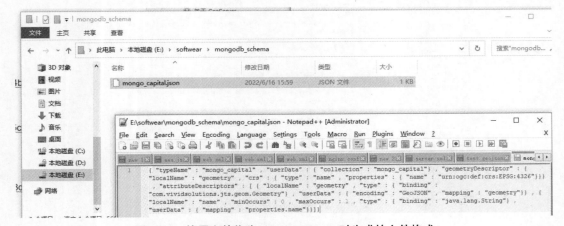

图 5-42　使用文件作为 schema_store 时生成的文件格式

图 5-43　使用数据库文件作为 schema_store

schema_store 使用数据库文件时，设置方式如图 5-43 所示，服务发布记录会存放在数据库中我们所指定的文件中，结果如图 5-44 所示。

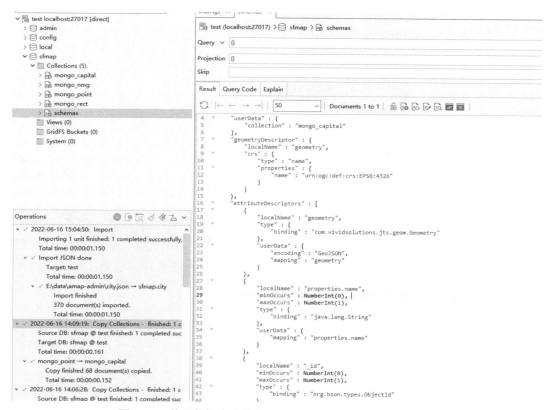

图 5-44　使用数据库文件作为 schema_store 时的存储结果

schema_store 文件是一个 JSON 格式，这个文件类似于一个图层的元数据，通过它可以做两件事情：一是确定某个属性是否展示，二是对属性字段进行修改。

schema_store 文件示例如下：

```json
{
    "_id" : ObjectId("62aae424ba21bf9ac56d9016"),
    "typeName" : "mongo_capital",
    "userData" : {
        "collection" : "mongo_capital"
    },
    "geometryDescriptor" : {
        "localName" : "geometry",
        "crs" : {
            "type" : "name",
            "properties" : {
                "name" : "urn: ogc: def: crs: EPSG: 4326"
            }
        }
    },
    "attributeDescriptors" : [
        {
            "localName" : "geometry",
            "type" : {
                "binding" : "com.vividsolutions.jts.geom.Geometry"
            },
            "userData" : {
                "encoding" : "GeoJSON",
                "mapping" : "geometry"
            }
        },
        {
            "localName" : "name",
            "minOccurs" : NumberInt(0),
            "maxOccurs" : NumberInt(1),
            "type" : {
                "binding" : "java.lang.String"
            },
            "userData" : {
                "mapping" : "properties.name"
            }
        }
    ]
}
```

3. 创建集合并添加数据

集合的创建可以在数据库中通过 db.createCollection("mongo_rect") 创建，也可在 GeoServer 中通过界面添加。在 GeoServer 中创建数据集时，必须添加一个 Geometry 类型的字段，类型可以为点、线、面、多点、多线、多面、几何体集合。创建完集合后，便可以向集合中插入数据，并创建空间索引。操作语句如下：

```
// 插入数据
db.mongo_rect.insert({ "type": "Feature", "properties": { "name": "tect1",
"code": "rect1" }, "geometry": { "type": "MultiPolygon", "coordinates": [ [ [ [
102.2201, 36.0388 ], [ 102.2201, 38.8592 ], [ 106.6959, 38.8592 ], [ 106.6959,
36.0388 ], [ 102.2201, 36.0388 ] ] ] ] } });
// 创建索引
db.mongo_rect.createIndex({
    "geometry": "2dsphere"
});
```

4. 发布服务

数据源添加完成后，可以参考 GeoServer 中图层发布的相关内容，发布成服务进行调用。

5.5.3 MySQL 插件

在 6.2.2 节中会讲到，MySQL 中可以存储地理空间数据，所以，在 GeoServer 中可以使用 MySQL 作为数据源。在 GeoServer 插件列表（图 5-38）中通过执行 Vector Formats（矢量数据格式）→ MySQL 命令添加 MySQL 作为数据源。

MySQL 插件的使用方法与 PostGIS 作为数据源类似，都是连接数据库作为数据源。添加 MySQL 作为数据源的操作界面如图 5-45 所示，添加完数据源后，可以进行图层的发布，图层发布参考 5.3.3 节中的操作。

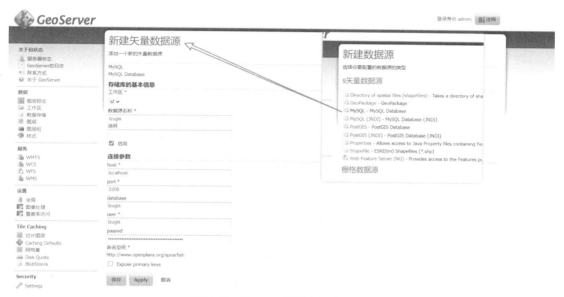

图 5-45　MySQL 插件添加数据源

5.5.4 矢量切片插件

1. 添加矢量切片插件

在图 5-38 所示的页面中，选择 Output Formats（输出格式）分类下的 Vector Tiles 矢量切片插件，安装插件并重启 GeoServer。

2. 添加矢量切片能力

插件安装完成后，在左侧面板中执行"数据"→"图层"命令，选择一个矢量图层进行编辑。打开编辑界面后如图 5-46 所示，切换到 Tile Caching，就可以看到输出切片格式（Tile Image Formats）中多了四个项目，分别是 geojson、topjson、utfgrid 和 mapbox-vector-tile，勾选 application/vnd.mapbox-vector-tile 复选框，为图层添加矢量切片。

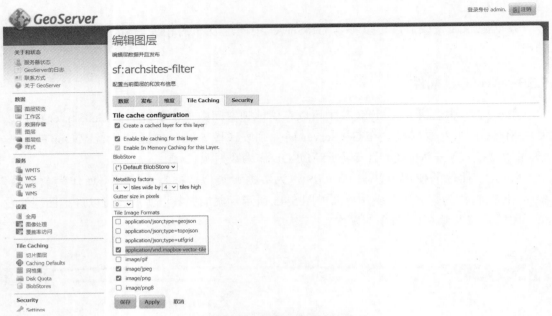

图 5-46　给矢量图层添加矢量切片

3. 预览图层

预览矢量切片如图 5-47 所示，单击左侧面板中的"切片图层"按钮，在预览列中选择 PBF 格式，即可对矢量切片进行预览。

图 5-47　预览矢量切片

4. 图层调用

在 GeoServer 首页的右侧面板中，执行 TMS → 1.0.0 命令，查看图层的调用地址。如图 5-48 所示，图层的调用地址如下：

```
http://localhost:8086/geoserver/gwc/service/tms/1.0.0/sf%3Aarchsites-filter@
EPSG%3A900913@pbf /${z}/${x}/${y}.pbf
```

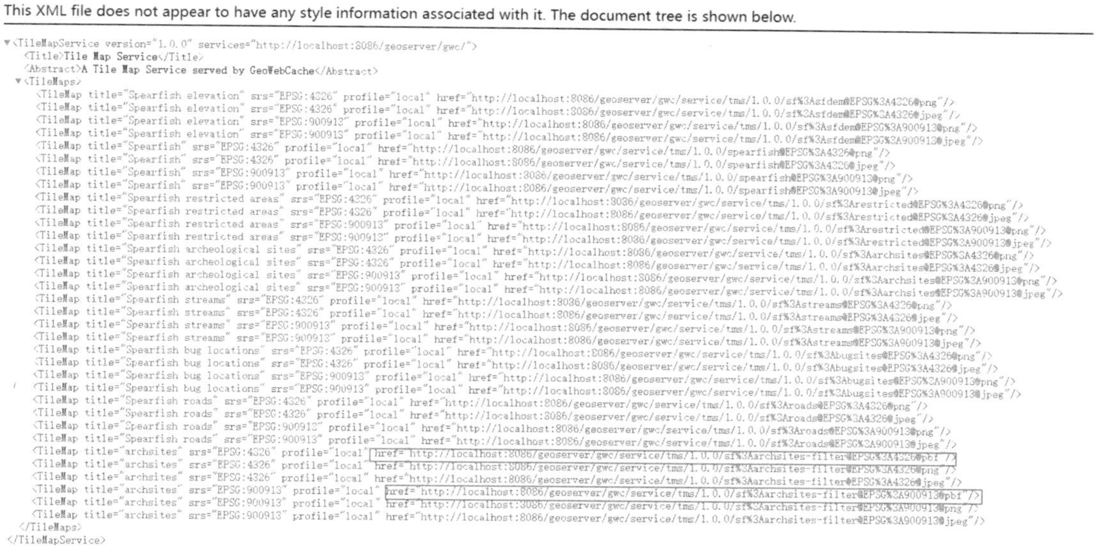

图 5-48　TMS 服务地址

知道了图层的调用地址后，就可以在 Web 端使用。如使用 MapboxGL 框架调用上述
服务，调用方式如下：

```
map.addSource('geoserver-tile-source', {
    "type": "vector",
    "scheme": "tms", // 注意，此处的值是 tms
    "tiles": [
"http://localhost:8086/geoserver/gwc/service/tms/1.0.0/sf%3Aarchsites-filter@
EPSG%3A900913@pbf /${z}/${x}/${y}.pbf"
    ]
}
```

5.5.5　Excel 插件

1. 添加 Excel 插件

Excel 插件的下载也在图 5-38 所示的页面中，执行 Output Formats（输出格式）→
Excel 命令，插件安装完成后重启 GeoServer。

2. 使用插件

从左侧面板中执行"数据"→"图层预览"命令，如图 5-49 所示。在矢量图层的
"所有格式"列中，可以看到 Excel 选项，单击便可下载 Excel 文件。

下载 Excel 其实是将矢量数据图层转换成 WKT 格式，Excel 文件内容如图 5-50 所示，
既包含图层的属性信息，也包含已转换为 WKT 的地理空间信息，表示地理空间信息的字
段为 the_geom。

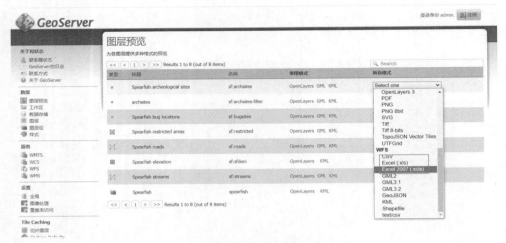

图 5-49　Excel 插件使用

	A	B	C	D	E	F
1	FID	the_geom	cat	str1		
2	archsites.1	POINT (593493 4914730)	1	Signature Rock		
3	archsites.2	POINT (591950 4923000)	2	No Name		
4	archsites.3	POINT (589860 4922000)	3	Canyon Station		
5	archsites.4	POINT (590400 4922820)	4	Spearfish Creek		
6	archsites.5	POINT (593549 4925500)	5	No Name		
7	archsites.6	POINT (600375 4925235)	6	Prairie Site		
8	archsites.7	POINT (606635 4920773)	7	Jensen Pass		
9	archsites.8	POINT (595755 4925300)	8	No Name		
10	archsites.9	POINT (601000 4926310)	9	No Name		
11	archsites.1	POINT (602550 4917370)	10	Slaughterhouse Gulch		
12	archsites.1	POINT (591635 4924340)	11	No Name		

图 5-50　下载 Excel 示例

5.6　GeoServer安全

安全一直都是 WebGIS 系统开发中亘古不变的命题。互联网安全包括信息安全、网络安全、信息传播安全、内容安全。GeoServer 作为一个提供数据服务的工具，需要通过互联网进行地理数据传输，安全问题尤为重要。

GeoServer 可以采取的安全措施较多，如为了保护数据安全可以禁止图层查询能力，使用户无法使用 getFeatureInfo 查询要素。WFS 服务可以设置最大最小查询量，或禁用 WFS 等。还有常见的手段如修改用户名密码，GeoServer 安装时都会设置一个默认的 admin 账号和密码，一般情况下，admin 拥有在该 GeoServer 中的一切操作权限，如果不进行修改，所有人都可以使用就会造成对数据误操作。在修改账号密码时，还可以添加一些设置账号密码的规则、对密码进行加密和服务访问加密等。除此之外，在权限认证层面、数据层面、服务层面等的一些策略，都是能够有效保障 GeoServer 服务安全的方法。

5.6.1　安全管理

1. admin 密码修改

GeoServer 默认使用 admin 账号登录。在左侧菜单栏中执行 Security → "User, Groups, and Roles" 命令，进入用户 / 组的权限管理页面。在 User/Groups 选项中，单击 default →

user list 列表中的 admin，即可对 admin 密码修改，如图 5-51 所示。您可以设置账号名称、账号密码、设置当前的 admin 是否可用，还可以添加用户属性、用户组、角色等。修改完成后，就可以通过该账号密码进行登录。

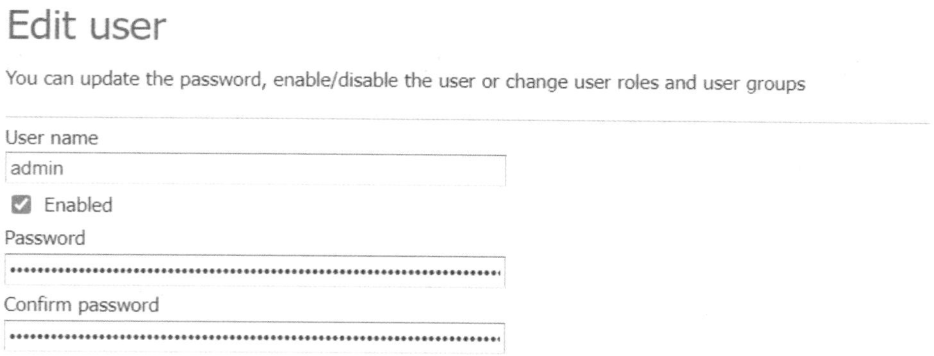

Edit user

You can update the password, enable/disable the user or change user roles and user groups

User name

admin

☑ Enabled

Password

•••

Confirm password

•••

图 5-51 修改 admin 密码

2. 密码管理

GeoServer 中对密码的管理是在 Security → Passwords 中，"Master Password Porviders" 提供主密码的来源，它的作用是从源获取主密码，并在主密码被修改时可选择性地将其回写到源。在设置一个主密码提供源时，如果将其设置为只读模式，那么该提供者就被严格地作为主密码的来源，任何对主密码的修改都不会回写给该源。主密码是 GeoServer 安全的核心，它的作用有两个：作为 Root 账户密码和用来保护加密密钥。

GeoServer 默认通过 URL 来获取主密码，这个 URL 可以是一个指向本地的文本文件，也可以是一个外部的资源或服务。如果设置为非只读的 URL，则在从源获取密码或将密码回写时可选择将密码进行加密。

图 5-52 所示为 GeoServer 默认主密码提供者的配置，它的名称是 default，使用 URL 的方式获取，获取的 URL 指向 passwd 文件，存储在 GeoServer 安装目录的 \GeoServer\security\masterpw\default\passwd 文件内，该文件内存储的加密字符串就是 GeoServer 的 Root 密码。所以，当用户拥有管理员权限时，就可以在 paaswords 里查看 Root 密码。

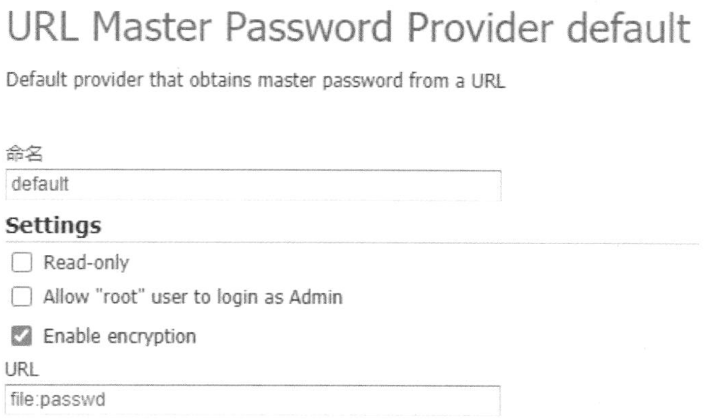

URL Master Password Provider default

Default provider that obtains master password from a URL

命名

default

Settings

☐ Read-only

☐ Allow "root" user to login as Admin

☑ Enable encryption

URL

file:passwd

图 5-52 GeoServer 默认主密码

3. 添加用户组

在"Users，Gourps，Roles"中添加一个用户组服务，如果设置为只读模式，那么它就只可以读取用户信息的来源，而不可以添加新用户的服务。用户组服务是用户、密码和组的从属关系的信息来源，许多身份验证提供商会使用用户组服务作为后端数据库来查找用户信息并执行密码身份验证，所以，用户组服务是否读/写，取决于项目的具体需求。

设置一个用户组服务，需要设置它的名称、密码加密方式、密码设置策略、密码来源等，与设置主密码的配置类似。用户组作为可以进行权限控制的一部分，在 Security → "Users，Gourps，Roles"中设置。

4. 密码策略

密码策略定义了对有效用户密码的约束，例如密码长度、混合大小写和特殊字符等，可以在"密码"页面的"Master Password Policies 密码策略"中，通过新增密码或修改密码策略进入。

每个用户组服务在创建时，都需要使用密码策略来强制执行这些规则。图 5-53 所示为创建 default 用户组服务，密码加密方式使用 Digest 方式，密码策略使用 Master 策略，这样在该用户组服务里添加的用户，密码都需要遵从 Master 规则。

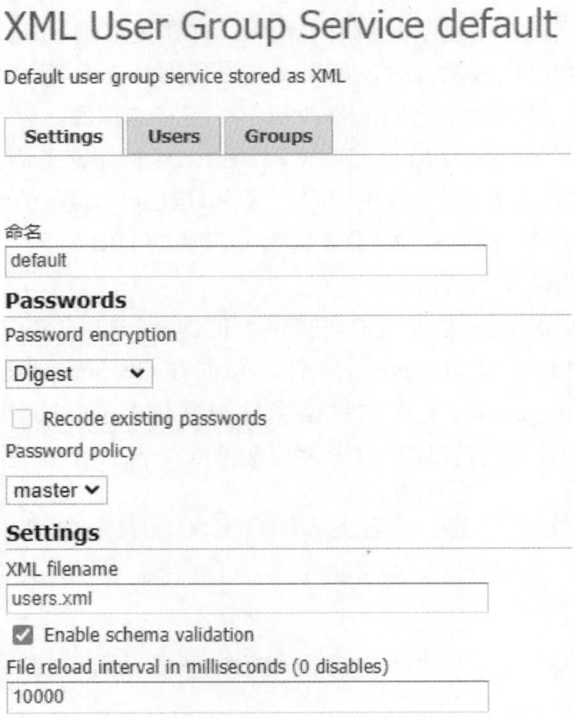

图 5-53　创建用户组服务

在密码策略中，我们还设置了用户组服务的存储文件是 users.xml，并设置了更新该文件的间隔为 10000ms，也就是说，添加一个用户，10000ms 之后才会更新到该 users.xml 文件中，该用户的权限才可以生效。

在 users.xml 文件中，每增加一个用户，就意味着 <users></users> 标签中会新增一个的标签，标签内容为该用户的一些相关属性。

添加用户是在 Users/Groups 中，通过"Add new user"来添加，添加用户时，同样需要设置用户名、密码、用户所属的组、用户角色。添加完成后，就可使用该账户进行登录，但是，该用户所拥有的一些权限，是由用户所拥有的角色权限来确定的。

5. 角色权限

角色所拥有的权限，在工作区、图层等配置的 Security 选项中进行设置。默认 admin 角色拥有 GeoServer 中所有的操作权限。如我们将一个工作区的 admin 权限赋值给某个角色，那么拥有该角色的用户在登录后，就能够看到数据栏中的所有内容，否则无法查看。GeoServer 中角色赋权，可以通过上级菜单开通下级菜单的权限，但下级菜单的权限无法让上级菜单拥有相同的权限，即角色赋权只能按顺序进行，无法越级向上赋权。

6. 密码加密方式

GeoServer 提供了很多种密码加密的方法，在 3.20.2 版本中，可以设置的加密方式有 Empty（不加密）、Palin Text、Weak PBE、Strong PBE、Digest 五种，它们的区别如下。

（1）Palin Text（纯文本加密）：密码以纯文本形式存储，从本质上来讲它根本不是加密。

（2）Weak PBE（弱 PBE 加密）：使用 MD5 和 DES 的方式进行加密。

（3）Strong PBE（强 PBE 加密）：使用基于 AES 256 位加密的更强大的基于密码的加密方法对密码进行编码。需要注意：使用 PBE，强加密方法并非在所有 Java 虚拟机上都原生可用。在这样的环境中，建议在虚拟机中安装 JCE Unlimited Strength Jurisdiction Policy Files，才可以进行加密。

（4）Digest（摘要加密）：使用 SHA 256 位摘要方法对密码进行编码。默认情况下，实现计算随机盐。

7. URL 加密

除了对密码进行加密，GeoServer 在 Security → Setting 中，还可以设置对 Web 请求的 URL 进行加密。当使用 GET 方法发送一个请求时，如果不进行加密，则参数会以明文的方式传输，当设置 Encrypt Web admin URL parameters 为 true 时，请求参数就会加密传输。如一个未加密的请求：

```
http://GEOSERVER/Web/?wicket:bookmarkablePage=:org.geoserver.security.Web.
SecuritySettingsPage
```

加密后，请求就会变为：

```
http://GEOSERVER/Web/?x=hrTNYMcF3OY7u4NdyYnRanL6a1PxMdLxTZcY5xK5ZXyi6l7EFEFCagMw
HBWhrlg*ujTOyd17DLSn0NO2JKO1Dw
```

这样一来，从请求中就无法获取到相关的请求参数，对数据的安全请求进行保护。

5.6.2 权限认证

1. 身份验证链

身份验证链的作用是处理请求并应用某些身份验证机制。图 5-54 所示为 GeoServer 认证系统的请求流程，在将请求分派给适当的服务或处理程序之前，GeoServer 首先通过身份验证链过滤请求。请求按顺序传递给链中的每个机制，如果链中的一种机制能够成功进

行身份验证，则请求将进入正常处理。否则，请求不会被进一步路由，并且会向用户返回
授权错误（通常是 HTTP 401）。

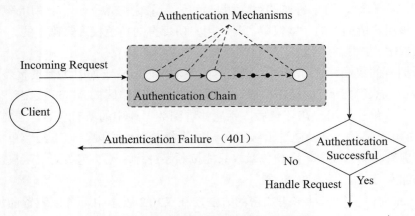

图 5-54　GeoServer 认证系统的请求流程

身份验证机制的部分示例如下。

（1）用户名 / 密码：通过用户名和密码执行身份验证。

（2）浏览器 cookie：通过浏览器 cookie 执行身份验证。

（3）LDAP：对 LDAP 数据库执行身份验证。

（4）匿名：基本上不执行身份验证。

在 GeoServer 中，身份验证链实际上由两个链组成：过滤器链和提供者链。过滤器链
确定是否需要对请求进行进一步的身份验证，提供者链执行实际的身份验证。身份验证链
的详细过程如图 5-55 所示。

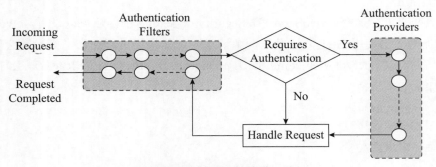

图 5-55　身份验证链的详细过程

在处理请求之前和之后实际上都会执行过滤器链，而提供者链只关心执行请求的底层
身份验证，当过滤器确定需要身份验证时，过滤器链会调用它。

过滤器链执行的各种任务如下。

（1）从请求中收集用户凭据，例如 Basic 和 Digest Authentication headers。

（2）处理诸如结束会话（注销）或设置"记住我"浏览器 cookie 等事件。

（3）执行会话集成，检测现有会话并在必要时创建新会话。

（4）调用身份验证提供程序链执行实际身份验证。

可以将不同的过滤器链应用于 GeoServer 中的不同类型的请求中，管理员可以配置不

同过滤器链的列表以及每个过滤器链的匹配规则。

过滤器的匹配规则可应用于 HTTP 方法、请求路径部分的一个或多个 ANT 模式（例如 /wms/**）、一个可选的正则表达式等。表 5-4 所示为 GeoServer 的一部分过滤链匹配示例。

表 5-4　GeoServer 过滤链匹配示例

规则	描述
/wms，/wms/**	简单的蚂蚁图案
/wms|.*request=GetMap.*	ANT 模式和查询字符串正则表达式匹配一个参数
/wms|(?=.*request=getmap)(?=.*format=image/png).*	ANT 模式和查询字符串正则表达式以任意顺序匹配两个参数
/wms|(?=.*request=getmap)(?!.*format=image/png).*	ANT 模式和查询字符串正则表达式匹配一个参数并确保另一个参数不匹配

在 GeoServer 中可以自定义配置过滤链。图 5-56 展示了 web、webLogin、webLogout、rest、gwc 和 default 几种过滤器的配置。

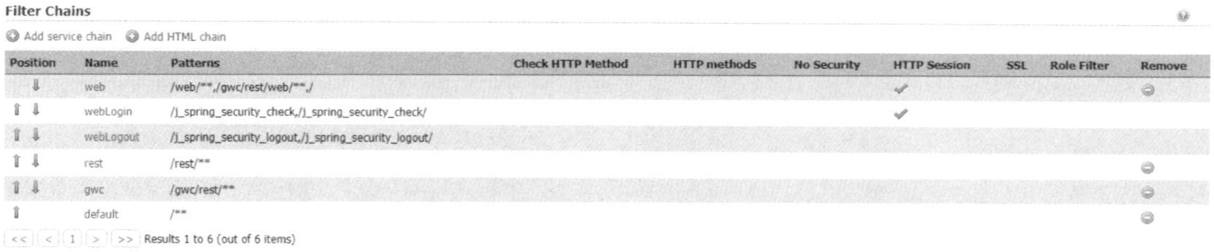

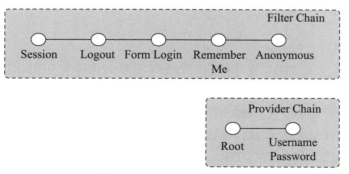

图 5-56　GeoServer 配置过滤链

2. GeoServer 登录

GeoServer 的登录认证过程，其实就是执行身份认证链——过滤链和提供者链的过程。全部的执行过程如图 5-57 所示。

图 5-57　GeoServer 认证链

1）首次登录

用户第一次访问 Web admin 主页时，首先要执行的是会话过滤器，它会检查现有会话，如果没有找到则会继续到链中的下一个过滤器——注销过滤器检查用户注销的情况，如果也不是这种情况，则处理继续。

表单登录过滤器检查表单登录，如果也没有则进入"记住我"过滤器，确定此请求是否可以通过以前的会话 cookie 进行身份验证。最后，执行匿名的过滤器，检查用户是否指定了任何凭据。由于查看主页不需要身份验证，因此不调用提供程序链，对请求的最后响应是将用户定向到主页。

当用户通过登录表单登录 Web admin 时，会话过滤器找不到现有会话，便在注销过滤器中检查注销请求，如果没有找到就会进入表单登录过滤器，将请求识别为表单登录并开始身份验证过程。

如图 5-58 所示，在提供者链中，首先检查 Root 账户登录，没有找到则会继续到下一个提供者链。用户名 / 密码提供程序检查提供的凭据是否有效，如果有效则认证成功，用户被重定向到主页并被认为已登录。如果凭据无效，用户将返回登录表单页面并要求重试。

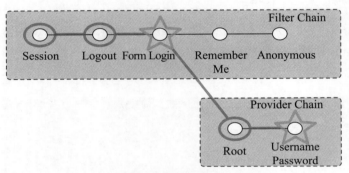

图 5-58　用户登录的认证链

另外，当已经登录的用户访问 Web 中的另一个页面时，只需要执行会话过滤器，并找到一个仍然有效的现有会话即可，而不需要进一步的链处理。

2）会话超时

当一个先前创建的会话超时，用户返回 Web admin 的过程与用户第一次访问 Web 应用程序基本上是相同的事件链。由于请求的页面很可能需要身份验证，因此用户被重定向到主页，并且没有登录。

3）"记住我"

当用户设置了"记住我"登录标记，登录事件链与未设置标志时的过程相同。只是在成功验证后，表单登录过滤器识别"记住我"标志并触发浏览器的创建，保存用于身份验证信息的 cookie。当用户在一段时间不活动后返回 Web admin 页面，即使设置了"记住我"标志，服务器上的用户会话仍将正常超时。从 Session 过滤器开始，它找不到有效的会话。"记住我"过滤器识别浏览器 cookie 并进行身份验证，用户被定向到访问过的任何页面并保持登录状态，如图 5-59 所示。

5.6.3　数据权限

设置数据的读写权限有两种方法，一种是在 Security → Data 目录中，通过"Add new rule"增加一个新的数据权限。这里可以对单个图层设置一个读或者写的权限，并且分配给指定的角色。如图 5-60 所示，设置 sf 工作区的 sfdem 图层仅 GROUP_ADMIN 角色具有只读权限，设置完成以后，执行"数据"→"图层"命令中找到该图层，并进入图层设置页面查看 Security，可以看到，只有 GROUP_ADMIN 这个角色的 Read 列为被选中状态（图 5-61）。

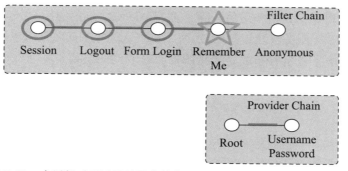

图 5-59　会话超时后返回的用户的身份验证链，带有"记住我"标志

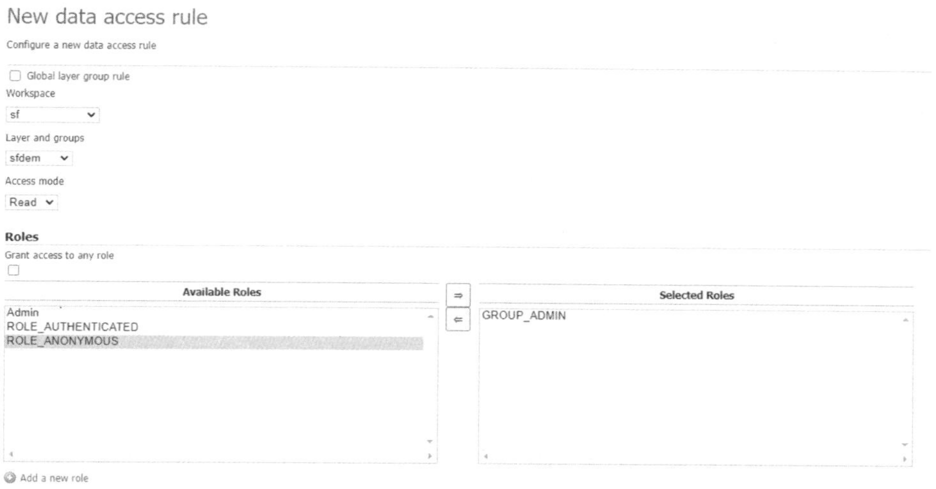

New data access rule

Configure a new data access rule

☐ Global layer group rule
Workspace
[sf ▾]
Layer and groups
[sfdem ▾]
Access mode
[Read ▾]

Roles
Grant access to any role
☐

Available Roles		Selected Roles
Admin ROLE_AUTHENTICATED ROLE_ANONYMOUS	⇒ ⇐	GROUP_ADMIN

⊕ Add a new role

图 5-60　GeoServer 设置数据权限

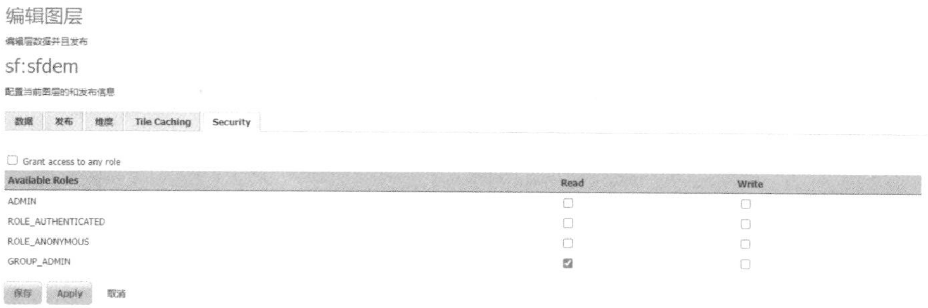

编辑图层

编辑雷数据并且发布

sf:sfdem

配置当前图层的和发布信息

数据　发布　维度　Tile Caching　Security

☐ Grant access to any role

Available Roles	Read	Write
ADMIN	☐	☐
ROLE_AUTHENTICATED	☐	☐
ROLE_ANONYMOUS	☐	☐
GROUP_ADMIN	☑	☐

保存　Apply　取消

图 5-61　图层角色权限

　　另一种方法是对每个图层进行分别设置，同样在 sfdem 这个图层中，我们将 GROUP_ADMIN 角色的写权限勾选，保存后再切换到 data 权限列表中，就增加了一条 sf.sfdem.w 的权限。在数据权限模块中，我们还可以将某个图层的读或写权限授权给所有角色，只需要勾选 Grant access to any role 复选框并保存，即可完成设置。

5.6.4 服务管理

与数据权限同样的道理，如果某一个服务的一些操作只允许被一部分人使用，就可以使用这个配置，将指定功能分配给对应的角色。如图 5-62 所示，我们将 WFS 服务的 GetFeature 功能仅赋给 ADMIN 角色，除了拥有 ADMIN 角色的用户外，其他用户均无法使用该功能。WMS 等服务仅通过 URL 加密、权限认证等方式，就可以达到保证数据安全的目的，而 WFS 服务由于发布的是矢量数据，获取到图层要素即意味着可以获取到该图层的坐标属性，通常需要对服务的操作能力加以限制，以达到保护数据安全的目的。

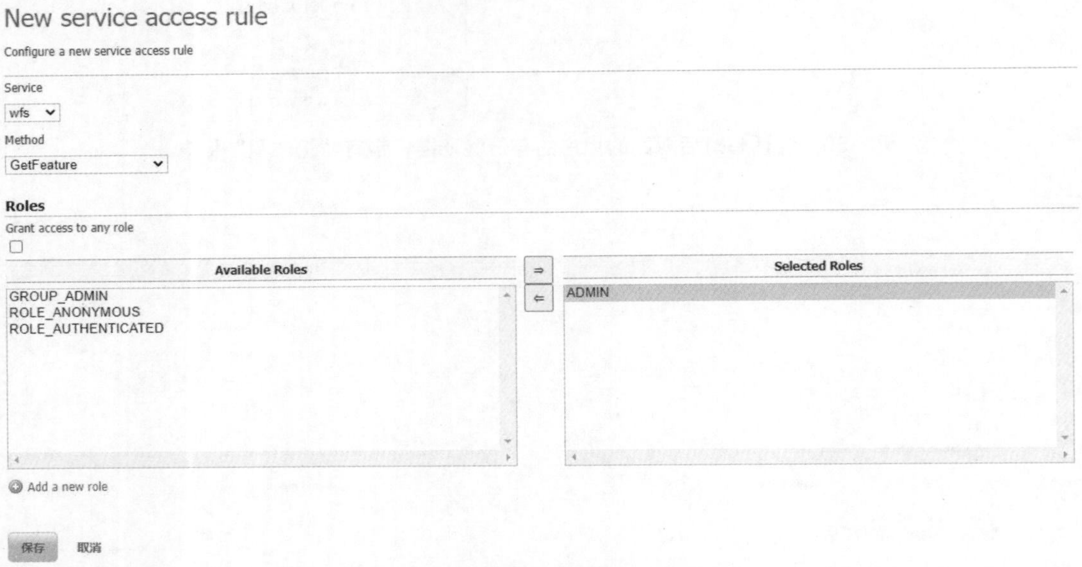

New service access rule

Configure a new service access rule

Service

`wfs`

Method

`GetFeature`

Roles

Grant access to any role

☐

Available Roles		Selected Roles
GROUP_ADMIN ROLE_ANONYMOUS ROLE_AUTHENTICATED	⇒ ⇐	ADMIN

Add a new role

保存　取消

图 5-62　服务管理

安全作为互联网系统中非常重要的一环，当通过 GeoServer 配置不能够达到安全要求时，就需要采取其他措施来保障使用的安全，如对 GeoServer 源码进行修改，增加所需要的功能和屏蔽我们认为不安全的能力。例如，在部署 GeoServer 服务时，通过编译源码，将 GeoServer 的图层预览功能和 WFS 服务禁止。

如何安全、合理地使用 GeoServer 是一个非常重要的命题，需要对 GeoServer 所支持的各种服务充分了解，需要掌握数据安全、网络安全等基础知识，掌握互联网系统中前、后端数据交互的各环节等。

5.7　其他配置

5.7.1　服务配置

通过左侧菜单栏的"服务"选项进入各服务的配置页面。该页面是针对各类服务的全局配置，在具体服务发布的过程中，还可以针对不同的图层服务进行个性化配置，可以参考 5.3.3 节中的相关说明。在使用中，图层个性化配置的优先级高于全局配置。

GeoServer 支持的 WCS、WFS、WMS 等服务，在设置服务配置时，都需要设置关于

"元数据服务"的参数,这部分配置的字段类型在每种服务中都相同,但值不共享。所以,针对每种服务都需要分别配置。服务配置的内容如下。

(1)启用。指定该服务启用或禁用,启用的服务才可以被正常使用,被禁用的服务在调用时会报错。这也可以作为 GeoServer 中保护数据安全的方式之一,例如对于矢量数据禁用 WFS 服务,可以避免数据被非法获取。如图 5-63 所示,禁用 WFS 服务后,访问图层报错。

图 5-63 禁用 WFS 服务调用结果

(2)严格引用合规性。当被选中时,执行严格的 OGC 遵从性和互操作性测试计划(CITE)一致,建议在运行一致性测试时使用。

(3)维护者。维护机构的名称,一般为 GeoServer 的网站,如果是自己部署的 GeoServer 服务,就可以使用自己的部署地址。

(4)联机资源。一般为服务主页的 URL。

(5)标题。该服务在该配置页面展示的题目。

(6)摘要。服务说明。

(7)费用。表示服务提供商为使用服务而收取的任何费用,保留关键字 NONE 表示不收取任何费用,适用于大多数情况。

(8)访问限制。表示服务提供商对服务施加的约束条件,保留关键字 NONE 表示没有访问约束,适用于大多数情况。

(9)关键字。表示与服务相关联的帮助文档和搜索的短词列表,可以对默认关键词进行删除,也可添加新的关键词。

图 5-64 所示为 WFS 服务的"元数据服务"配置,该配置在全局启用了 WFS 服务,并且列举出了该服务的获取地址和搜索关键字等。

服务还有一些特定化的配置,如 WMS、WFS 服务的标题和摘要设置的多语言配置 i18n,设置 WCS 服务的资源消费限制,如最大读取数量、最大生成数量等。WFS 服务需要设置服务可发布的最大要素数量、最大可预览数,设置要素的样式等。WMS 服务需要做样式管理,还需要设置一些栅格数据渲染的配置、配置图片压缩等相关内容。针对服务的配置内容较多,一般如无特殊情况,除 WFS 和 WMS 服务的样式外,其他配置使用默认即可,无须做过多的修改。

5.7.2 全局设置

全局设置页包括三部分:OGC 服务设置、内部设置和其他设置。

1. OGC 服务设置

1)服务设置

服务设置包括服务代理 URL、代理请求头设置、是否开启全局服务。开启全局服务表示允许访问全局服务和虚拟服务，禁用则表示客户端只能访问虚拟服务。如果 GeoServer 托管大量图层，并且希望确保客户端始终请求有限的图层列表，则禁用非常有用。除此之外，出于安全原因，禁用也很有用。

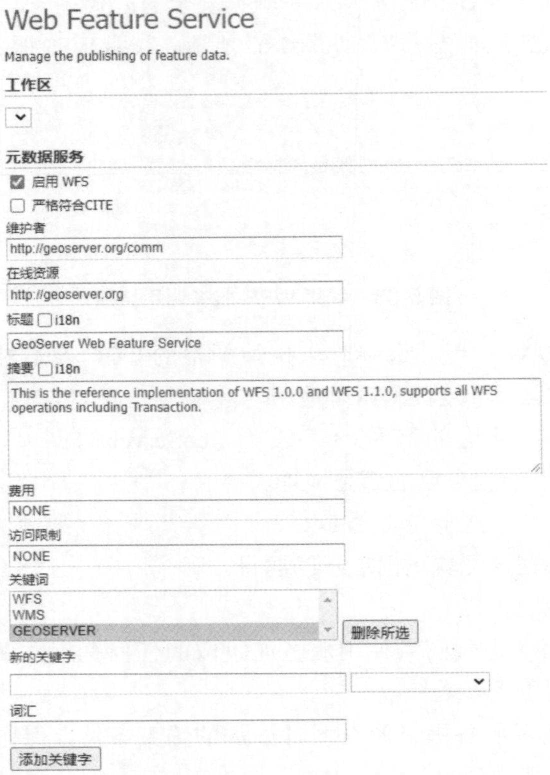

图 5-64   WFS 服务"元数据服务"配置

2）服务请求设置

请求设置只包括一项：是否允许解析 XML 外部实体，该设置需要谨慎开启，具有一定的安全风险。

3）服务响应设置

服务响应设置包括字符集、数值精度、详细消息的 XML 输出。详细消息启用后，将导致 GeoServer 返回带有换行符和缩进的 XML。但由于此类 XML 响应包含大量数据，进而需要大量带宽，因此建议仅将此选项用于测试目的。

4）服务错误设置

服务错误设置确定当某个图层由于某种原因无法访问时，GeoServer 将如何响应。该设置包括跳过配置错误的图层和返回服务异常文档两个选项。

2. 内部设置

1）日志设置

日志设置包括日志位置、日志配置文件、记录到标准输出、请求日志等。日志位置是设置日志的写入输出位置，可以是目录或文件，也可以指定为相对路径或绝对路径，其中，相对路径是相对于 GeoServer 数据目录，默认为 logs/geoserver.log。

日志配置文件是对应 GeoServer 数据目录下的一个 log4j 配置文件。Log4j 日志本身使用了六个记录级别，它们的范围从最不严重到最严重依次为 TRACE、DEBUG、INFO、WARN、ERROR、FATAL。GeoServer 将日志记录级别与特定服务器操作结合起来，全局设置页面上可用的五个预构建日志记录配置文件如下。

- DEFAULT_LOGGING：默认日志记录，在所有GeoTools和GeoServer级别上启用INFO。
- GEOSERVER_DEVELOPER_LOGGING：详细日志记录，包括有关GeoServer和VFNY的调试信息。
- GEOTOOLS_DEVELOPER_LOGGING：详细日志记录，仅包含GeoTools上的DEBUG信息。
- PRODUCTION_LOGGING：最小的日志配置文件，在所有GeoTools和GeoServer级别上仅启用WARN。使用这种生产级日志记录，只有问题被写入日志文件。
- VERBOSE_LOGGING：详细日志记录，通过在GeoTools、GeoServer和VFNY上启用DEBUG级别日志记录来提供更多详细信息。

默认情况下，GeoServer 中有五个日志记录配置文件，可以通过编辑 log4j 文件添加其他自定义配置文件。

标准输出（StdOut）确定程序将其输出数据写入的位置，在 GeoServer 中，Log to StdOut 设置允许记录到启动程序的文本终端。如果在大型 J2EE 容器中运行 GeoServer，您可能不希望容器范围的日志充满 GeoServer 信息。清除此选项将禁止大多数的 GeoServer 日志记录，只有 Fatal 异常仍会输出到控制台日志。

请求日志包括设置是否开启请求日志、Post 请求头大小等。

2）目录设置

目录设置包括要素类型缓存大小和文件锁定。要素类型缓存大小的默认值为 0，缓存大小通常应大于预期同时访问的不同特征类型的数量。如果可能，请将此值设置为大于服务器上的特征类型总数，但设置过高可能会产生内存不足的情况。另一方面，低于注册特征类型总数的值可能会更频繁地清除和重新加载资源缓存，这可能会很昂贵，例如同时延迟 WFS 请求。

文件锁定设置允许控制访问 GeoServer 数据目录时使用的文件锁定类型。此设置用于保护 GeoServer 配置不被同时编辑的多方破坏。使用 REST API 配置 GeoServer 时应使用文件锁定，并且可以在多个管理员同时进行更改时保护 GeoServer。文件锁定设置有三个选项。

- NIO 文件锁定：使用适合在集群环境中使用的Java新IO文件锁，多个GeoServers 共享相同的数据目录。
- 进程内锁定：用于确保两个Web管理或Rest会话不能同时修改单个配置文件。
- 禁用锁定：不使用文件锁定。

3）WebUI 设置

此配置允许控制 WebUI 重定向行为。默认情况下，当用户加载包含输入的页面时，会返回 HTTP 302 重定向响应，导致重新加载该响应并在请求参数中生成的会话 ID。此会话 ID 允许在刷新后记住页面的状态，并防止出现"双重提交问题"。但是，此行为与多个地理服务器实例的集群不兼容。

此配置有三种选择。

- 默认：使用重定向，除非已加载集群模块。
- REDIRECT：始终使用重定向，但与集群不兼容。
- DO_NOT_REDIRECT：永远不使用重定向，当不记得重新加载页面时的状态，可能会导致重复提交。

请注意，此设置必须重新启动 GeoServer 才能生效。

3. 其他设置

（1）REST PathMapper 根目录路径。RESTful API 使用此参数作为新上传文件的根目录，结构为 ${rootDirectory}/workspace/store[/< 文件 >]。

（2）REST 禁用资源未找到日志记录。当执行 REST 操作且请求的资源不存在时，此参数可用于禁用异常日志记录，可以通过向 REST 调用添加以下参数来覆盖此默认设置：quietOnNotFound=true/false。

5.7.3　图像处理

1. JAI 配置

GeoServer 图像处理默认使用 Java 语言的 JAI 库（Java Advanced Image，高级图像处理），在 WMS 和 WCS 服务中，图像处理用到的 JAI 全局参数可以在 JAI 设置页面中进行配置，如图 5-65 所示。

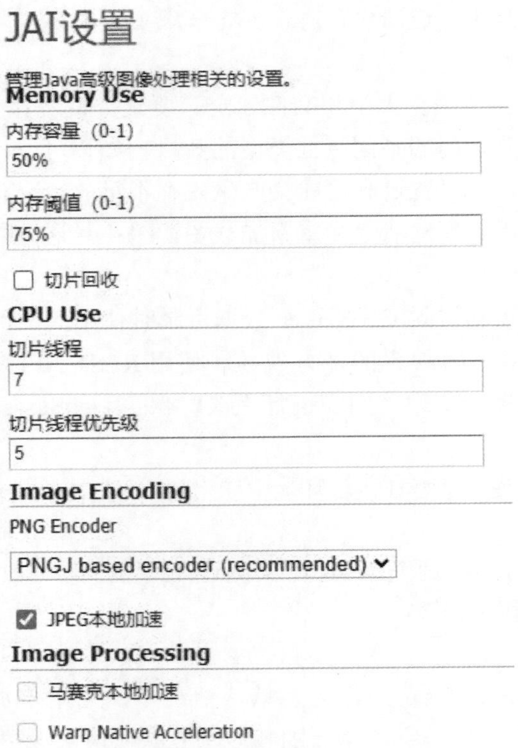

图 5-65　JAI 配置

在大批量图像处理时，合理设置 JAI 参数，对于优化性能、提高图像处理效率有很大帮助。另外，在不将所有内容加载到内存的情况下处理图像子集，是一种比较有效的手段。广泛使用的方法是平铺，它基本上是构建原始图像的镶嵌，以便可以部分而不是整体读取图像数据。由于处理一个瓦片通常涉及周围的瓦片，因此需要伴随瓦片缓存机制。JAI 配置允许通过管理 JAI 缓存机制来优化性能，配置内容包括内存使用、CPU 使用、图像编码、图像处理和 JAI/JAIEXT 设置等。

1）内存使用

内存使用的配置项包括内存容量、内存阈值、切片回收。JAI 提供 TileCache 接口，用于对切片内存进行分配，内存容量将全局 JAI TileCache 设置为可用堆的百分比，值为 0 ～ 1 的数字。如果内存容量小于当前容量，缓存中的切片将被刷新。为切片缓存设置大量内存，交互操作会更快，但切片缓存会很快填满。如果为切片缓存设置的内存量较低，则性能会降低。

全局 JAI TileCache 内存阈值指在切片移除期间要保留的缓存内存的小数部分。JAI 内存阈值必须为 0.0 ～ 1.0，这个阈值可以在"服务器状态"页面上查看，是状态页面上可见的内存阈值。

启用 JAI 切片缓存，则 Tile Recycling 允许 JAI 重新使用已加载的切片，可以显著提高性能。

2）CPU 使用

CPU 使用的配置项包括切片线程数和切片优先级。切片线程数（Tile Threads）用来设置加载切片时要使用的线程数量，JAI 使用 TileScheduler 进行瓦片计算，平铺计算可以利用多线程来提高性能。

切片线程优先级（Tile Threads Priority）设置全局 JAI TileScheduler 线程的优先级，值范围为 1 ～ 10，默认为 5（正常）。

3）图像编码

图像编码配置包括 PNG 编码器和 JPEG 原生加速。PNG 编码器的配置是在 Java 自己的编码器、JAI ImageIO 原生编码器和基于 PNGJ 的编码器之间选择。Java 标准编码器始终设置为最大压缩，它提供了最小的输出图像，但性能成本很高。ImageIO 原生编码器（仅在安装 ImageIO 原生扩展时可用）提供了更高的性能，但也生成了更大的 PNG 图像。基于 PNGJ 的编码器的性能最佳，并且生成的 PNG 图像仅比 Java 标准编码器稍大。基于 PNGJ 的编码器是推荐的选择，但它也比其他两个编码器更新，因此如果出现不当行为，其他两个编码器将作为管理员的选项。

为了提高图像处理应用程序的计算速度，JAI 自带 Java 代码和多平台原生代码，如果 Java 虚拟机（JVM）找到本机代码，则使用本机代码。如果本机代码不可用，则将使用 Java 代码。启用 JPEG 源生代码加速，可能会提高性能，但同时也会损害安全性和崩溃保护。

4）图像处理

图像处理的配置包括图像镶嵌原生加速和图像卷积原生加速。为了减少数据处理的开销，大数据集通常被分成更小的块，然后组合起来创建一个镶嵌图像。GeoServer 提供了图像镶嵌的本机和 JAI 实现，启用图像镶嵌原生加速后，会使用本地实现来创建镶嵌图像。图像镶嵌的一个最佳例子是航拍图像，它通常包含数千个非常高分辨率的小图像，处理时通常会使用到图像镶嵌。

GeoServer 为图像 Warp 操作提供了本地和 JAI 实现。如果启用，则本机操作用于卷积操作。

5）JAI/JAIEXT 设置

JAI/JAIEXT——引用 JAI-EXT 项目的页面。JAI-EXT 是一个开源项目，旨在长期取代 JAI 项目。JAI 和 JAI-EXT 操作之间的主要区别在于 JAI - EXT 中对外部 ROI 和图像 NoData 的支持。默认情况下，JAI-EXT 操作是被禁用的，将以下 Java 选项 -Dorg.geotools.coverage.jaiext.enabled=true 添加到 GeoServer 启动脚本中，并重新启动 GeoServer，才可以启用它们。

完成后，JAI 设置页面底部将显示如图 5-66 所示的页面。GeoServer 在内部将替换 JAI/JAI-EXT 操作和相关的 GeoTools 操作。需要注意的是，因为 JAI-EXT 是纯 Java API，所以 JAI-EXT 并不支持 JAI 原生库。

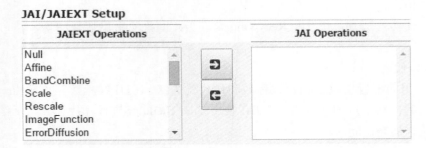

图 5-66　JAI/JAIEXT 操作

2. ImageIO

ImageIO 是图像处理 I/O 的相关配置，为图像处理提供读写等操作。在 GeoServer 中，WMS 服务生成的一般是相对较小的图像，WCS 服务生成的图像一般相对较大。对于不太大的图像，在对其处理之前都会先缓存在内存中，而对于太大的图像，就会考虑将其缓存在一个临时文件中，使用后会将文件删除。ImageIO 的配置如下。

1）ImageIO 缓存阈值（ImageIO Cache Memory Threshold，单位为 KB）

在进行图像处理时，系统会根据该阈值判断图像应该缓存在内存中还是在文件中。在"覆盖访问设置"中，可以配置图像处理线程池（Thread Pool Executor Settings）执行的相关参数。这个配置的作用是用来执行并行任务，如图像镶嵌，可以通过该配置并行加载多个影像文件。线程池执行设置包括设置线程池大小、线程 Keep Alive 时间、队列类型等。

2）核心池和最大池大小

在 Java 中，核心池是线程池的基本大小，在 Java 任务执行过程中，当提交一个任务到线程池时，线程池会创建一个线程来执行任务，即使其他空闲的基本线程能够执行新任务也会创建，等到需要执行的任务数大于线程池基本大小时，就不再创建。最大池大小是线程池允许创建的最大线程数，如果队列满了，并且已创建的线程数小于最大线程数，则线程池会再创建新的线程执行任务，否则不会创建。

核心池控制的是线程是否创建，最大池决定了执行任务的总数，如图 5-67 所示的覆盖访问设置中，图像 I/O 缓存的大小为 10240KB，线程核心池大小为 5，最大池大小为 10。表示在该 GeoServer 服务中，当图片容量大于 10240KB 时，就会使用文件进行缓存。在图像处理过程中，可以允许的最大执行线程为 5 个，最大任务提交数量为 10 个。

图 5-67　GeoServer 服务访问设置

3）Keep Alive

线程池的 Keep Alive 时间，是多余的空闲线程在终止之前等待新任务的最长时间。这是 Java 里面的概念，首先了解 corePoolSize 的概念，它指的是即使 Java 的所有线程都处于空闲状态，也会保留在线程池中的线程数量。Keep Alive 时间指的是当线程池中的线程数超过 corePoolSize 时，多余的线程将会在超过 keepAlive 时终止缓存。GeoServer 中的 corePoolSize 不可修改，通过调整 Keep Alive 时间来及时清理多余线程。如此处设置 Keep Alive 的时间为 30000ms，表示当线程池的中的线程数量在超过 corePoolSize 时，多余的线程会在 30s 之后终止缓存。

4）队列类型

GeoServer 提供了两种队列类型，一种为 Direct，另一种为 UNBOUNDED 类型。Direct 策略下，当任务被处理的平均时长大于任务的到达速度时，线程数可能会无限增长。UNBOUNDED 策略的线程数最多为 corePoolSize，使用该策略，当正在处理的线程数大于 corePoolSize 时，多余的任务会被加入到队列中。当每个任务都独立于其他任务时，UNBOUNDED 策略比较合适，因为任务之间不会影响彼此的执行。GeoServer 使用这种全局配置的场景主要是服务请求时，每个请求之间本身是相对独立的，因此可以使用 UNBONDED 队列类型。这种队列在处理短暂的突发请求时比较有用，但是当任务被处理的时间大于任务到达的速度时，工作队列的长度依然会无限增长。

GeoServer 工具是基于 Java 语言实现的，自然很多配置都与 Java 语言环境相关。除修改以上配置外，还可以通过一些其他手段优化 GeoServer 的图像处理能力，如将它的图像处理库替换为原生库。GeoServer 允许替换原生库的操作，在 GeoServer "服务器状态" 页面中，展示了 Native JAI 和 Native JAI ImageIO 两个配置项，当我们将 JAI 和 JAI ImageIO 替换为原生时，这两项就会显示为 true。

如果您对 Java 语言掌握，可以动手尝试这些操作。一些 GeoServer 的调优配置方案，还可以参考官方文档进行尝试。需要强调的是，不同版本 GeoServer 的配置会有所不同，本书中的示例使用的是 2.20.2 版本，使用其他版本还需要参考官方文档。

5.8　服务能力获取

GeoServer 中对服务的所有配置，都可以通过 GetCapabilities 接口获取到。通过 GetCapabilities 接口可以获取到的结果包括服务的基本信息、支持的坐标系、图层、样式和元数据等。OGC 标准中的服务都支持使用 GetCapabilities 接口。以获取 TMS 服务为例，向 GeoServer 服务发送 GetCapabilities 请求，请求参数为 "service=TMS&request=GetCapabilities"，其中 service 表示 TMS 服务类型，request 表示请求接口名称。请求示例如下：

```
https://lzugis.cn/geoserver/gwc/service/tms/1.0.0?service=TMS&request=GetCapabilities
```

发送以上请求后，TMS 服务将会返回 GetCapabilities 响应。完整的响应示例如下：

```
<TileMapService version="1.0.0" services="https: //lzugis.cn/geoserver/gwc/">
    <Title>Tile Map Service</Title>
    <Abstract>A Tile Map Service served by GeoWebCache</Abstract>
    <TileMaps>
        <TileMap title="countyboundry" srs="EPSG: 4326" profile="local"
        href="https: //lzugis.cn/geoserver/gwc/service/tms/1.0.0/
        lzugis%3Acountyboundry@EPSG%3A4326@png"/>
        <TileMap title="countyboundry" srs="EPSG: 4326" profile="local"
        href="https: //lzugis.cn/geoserver/gwc/service/tms/1.0.0/
        lzugis%3Acountyboundry@EPSG%3A4326@jpeg"/>
        ……（更多相同的内容已省去）
    </TileMaps>
</TileMapService>
```

GetCapabilities 的响应结果是一个 XML 文档，该响应结果表示 TMS 服务支持一个名为 countyboundry 的图层，坐标系为 EPSG:4326。访问图层 href 属性中的地址，结果如图 5-68 所示，可以看到，该图层的坐标系也为 EPSG:4326，瓦片尺寸为 256×256，支持的最大瓦片级别为 21 级，每个级别对应一个 TileSet。TileSet 的 href 属性表示该级别瓦片的访问地址，units-per-pixel 表示每个像素对应的地理距离，也可以称为该级别瓦片的分辨率。在使用中，可以通过这些配置使用 TMS 服务，请求和显示地图数据。

每种服务支持的能力不同，所获取到的结果和 XML 文档的组织格式也不同。如 WMS、WMTS 和 WFS 服务获取到的结果都包含服务的基本信息、可用操作、数据格式、投影方式等相关信息，但它们获取服务能力的请求地址、返回结果的格式却各不相同。WMS、WMTS、WFS 三种服务的请求示例如下。

（1）WMS 服务 GetCapabilities 请求示例：

```
https://ip: port/geoserver/wms?service=WMS&request=GetCapabilities
```

（2）WMTS 服务 GetCapabilities 请求示例：

```
https://ip:port/geoserver/gwc/service/wmts?REQUEST=GetCapabilities
```

（3）WFS 服务 GetCapabilities 请求示例：

```
https://ip:port/geoserver/wfs?service=WFS&request=GetCapabilities
```

您需要了解各种服务的特点，再结合 GetCapabilities 获取的结果，对每种服务的能力加以全面掌握。

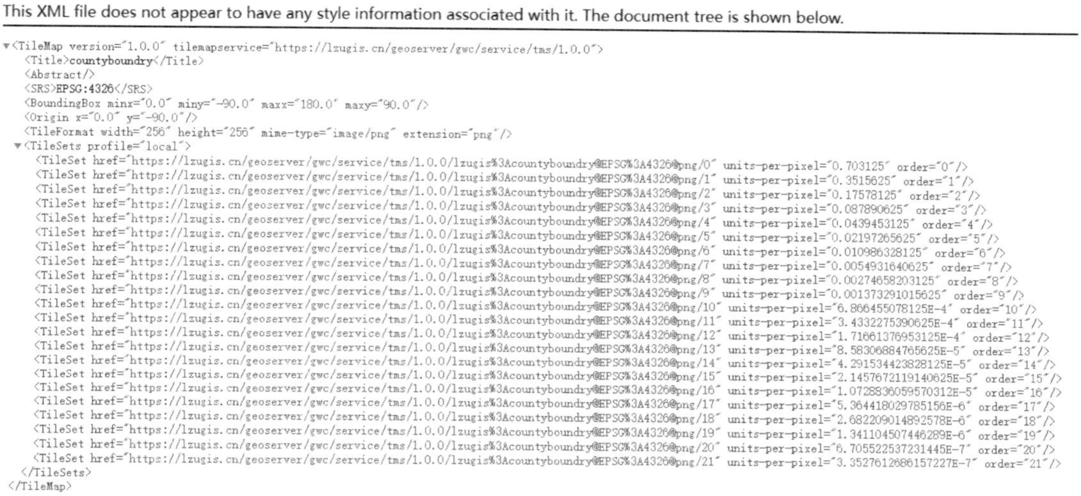

This XML file does not appear to have any style information associated with it. The document tree is shown below.

```
▼<TileMap version="1.0.0" tilemapservice="https://lzugis.cn/geoserver/gwc/service/tms/1.0.0">
   <Title>countyboundry</Title>
   <Abstract/>
   <SRS>EPSG:4326</SRS>
   <BoundingBox minx="0.0" miny="-90.0" maxx="180.0" maxy="90.0"/>
   <Origin x="0.0" y="-90.0"/>
   <TileFormat width="256" height="256" mime-type="image/png" extension="png"/>
 ▼<TileSets profile="local">
    <TileSet href="https://lzugis.cn/geoserver/gwc/service/tms/1.0.0/lzugis%3Acountyboundry@EPSG%3A4326@png/0" units-per-pixel="0.703125" order="0"/>
    <TileSet href="https://lzugis.cn/geoserver/gwc/service/tms/1.0.0/lzugis%3Acountyboundry@EPSG%3A4326@png/1" units-per-pixel="0.3515625" order="1"/>
    <TileSet href="https://lzugis.cn/geoserver/gwc/service/tms/1.0.0/lzugis%3Acountyboundry@EPSG%3A4326@png/2" units-per-pixel="0.17578125" order="2"/>
    <TileSet href="https://lzugis.cn/geoserver/gwc/service/tms/1.0.0/lzugis%3Acountyboundry@EPSG%3A4326@png/3" units-per-pixel="0.087890625" order="3"/>
    <TileSet href="https://lzugis.cn/geoserver/gwc/service/tms/1.0.0/lzugis%3Acountyboundry@EPSG%3A4326@png/4" units-per-pixel="0.0439453125" order="4"/>
    <TileSet href="https://lzugis.cn/geoserver/gwc/service/tms/1.0.0/lzugis%3Acountyboundry@EPSG%3A4326@png/5" units-per-pixel="0.02197265625" order="5"/>
    <TileSet href="https://lzugis.cn/geoserver/gwc/service/tms/1.0.0/lzugis%3Acountyboundry@EPSG%3A4326@png/6" units-per-pixel="0.010986328125" order="6"/>
    <TileSet href="https://lzugis.cn/geoserver/gwc/service/tms/1.0.0/lzugis%3Acountyboundry@EPSG%3A4326@png/7" units-per-pixel="0.0054931640625" order="7"/>
    <TileSet href="https://lzugis.cn/geoserver/gwc/service/tms/1.0.0/lzugis%3Acountyboundry@EPSG%3A4326@png/8" units-per-pixel="0.00274658203125" order="8"/>
    <TileSet href="https://lzugis.cn/geoserver/gwc/service/tms/1.0.0/lzugis%3Acountyboundry@EPSG%3A4326@png/9" units-per-pixel="0.001373291015625" order="9"/>
    <TileSet href="https://lzugis.cn/geoserver/gwc/service/tms/1.0.0/lzugis%3Acountyboundry@EPSG%3A4326@png/10" units-per-pixel="6.866455078125E-4" order="10"/>
    <TileSet href="https://lzugis.cn/geoserver/gwc/service/tms/1.0.0/lzugis%3Acountyboundry@EPSG%3A4326@png/11" units-per-pixel="3.4332275390625E-4" order="11"/>
    <TileSet href="https://lzugis.cn/geoserver/gwc/service/tms/1.0.0/lzugis%3Acountyboundry@EPSG%3A4326@png/12" units-per-pixel="1.71661376953125E-4" order="12"/>
    <TileSet href="https://lzugis.cn/geoserver/gwc/service/tms/1.0.0/lzugis%3Acountyboundry@EPSG%3A4326@png/13" units-per-pixel="8.58306884765625E-5" order="13"/>
    <TileSet href="https://lzugis.cn/geoserver/gwc/service/tms/1.0.0/lzugis%3Acountyboundry@EPSG%3A4326@png/14" units-per-pixel="4.291534423828125E-5" order="14"/>
    <TileSet href="https://lzugis.cn/geoserver/gwc/service/tms/1.0.0/lzugis%3Acountyboundry@EPSG%3A4326@png/15" units-per-pixel="2.1457672119140625E-5" order="15"/>
    <TileSet href="https://lzugis.cn/geoserver/gwc/service/tms/1.0.0/lzugis%3Acountyboundry@EPSG%3A4326@png/16" units-per-pixel="1.0728836059570312E-5" order="16"/>
    <TileSet href="https://lzugis.cn/geoserver/gwc/service/tms/1.0.0/lzugis%3Acountyboundry@EPSG%3A4326@png/17" units-per-pixel="5.364418029785156E-6" order="17"/>
    <TileSet href="https://lzugis.cn/geoserver/gwc/service/tms/1.0.0/lzugis%3Acountyboundry@EPSG%3A4326@png/18" units-per-pixel="2.682209014892578E-6" order="18"/>
    <TileSet href="https://lzugis.cn/geoserver/gwc/service/tms/1.0.0/lzugis%3Acountyboundry@EPSG%3A4326@png/19" units-per-pixel="1.341104507446289E-6" order="19"/>
    <TileSet href="https://lzugis.cn/geoserver/gwc/service/tms/1.0.0/lzugis%3Acountyboundry@EPSG%3A4326@png/20" units-per-pixel="6.705522537231445E-7" order="20"/>
    <TileSet href="https://lzugis.cn/geoserver/gwc/service/tms/1.0.0/lzugis%3Acountyboundry@EPSG%3A4326@png/21" units-per-pixel="3.3527612686157227E-7" order="21"/>
  </TileSets>
</TileMap>
```


图 5-68　GetCapabilities 获取 TMS 服务图层信息

5.9 小结

本章对 GeoServer 软件及其使用进行了全面介绍。首先介绍了 GeoServer 软件及其安装过程。其次详细说明了 GeoServer 中数据和服务的核心操作，包括工作区管理、不同类型数据源的添加、图层和图层组的配置与发布、样式配置以及服务发布后的图层预览。在图层预览部分，还对 GeoServer 中的 CQL 和 ECQL 过滤器语言进行了介绍。随后对 GeoServer 中的切片操作进行了讲解，例如使用 GWC 进行地图切片、网格集管理、BlobStore 和磁盘配额等。最后讲解了 GeoServer 插件的安装和使用，以及 GeoServer 中的安全配置及其他操作。

GeoServer 作为一款广泛使用的开源地理空间服务器，允许用户管理、发布和共享地理空间数据。它支持多种数据源，包括数据库、文件和 Web 服务；支持多种地理空间服务标准，如 WMS、WFS、WCS 等，能将这些数据轻松发布为标准的地理空间数据服务。除此之外，GeoServer 还提供数据管理、样式控制和安全认证等功能。GeoServer 可以通过插件扩展提供额外的功能和服务，并通过 REST API 或 Web 界面进行配置和管理。

GeoServer 是一个由庞大社区维护和支持的开源项目。社区提供大量文档、教程和支持，能够帮助用户快速上手并解决问题。GeoServer 的开源性质和灵活性使其成为构建地理空间数据基础设施和开发地理应用程序的理想选择。

地理空间数据管理是地理信息系统的重点内容之一。地理空间数据管理经历了从基于文件存储的单机管理模式，逐步发展到基于数据库管理的多用户实时共享网络模式。传统的 PC 端应用大多以文件形式管理数据，现阶段，WebGIS 开发中的管理方式主要以数据库和发布服务为主。文件形式、数据库形式和发布服务的主要区别如下。

1. 文件形式

GIS 中以文件形式存储地理数据的格式主要有 shapefile、KML（KMZ）、GeoJSON 等。文件形式存储数据有以下弊端。

（1）存储文件需要占用磁盘空间。

（2）数据管理杂乱。文件一般都需要存储在磁盘介质中，以矢量数据存储为例，存储一份 shapefile 数据需要至少 4 个文件：.shp 几何实体图形信息文件、.shx 几何位置索引的文件、.dbf 属性信息文件和 .prj 投影信息文件。随着数据量增多，文件数量会成倍数增加，文件管理会变得杂乱。

（3）多人协作时，数据传输和交流困难。存储在磁盘中的数据传输，一般是通过复制或线上传输。在这个过程中，一方面，复制或传输过程中会存在数据丢失的风险，另一方面，需要多人协作时，合作效率会极大降低。

随着互联网技术融合 GIS 技术，我们力求寻找到更好的模式管理数据，以突破传统数据管理的瓶颈。

2. 数据库存储

在数据库中存储矢量数据使用表来记录，表中的一条记录表示一个要素，每条记录中可以同时包含要素的空间信息和属性信息。存储在数据库中的数据可以通过数据库查询语言获取，可以使用 QGIS 等客户端进行查看、编辑，还可以通过 WebGIS 技术在 Web 端展示、编辑、进行制图综合等。

栅格数据也可以在数据库中进行存储，如在 PostGIS 中导入 DEM 数据，就是将栅格数据自动切片成大小相等的多个切片，每个切片存储为数据库表的一条记录。

使用数据库存储数据，具有以下特点。

（1）不占用本地磁盘空间，对作业计算机的磁盘要求较低。数据库中的数据全部保存在服务器上，不需要有额外的磁盘空间进行存储。

（2）数据存储和管理方便。数据库提供结构化的数据存储和管理方式，可以轻松处理大量的数据。通过数据库，可以方便地对数据进行组织、存储和管理，同时支持数据备份和恢复，使数据的安全性和可靠性得到保障。

（3）方便多人协作，数据共享和集成方便。数据库支持多用户同时访问和编辑数据，可以方便地实现数据共享和集成。通过数据库，可以将不同来源、不同格式的地理数据进行整合和统一管理，提高数据的价值和效用。

（4）数据查询和分析高效。数据库支持 SQL 查询语言，可以对矢量地理数据进行高效查询和分析。通过 SQL 语句，可以实现空间查询、空间分析和空间计算等功能，使数据的分析和应用更加灵活和高效。

（5）空间索引和优化。数据库支持空间索引和优化技术，可以提高数据的查询和分析效率。通过空间索引，可以快速定位和访问数据，减少查询时间和计算量，提高数据的处理速度和响应能力。

3. 发布服务

发布服务是将地理数据发布成服务，并提供在线浏览、查询和分析。可以将一份数据发布成多个样式或多种服务格式，并通过数据切片技术提高加载效率、保障数据传输的安全等。发布服务具有以下优势。

（1）数据可访问性。发布服务可以提高数据的可访问性和使用范围，不同用户可以通过网络访问和使用数据，实现数据共享和协作。

（2）数据可视化。可以将地理数据可视化展示，通过地图界面、图表和动画等形式，使得数据更加直观和易于理解。用户可以通过地图界面进行浏览、查询和分析，提高数据的应用效果和价值。

（3）数据安全。发布服务提供了多种安全机制，如权限控制、加密等，保护数据的机密性、完整性和可用性，防止数据的泄露和损毁。

（4）支持多种数据格式和标准，方便不同数据来源和应用系统之间的数据交互和集成。还可以实现数据格式和标准的统一，提高数据的一致性和可靠性。

（5）便于更新和维护。地理数据发布服务可以实现数据的实时更新和维护，方便对数据的管理和维护，保证数据的时效性和准确性。

6.1 地理空间数据

地理空间数据的特点是数据量大、数据结构复杂、数据具有区域性和多层次性等特点。地理数据所具有的位置、形态、拓扑关系等，使得地理空间数据的管理比非空间数据管理复杂得多，地理空间数据库与传统数据库管理具有很多不同之处。

（1）存储的对象不同。地理数据库支持空间数据的存储，包括点、线、面、栅格图像等。地理空间数据是非结构化的，数据量大，数据复杂，且每条记录的长度不等。而传统数据库只支持基本数据类型，如字符串、数字、日期等。

（2）数据结构不同。传统数据库多采用关系模型，管理的实体少，实体类型之间通常只有简单、固定的关系。而地理数据库的数据结构是基于空间关系的，地理空间数据库的实体类型繁多，实体类型之间存在着复杂的空间关系，并且还能产生新的关系，如拓扑关系等。

（3）数据查询内容不同。传统数据库多以查询文本信息为主，而空间数据可以查询的内容包括空间对象的属性、空间位置、空间分布、空间结合特征及与其他对象的关系等。地理数据库需要有大量的空间数据操作或查询，如特征提取、拓扑关系、相似性查询等。

（4）数据操作不同。传统数据库的操作主要是对数据进行分类、归并、排序、存取、检索、输入输出等操作，数据输入主要是通过键盘。而空间数据库中，大量的数据采用图形图像来描述，且对空间坐标数据有精度要求。地理空间数据库中，常需要进行的操作有图形编辑、定位检索、拓扑关系检索等。地理数据库还可以进行空间分析和空间计算，如缓冲区分析、叠加分析、路径分析等。

（5）数据量级不同。空间数据库是连续的海量数据，空间数据库面向的是客观世界中的地球表面信息、地质信息、大气信息等及其他复杂的信息，数据量较大，通常可以达到TB级。地理数据库管理的数据具有很高的空间相关性，且有很多是连续的。

地理数据库的种类很多，如矢量地形库、数字高程模型库、影像数据库、地名标记库等，这些类型的数据都将在 WebGIS 中进行使用。

6.2 数据库介绍

1. 关系型数据库

关系型数据库是采用关系模型来组织数据，以行和列的形式存储，每一个关系型数据库中可以包含很多张表。关系型数据库的特点如下。

（1）数据存储方式便于理解。传统的关系型数据库都以行和列的形式存储数据，数据读取和查询十分方便。

（2）关系型数据库按照结构化的方式存储，数据库中的每张表在创建时，都需要对它的所有字段进行事先定义。这样做的好处是，数据库表的每个字段在存储数据以前，就已经定义好了它的类型和含义，可靠性和稳定性更高。但同时带来的问题是，数据一旦存入，想要修改数据库表的结构就会变得非常困难。因此，对于存储海量数据，关系型数据库的效率会明显变低，特别在程序高并发读写时，关系型数据库的效率下降非常大。

（3）关系型数据库中为了避免重复和规范化数据，一般都采用最小的关系表进行存储，即每张表中都尽量存储更加单一的数据信息，尽量做到让每一张表看起来都更加清晰易读。这种存储方式对任意单张数据表来说，数据读取一目了然，但涉及多张表时，由于关系型数据库的表与表之间存在一定的关系，因此，随着表数量的增加，关系型数据库的管理就会变得更加复杂。

（4）关系型数据库中当表的数量过多时，表之间的操作会出现严重的瓶颈问题，而解决这种问题，只能通过提高计算机的处理能力来完成。这种解决方式，从拓展空间上来讲十分有限，且数据库扩展必然会带来一定的成本增长问题。

（5）关系型数据库强调数据的原子性、一致性、隔离性和持久性，可以满足对事务性要求较高的数据操作。

（6）在关系型数据库设计时，需要遵守关系型数据库设计的几个原则，包括命名规范、数据的完整性和一致性、遵守数据库设计三范式、避免数据冗余等。

常见的关系型数据库如 Postgres、MySQL、Oracle、DB2、SQL Server 等，其中，Postgres（开源数据库）和 MySQL（有收费版本也有开源版本）是我们在开发中比较常用到的两款关系型数据库。

2. 非关系型数据库

非关系型数据库有键值存储型、列存储型、文档型、图形数据库，每种类型的数据库都有各自的特点，表 6-1 所示为非关系型数据库及它们的对比。

表 6-1 非关系型数据库

分类	举例	典型应用场景	数据模型	优点	缺点
键值（key-value）	Redis，Tokyo Cabinet/Tyrant，Voldemort，Oracle BDB	内容缓存，主要用于处理大量数据的高访问负载，也用于一些日志系统等	Key 指向 Value 的键值对，通常用 hash table 来实现	查找速度快	数据无结构化，通常只被当作字符串或者二进制数据
列存储数据库	Cassandra，HBase，Riak	分布式的文件系统	以列簇式存储，将同一列数据存在一起	查找速度快，可扩展性强，更容易进行分布式扩展	功能相对局限
文档型数据库	CouchDB，MongoDb	Web 应用（与 Key-Value 类似，Value 是结构化的，不同的是数据库能够了解 Value 的内容）	Key-Value 对应的键值对，Value 为结构化数据	数据结构要求不严格，表结构可变，不需要像关系型数据库一样需要预先定义表结构	查询性能不高，而且缺乏统一的查询语法
图形（Graph）数据库	Neo4J，InfoGrid，Infinite Graph	社交网络，推荐系统等。专注于构建关系图谱	图结构	利用图结构相关算法。例如最短路径寻址，N 度关系查找等	很多时候需要对整张图做计算，才能得出需要的信息，而且这种结构不适合分布式的集群方案

非关系型数据库的查询语言为 NoSQL，区别于关系型数据库的 SQL 语言。NoSQL 数据库的种类繁多，去掉了关系型数据库中的关系型特征，因此数据库更加容易扩展，对于大数据量、高性能的数据操作，具有非常大的优势。在 WebGIS 开发中，如果有大量的矢量或者栅格数据，并需要一定的高并发读写，就可以选用一种非关系型数据库进行数据存储，如使用 MongoDB 存储离线栅格数据，可供 Web 端开发访问等，这都能在一定程度上提高系统的可扩展性和系统性能。

另外，使用数据库进行地理数据的存储还有一个更重要的原因，是可以使用数据库的一些地理空间函数。使用这些空间函数，可以进行地理空间数据检索、空间分析，如常用的 MySQL、Postgres、MongoDB 等，都有地理数据相关的扩展。

6.2.1 PostgreSQL

PostgreSQL 是一种特性非常齐全的自由软件的对象 —— 关系型数据库管理系统（ORDBMS），是以加州大学计算机系开发的 POSTGRES 4.2 版本为基础的对象关系型数据库管理系统。PostgreSQL 支持大部分的 SQL 标准并且提供了很多其他现代特性，如复杂查询、外键、触发器、视图、事务完整性、多版本并发控制等。

PostgreSQL 也可以用许多方法扩展，例如通过增加新的数据类型、函数、操作符、聚集函数、索引方法、过程语言等。另外，因为许可证的灵活，任何人都可以以任何目的免费使用、修改和分发 PostgreSQL。如在管理地理数据方面，PostgreSQL 欠缺对空间数据存储、空间运算等的支持。针对这一不足，PostGIS 对 PostgreSQL 进行了扩展，提供了很多空间信息服务功能，包括空间对象、空间索引、空间操作函数和空间操作符，并完全兼容 OpenGIS 的一些规范，很好地支持了空间数据存储、空间运算等操作，是 WebGIS 开发中比较常用的软件之一。本节内容除对 PostgreSQL 的讲解外，还会对 PostGIS 进行相应介绍。

1. PostgreSQL 安装

PostgreSQL 支持 Windows、Linux、macOS 等多种系统，PostgreSQL 的官方下载地址为 https://www.postgresql.org/download/。进入官方网站，选择需要的版本，并执行安装。本书写作过程中使用的是 Windows 15 RC 系统，安装过程如下。

（1）运行安装程序，开始安装，并设置好安装目录。

（2）选择安装内容，如图 6-1 所示。

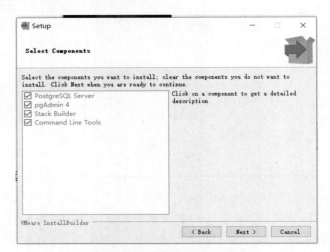

图 6-1　选择 Postgres 安装内容

说明：PostgreSQL Server 是核心服务，是必选项；pgAdmin 4 是一个可视化客户端工具，建议安装；Stack Builder 提供一个图形界面，可简化 PostgreSQL 扩展模块的安装，建议安装；Command Lines Tools 是命令行工具，是必选项。

（3）设置 Data 目录。安装时，默认会在安装路径下面创建一个 Data 文件夹，您也可以根据需要修改其路径。

（4）设置数据库密码、数据库端口（默认为 5432）。

按照以上步骤逐步操作，等待安装完成。

2. PostGIS 安装

PostGIS 的官方下载地址为 http://www.postgis.net/install/。PostGIS 的版本需要与安装的 PostgreSQL 的版本相对应，选择正确的版本下载并执行程序安装，具体过程如下。

（1）执行安装程序，选择安装组件，如图 6-2（a）所示。

（2）选择 PostgreSQL 的安装路径。

（3）输入数据库信息，连接 PostgreSQL 数据库。用户名、密码和端口号使用准备连接的 PostgreSQL 数据库的设置，如图 6-2（b）所示。连接数据库后，设置空间模板数据库的名称（如 postgis_31_sample），等待安装完成。

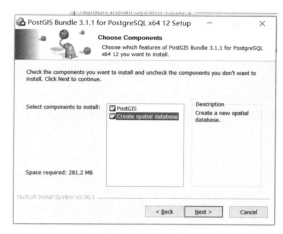 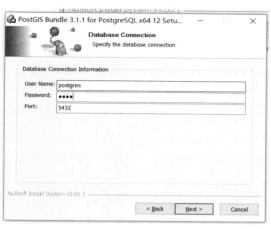

（a）选择安装控件扩展 　　　　　　　　（b）设置链接信息

图 6-2　PostGIS 安装

3. PostGIS 使用

1）创建数据库

在开始菜单中找到 PostgreSQL，打开 PostgreSQL 的连接工具 pgAdmin，输入密码，登录进入。在数据库软件的左侧目录面板中，执行 PostgreSQL → Databases 命令，右击，在弹出的快捷菜单中执行 Create → Database 命令，开始创建数据库。为了给创建的数据库默认带有空间扩展，在创建时需要选择模板（该模板为 PostGIS 安装时设置的空间模板数据库），如图 6-3 所示。

图 6-3　Postgres 创建数据库，选择模板

单击 Save 按钮，完成数据库的创建。如果没有选择模板，则需要在使用空间扩展时通过执行 SQL 语句 create extension postgis;，完成对空间扩展的添加。

2）导入 shp 数据

shp 数据的导入可使用其自带工具（PostGIS Bundle 3 for PostgreSQL x64 12 Shapefile and DBF Loader Exporter），也可以通过 QGIS 等工具进行导入。

（1）自带工具导入。

打开 PostGIS Shapefile 导入导出工具，单击"View Connection Details"按钮连接数据库，如图 6-4（a）所示。

选择需要导入的 .shp 文件，修改导入参数，如表名、空间坐标系等，如图 6-4（b）所示。

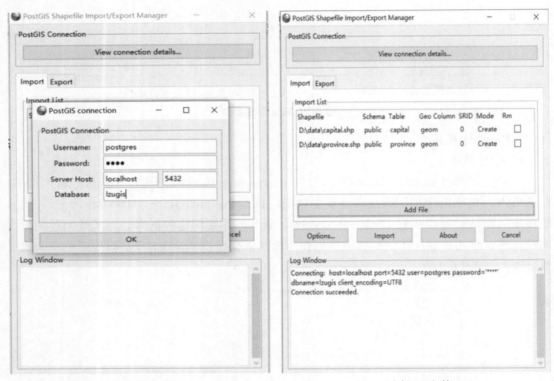

（a）连接数据库　　　　　　　　　　　　　（b）选择shp文件

图 6-4　导入 shapefile 文件

shapefile 文件导入时需要设置其 DBF 文件的文件编码。在图 6-4（b）所示的面板中，单击 Options 按钮，设置文件编码为 GBK。然后单击 Import 按钮，完成 Shapefile 数据的导入。

（2）QGIS 导入 shp 数据。

在 QGIS 工具箱中，打开 Export to PostgreSQL 工具，选择需要导入的 Shapefile 文件，设置参数，如图 6-5 所示。单击 Run 按钮，完成 shp 数据的导入。

3）数据库备份

数据库备份可以在命令行中操作，也可在 pgAdmin 中完成，pgAdmin 中的操作比较容易。首先，在需要备份的数据库上右击，在弹出的快捷菜单中选择 Backup 选项，打开文件选择对话框。设置文件备份的路径,单击 Backup 按钮,即可开始数据库的备份。备份完成后,会生成一个 .backup 文件,这个文件注意保留,可以用于数据库还原。

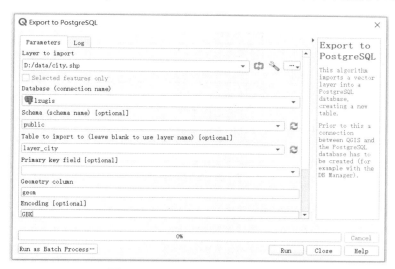

图 6-5　QGIS 导入 Shapefile 数据

4)数据库还原

数据库还原是指在一个新的数据库中,将已备份的表结构、表数据等复制。所以,在还原数据库之前,需要先创建数据库。数据库新建完成后,右击 Restore,打开数据库还原操作面板,选择已备份好的 .backup 文件,如图 6-6 所示,单击 Restore 按钮,即可完成数据库的还原。

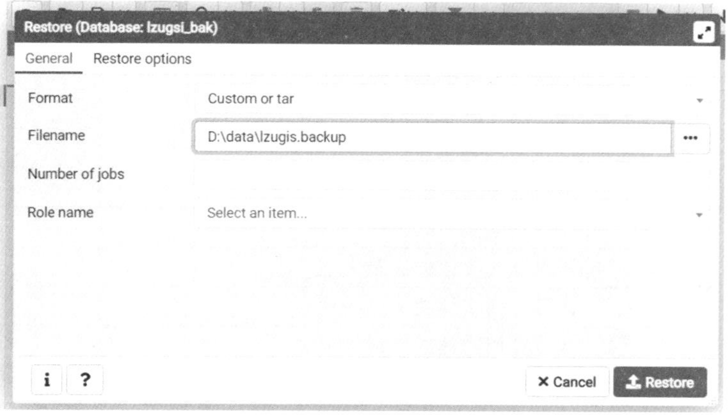

图 6-6　数据库还原

数据库备份与还原对于在多个环境间进行数据库复制、数据同步非常方便,如测试发布时,可以快速同步开发库的数据到测试库,用于进行系统测试。

4. 空间函数

PostGIS 中的空间函数可以分为几何创建、格式转换、空间关系判断、空间计算、坐标转换等。常见的 PostGIS 空间函数及说明如表 6-2 所示,更多的还可参阅其官方说明文档 http://www.postgis.net/docs/manual-3.3/reference.html。

表 6-2　PostGIS 空间函数

空间函数	说明
ST_MakeLine	通过点或线创建线
ST_Point	通过 x、y 创建点
ST_Polygon	通过线创建多边形
ST_X	获取点 x 坐标
ST_Y	获取点 y 坐标
ST_SRID	获取几何实体的坐标系统
ST_SetSRID	设置几何实体的坐标系统
ST_Transform	坐标转换
ST_GeomFromText	将 wkt 转换为几何实体
ST_GeometryFromText	将 wkt 转换为几何实体
ST_AsText	将几何实体转化为 wkt
ST_AsGeoJSON	将几何实体转化为 geojson
ST_AsMVT	将几何实体转化为矢量切片
ST_Contains	包含关系判断，判断 A 几何实体是否包含 B 几何实体
ST_Equals	判断两个几何实体是否相等
ST_Intersects	判断两个几何实体是否相交
ST_Within	空间关系判断，判断 A 几何实体是否在 B 几何实体内
ST_Area	计算面的面积
ST_Distance	计算两个实体间的距离
ST_Length	计算线的长度
ST_Perimeter	设置面的周长
ST_Difference	计算两个实体的差异
ST_Union	计算两个实体的并集
ST_Buffer	计算缓冲区
ST_Centroid	计算实体的几何中心
ST_Simplify	简化几何实体
ST_Extent	计算几何实体的范围
ST_XMax	计算几何实体的 x 最大值
ST_XMin	计算几何实体的 x 最小值
ST_YMax	计算几何实体的 y 最大值
ST_YMin	计算几何实体的 y 最小值

6.2.2　MySQL

MySQL 是一个流行的关系型数据库管理系统，在 Web 应用方面，MySQL 软件是最好的 RDBMS（Relational Database Management System，关系数据库管理系统）应用软件之一。MySQL 最早是由瑞典的 MySQL AB 公司开发，该公司在 2008 年被 SUN 公司收购，紧接着，SUN 公司在 2009 年被 Oracle 公司收购，所以 MySQL 最终变成了 Oracle 旗下的产品。

1. 下载与安装

在浏览器中输入地址 https://www.mysql.com/downloads/，进入 MySQL 下载界面。MySQL 包括 Community、Enterprise、Cluster 等多个版本，其中，Community 为社区版本，该版本开源免费，但不提供官方技术支持。Enterprise 为企业版本，提供官网技术支持，但需要付费，不过它有 30 天的免费试用。Cluster 为集群版，开源免费，可以将几个 MySQL Server 封装成一个 Server 来进行使用。MySQL Cluster CGE 则是 Cluster 高级集群版，需要付费使用。

MySQL 还提供了 ER/ 数据库建模工具 Workbench，它是著名的数据库设计工具 DBDesigner4 的继任者。MySQL Workbench 包括两个版本：社区版（MySQL Workbench OSS）和商用版（MySQL Workbench SE），社区版本是开源免费的。

选择需要安装的 MySQL 版本下载，然后单击安装包开始安装。

1）选择安装类型。

MySQL 安装一般使用默认类型，在出现如图 6-7 所示的界面时可以选择类型。可选择的类型如下。

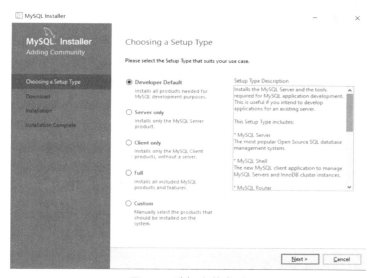

图 6-7 选择安装类型

- MySQL Server：MySQL服务。
- MySQL Shell：MySQL命令行，可以进行数据库的连接、SQL语句执行等。
- MySQL Router：在应用程序和后端MySQL服务器之间提供透明路由。
- MySQL Workbench：服务器开发和管理服务器的GUI应用程序。
- Examples and tutorials：示例和操作指引。
- Documentation：离线文档。

单击 Next 按钮，继续执行安装步骤，直到出现如图 6-8 所示的界面。该界面展示了我们要安装的产品，单击 Execute 按钮继续执行安装。

2）配置

等待安装完成后，进行相关配置，如图 6-9 所示。

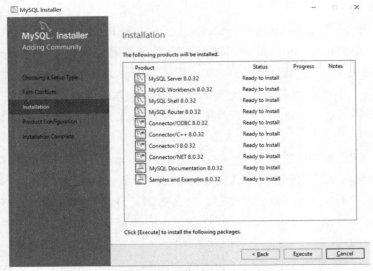

图 6-8　选择安装内容

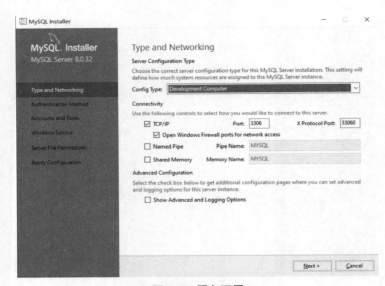

图 6-9　服务配置

● 选择配置类型：使用个人计算机可以选择 Development Computer，其他可选项还有 Server Computer，可以选择自动诊断或自定义类型。

● 设置安装参数：包括连接类型和端口，端口一般使用3306即可。

3）设置密码

单击 Next 按钮继续安装，进行密码配置，也可以通过 Add User 添加用户。安装完成后，可以通过 Workbench 或 Shell 进行连接测试。如图 6-10 所示，在 Workbench 中输入 SQL，如果能正确执行，说明已成功安装。

2. 数据查询

数据库连接好后，在左侧面板可以看到所连接的数据库，单击每个数据库对象后，可以新建数据库表。

图 6-10 Workbench 界面

访问 MySQL 官方文档（地址 https://dev.mysql.com/doc/refman/8.0/en/built-in-function-reference.html），可以查看 MySQL 的所有操作语句和支持函数。

3. 空间函数

MySQL 提供了许多空间函数，这些函数都以 ST_ 开头，用于处理和操作空间数据。表 6-3 将常用的空间函数进行了整理，完整函数还会不断更新，可跟踪官方文档。

表 6-3 MySQL 空间分析函数

名称	描述
ST_Transform( )	变换几何的坐标
ST_GeomFromGeoJSON( )	从 GeoJSON 对象生成几何
Polygon( )	从 LineString 参数构造多边形
ST_PointN( )	从 LineString 返回第 N 个点
LineString( )	从 Point 值构造 LineString
ST_GeomFromText( ) ST_GeometryFromText( )	从 WKT 返回几何
ST_GeomCollFromText( ) ST_GeometryCollectionFromText( ) ST_GeomCollFromTxt( )	从 WKT 返回几何集合
ST_PointFromText( )	从 WKT 构建点
ST_LineFromText( ) ST_LineStringFromText( )	从 WKT 构造线
ST_PolyFromText( ) ST_PolygonFromText( )	从 WKT 构造多边形
ST_GeometryN( )	从几何集合中返回第 N 个几何
ST_AsGeoJSON( )	从几何体生成 GeoJSON 对象

续表

名称	描述
ST_AsText( )，ST_AsWKT( )	从内部几何格式转换为 WKT
Point( )	从坐标构造点
ST_Length( )	获取线的长度
ST_NumPoints( )	获取线构成的点数
ST_X( )	获取点的 X 坐标
ST_Y( )	获取点的 Y 坐标
ST_Longitude( )	获取点的经度
ST_Latitude( )	获取点的纬度
ST_Area( )	获取多边形的面积，单位为平方米
ST_Union( )	计算两个几何的并集
ST_SymDifference( )	计算两个几何的对称差异
ST_Intersection( )	计算两个几何的交集
ST_Envelope( )	获取几何的四至
ST_SRID( )	获取几何的空间参考系统 ID
ST_GeometryType( )	获取几何类型的名称
ST_ConvexHull( )	获取几何体的凸包
ST_Distance( )	计算一个几何与另一个几何的距离
ST_Simplify( )	简化几何
ST_Buffer( )	计算缓冲区
ST_Validate( )	验证的几何体
ST_Centroid( )	获取几何质心点
ST_IsValid( )	几何是否有效
ST_MakeEnvelope( )	两点组成的矩形
ST_Difference( )	计算两个几何差异
ST_Distance_Sphere( )	计算球面距离
ST_Contains( )	判断一个几何是否包含另一个
ST_Touches( )	判断一个几何是否接触另一个
ST_Disjoint( )	判断一个几何是否与另一个几何脱节
ST_Equals( )	判断一个几何是否与另一个几何相等
ST_Crosses( )	判断一个几何是否与另一个几何相交
ST_Intersects( )	判断一个几何是否与另一个相交
ST_Overlaps( )	判断一个几何是否与另一个重叠
ST_Within( )	判断一个几何是否在另一个之内
ST_IsEmpty( )	判断几何体是否为空

以计算多边形面积为例，使用 MySQL 数据库的地理空间函数来获取一个多边形的面积，查询语句为：

```
SELECT ST_Area(ST_PolyFromText('POLYGON((50.4668 -6.90665,51.73607
0.14657,55.3032 -4.52724,50.4668 -6.90665))', 4326))
```

该语句计算的是多边形 (50.4668 −6.90665，51.73607 0.14657，55.3032 −4.52724，50.4668 −6.90665) 的投影面积，计算的结果为 119116248317.12148 m²。

注意： 在使用 MySQL 的时会出现 "Latitude out of range in function st_geomfromtext. It must be within [-90.000000, 90.000000]" 这样的报错，原因是在 MySQL 中，默认是纬度在前经度在后。不过，在使用时可以指定其经纬度的顺序，如下 SQL 所示，通过 axis-order=long-lat 指定经纬度的顺序为经度在前纬度在后。

```
update layer set geom = ST_GeomFromText(wkt, 4326, 'axis-order=long-lat');
```

6.2.3　MongoDB

MongoDB 是一个面向文档存储的数据库，MongoDB 将数据作为一个文档，数据结构为键值（key => value）对格式。MongoDB 文档类似于一个 JSON 对象，字段值可以包含文档、数组及文档数组等。

1. 下载与安装

MongoDB 提供了可用于 32 位和 64 位系统的预编译二进制包，可以从 MongoDB 官网下载，MongoDB 的下载地址为 https://www.mongodb.com/download-center/community。下载安装完成后需要先创建数据目录，然后才能运行 MongoDB 服务器。MongoDB 数据库的连接有一些相关的配置，可以参考网络上的教程（https://www.runoob.com/mongodb/mongodb-window-install.html）。

2. 管理工具

MongoDB 对应的管理工具——RockMongo，可以像管理 MySQL、PostgreSQL 一样管理 MongoDB 数据库。MongoDB 查询数据的语句格式为 db.collection.find（query, projection），其中，query 是一个可选参数，使用查询操作符指定查询条件，projection 也是可选参数，表示返回结果中包含哪些字段。

3. 地理空间查询

MongoDB 支持对地理空间数据的查询操作，可以将地理空间数据存储为 GeoJSON 对象或坐标对。GeoJSON 格式的数据以子文档的形式存入，实际上只需要存入 type 和 coordinates 两个字段即可，type 字段用于指定 GeoJSON 对象类型，coordinates 用于指定对象的坐标。例如，指定一个点数据使用以下方式：

```
location: {
    type: "Point",
    coordinates: [-73.856077, 40.848447]
}
```

MongoDB 地理空间查询可以解释平面或球体上的几何，其中，2dsphere 索引仅支持球形查询，即解释球形表面几何形状的查询，2d 索引支持平面查询（即解释平面上的几何图形的查询）和某些球形查询。

创建 2dsphere 索引使用 db.collection.createIndex( ) 方法，并指定字符串文字 2dsphere 作为索引类型，例如：

```
db.collection.createIndex({"<location field>":"2dsphere"})
```

其中，<location field> 是其值为 GeoJSON 对象或旧版坐标对的字段。

创建 2d 索引的查询方式为：

```
db.collection.createIndex({"<location field>": "2d"})
```

表 6-4 列出了每个地理空间操作使用的地理空间查询运算符、支持的查询和相关说明。

表 6-4   MongoDB 地理空间查询操作

运算符	支持的索引类型	说明	使用场景
$geoIntersects	2dsphere	选择与 GeoJSON 几何图形相交的几何图形	查找与特定区域相交的所有地理对象，如查找穿过某个边界的道路
$geoWithin	2dsphere、2d	选择在 GeoJSON 几何图形内的几何图形	查找位于特定区域内的所有地理对象，如查找特定城市内的所有餐馆
$near	2dsphere、2d	查找和返回距离给定点最近的地理空间对象	查找距离某个位置最近的地理对象，如查找距离用户最近的商店
$nearSphere	2dsphere、2d	返回与球面上的某个点相符的地理空间对象	查找地球表面上距离某点最近的地理对象，如查找全球范围内距离某个坐标最近的机场
$box	2d	使用坐标对指定一个矩形框进行 $geoWithin 查询	查找位于特定矩形区域内的地理对象，如查找某个城市街区内的所有公园
$center	2d	使用坐标对为 $geoWithin 查询指定一个圆	查找特定半径范围内的地理对象，如查找某个地点周围一定范围内的所有公交站
$centerSphere	2dsphere、2d	使用坐标对或 GeoJSON 格式为 $geoWithin 查询指定一个圆	查找地球表面上某个地点周围一定范围内的地理对象，如查找全球范围内某个点周围的所有酒店
$geometry	2dsphere	为地理查询操作符指定 GeoJSON 格式的几何图形	在复杂的地理查询中使用多边形、多点等几何图形进行筛选
$maxDistance	2dsphere、2d	指定最大距离以限制 $near 和 $nearSphere 查询的结果	查找距离某个点不超过特定距离的地理对象，如查找距离用户不超过 5 km 的加油站
$minDistance	2dsphere	指定限制 $near 和 $nearSphere 查询结果的最小距离	查找距离某个点超过特定距离的地理对象，如查找距离用户至少 1 km 外的健身房
$polygon	2d	使用坐标对指定一个多边形进行 $geoWithin 查询	查找位于特定多边形区域内的地理对象，如查找特定行政区划内的所有医院

6.3 服务发布

将数据发布成地图服务是 WebGIS 中最常用的对数据的使用方式。地图服务包括底图服务和动态地图服务，本节从这两个方向对 GIS 数据作为地图服务时的使用进行说明。

6.3.1　底图服务

底图服务包括栅格底图服务和矢量底图服务。栅格底图服务的数据源可以是栅格数据，也可以矢量数据，栅格底图服务的格式为图片格式，一般为 .png 或 .jpg 格式。矢量底图服务的数据源是矢量数据，矢量底图服务的格式为一个文件，如 PBF、MVT 等。

1. 栅格底图服务

栅格底图服务的制作与发布流程如下。

（1）准备数据。指用于服务发布的栅格数据或矢量数据。

（2）样式设置。因为栅格底图服务为图片形式，发布后无法修改样式，所以在服务发布前，需要将数据的样式事先设置好。

（3）底图切片。

（4）服务发布。

2. 矢量底图服务

矢量底图服务主要是将矢量数据发布成格式为 .pbf 或 .mvt 等格式的服务，.pbf 和 .mvt 实质上是二进制流，为 GOOGLE 制定的一种前后端数据传输与交互的数据格式。矢量底图服务的制作与使用流程如下。

（1）数据准备。指用于服务发布的矢量数据。

（2）地图切片。参考 4.2 节，按照一定的规则对矢量数据进行切片。

（3）服务发布。

（4）样式配置。矢量底图服务可以自定义配置样式，服务发布好以后，在使用时可以根据业务需要，给数据设置不同的样式。

从组织上，栅格底图服务和矢量底图服务一般为松散型，所发布的服务是以 {z}/{x}/{y} 方式存储的零散文件。底图服务还有另外一种组织方式：紧凑型，这种方式发布服务后，会生成一个后缀为 .mbtiles 的文件，它本身是一个 SQLite 文件型数据库。紧凑型服务的存储方式是，一个 {z}/{x}/{y} 结果是一条记录，存储形式为 {z}/{x}/{y}+tileData（切片数据）的方式，类似于数据库的形式。

发布底图服务的常用工具有 GWC、QGIS、ArcGIS Server 等，ArcGIS Server 在本书中不做介绍，GWC 和 GQIS 的使用可参考 4.2 节。

6.3.2　动态地图服务

动态地图服务是指将矢量数据或栅格数据发布成地图服务，以地图服务的方式进行调用。矢量数据可发布的服务格式有 WFS、WMS、WMTS、TMS，栅格数据可发布的格式有 WCS、WMS、WMTS、TMS。用于发布图层服务的工具也有很多，如 GeoServer、MapServer、ArcGIS Server 等。图层服务的发布以及使用在第 4 章、第 5 章中都有介绍，可参照相关章节学习。

6.4　数据安全

信息安全、网络安全、数据安全是作为支撑数字化发展的基础安全保障措施，是一切互联网系统的核心。我国《"十四五"国家信息化规划》（以下简称《规划》）中，就将"培育先进安全的数字产业体系"列为了其中一项重大任务。《规划》中提及的"信息安全"相关关键词共 108 次，充分说明了"安全"在我国数字化发展中的重要性。

其中，网络安全是以网络为主要的安全体系的立场，主要涉及网络安全域、防火墙、网络访问控制等场景，更多是指向整个网络空间环境。而网络信息和数据都可以存在于网络空间之内，也可以是网络空间之外。"数据"作为"信息"的主要载体，信息是对数据做出有意义分析的价值资产，常见的信息安全事件有网络入侵窃密、信息泄露和信息被篡改等。数据安全是以数据为中心，主要关注数据安全周期的安全和合规性，以此来保护数据的安全。常见的数据安全事件有数据泄露、数据篡改等。

数据安全的含义有两方面：一是数据本身的安全，主要是指采用现代密码算法对数据进行主动保护，如数据保密、数据完整性、双向强身份认证等。二是数据防护的安全，主要是采用现代信息存储手段对数据进行主动防护，如通过磁盘阵列、数据备份、异地容灾等手段保证数据的安全。

一般公司信息安全和网络安全的保障都会有专门的部门。作为 WebGIS 开发者，我们所关注的主要是数据本身的安全，数据安全防护借助公司信息安全策略一般都会有很好的保障。再者，信息安全和网络安全、数据安全防护对于一般的开发个体而言，也很难做到独立的维护。本节主要对 WebGIS 中数据本身安全的内容进行讲解。

保护数据安全的措施，除了使用常用的数据加密方法外，还使用一些针对地理数据的数据安全保护策略，如坐标加密、使用地方坐标系等技术。

6.4.1　数据加密

所谓数据加密，就是将一个数据（明文）经过加密函数的转换，变成密文，接收方想要使用该数据，必须使用正确的方法进行解密，解密后才能获取到发送方传输的正确的明文数据。常用的数据加密方式有对称加密、非对称加密、Hash 函数等多种方法，其中比较常用的以对称加密和非对称加密为主。

1. 对称加密

对称加密为采用单钥密码系统的加密方法，同一个密钥既可以用作数据加密，也可以用作信息解密，也称为单秘钥加密。常见的对称加密方法如 DES（Data Encryption Standard，数据加密标准）、AES（Advanced Encryption Standard，高级加密标准）。对称加密方法的特点是加密速度快，可以用来加密大文件，但是由于加密和解密使用的是同一套秘钥，一旦秘钥文件泄露，会存在数据泄露的风险，除此之外，加密编码表找不到对应的字符，会出现乱码的现象。

2. 非对称加密

非对称加密是指加密和解密使用不同密钥的加密算法，也称为公私钥加密。非对称加密允许在不安全的媒体上的通信双方交换信息，安全地达成一致的密钥。非对称加密算法需要两个密钥：公开密钥（public key）和私有密钥（private key）。公开密钥与私有密钥是一对，如果用公开密钥对数据进行加密，只有用对应的私有密钥才能解密。因为加密和解密使用的是两个不同的密钥，所以这种算法也叫非对称加密算法。非对称加密的主要过程如下。

（1）乙方生成一对密钥（公钥和私钥），并将公钥向其他方公开。

（2）得到公钥的甲方使用该密钥对机密信息进行加密后，再发送给乙方。

（3）乙方再用自己保存的另一把专用密钥（私钥）对加密后的信息进行解密。注意，乙方只能用其专用密钥（私钥）解密由它对应的公钥加密后的信息。

因此，在传输过程中，即使攻击者截获了传输的密文，并得到了乙的公钥，也无法破解密文，因为只有乙的私钥才能解密密文。同样，如果乙要回复加密信息给甲，那么需要甲先公布甲的公钥给乙用于加密，甲自己保存甲的私钥用于解密。

假设两个用户要加密交换数据，双方交换公钥，使用时一方用对方的公钥加密，另一方即可用自己的私钥解密。在企业应用中，如果企业中有 n 个用户，企业需要生成 n 对密钥，并分发 n 个公钥。由于公钥是可以公开的，用户只要保管好自己的私钥即可，因此加密密钥的分发将变得十分简单。同时，由于每个用户的私钥是唯一的，其他用户除了可以通过信息发送者的公钥来验证信息的来源是否真实，还可以确保发送者无法否认曾发送过该信息。常见的非对称加密算法有 RSA、DSA（数字签名用）等。

与对称加密相比，非对称加密的安全性更好，但是，非对称加密的缺点是加密和解密花费时间长、速度慢，只适合对少量数据进行加密。

不同算法的实现机制不同，可适用场景也不同，在具体使用时，可参考对应算法的详细资料，选择合适的加密方法。

6.4.2 坐标加密

在使用任何一份地理数据之前，都必须要知道它的坐标系和投影。因为不同投影、不同坐标系对同一份数据转换的结果是不同的。在 GIS 中，坐标系和投影的类型有很多种，它们各自都有不同的特点和适用场景。以互联网地图高德地图和百度地图为例，它们使用的也是经过加密后的投影坐标。

高德地图使用的是国测局 02 坐标系 GCJ02。百度地图的坐标系 BD09 是在 GCJ02 的基础上做了二次偏移之后的坐标系，称为百度坐标系。百度坐标系、WGS84 坐标系、GCJ02 坐标系之间的关系如下。

（1）WGS84：大地坐标系，也是 GPS 全球定位系统所使用的坐标系。

（2）GCJ02：又称为火星坐标系，是由中国国家测绘局制定的地理坐标系统，是由 WGS84 加密后的坐标系。

（3）BD09：它是在 GCJ02 的基础上再次加密后形成的坐标系。

百度坐标系、高德坐标系和其他坐标系的转换方法，官方都提供了对应的 SDK 服务，可在官方网站上获取。这就是所谓的坐标加密，它实质上是对坐标的偏移，如果想要获取到真实的坐标则需要转换参数，而转换参数都是保密数据，不对外公布，以此来达到地理数据加密的目的。

6.4.3 地方坐标系

地方坐标系（Local Coordinate System）是指相对于局部区域内的某个参照物体或参考点，在该对象周围建立的坐标系。这种坐标系通常用于描述局部区域内的地理位置和方向。地方坐标系可以算是一种对数据保护的手段，每个区域使用不同的转换参数，形成对空间数据的一种变相保护。

地方坐标系的使用需要遵照相关规定，自 1993 年 7 月 1 日起施行的《中华人民共和国测绘法》规定，大、中城市和大型建设项目建立相对独立的平面坐标系统时，应按规定经国务院有关部门或省、市、自治区、直辖市人民政府批准，报国务院测绘行政主管部门备案，并与国家坐标系统相联系。地方坐标系必须要能够与国家坐标系进行相互转换。地方坐标系在工程、建筑、测量、地图制作等领域都有比较广泛的应用，例如，在城市规划和建设中，地方坐标系可以用于描述建筑物的位置和方向、规划道路和交通系统等。在地图制作中，用于绘制局部地图和详细地图等。在工程测量中，地方坐标系可以用于精确测量建筑物、桥梁、隧道等的位置等。

6.5　数据使用

WebGIS 中获取数据的方式以调用服务为主，一种是调用后端服务接口，另一种则是调用发布的 GIS 服务。

客户端调用后端服务接口获取到数据，通过 WebGIS 技术在浏览器端展示，或实现地理空间数据编辑等功能。不过，这种方式主要以矢量数据为主，栅格数据的可编辑范围有限，它无法像矢量数据一样进行对数据本身进行编辑。所以，栅格数据一般只用作底图或发布为 WMS、WMTS 类的动态服务使用。

6.6　小结

本章介绍了空间数据的特征、空间数据库、空间数据的使用和管理、WebGIS 中空间数据服务的发布、数据安全等相关内容。地理空间数据的海量性、复杂性等特征，使得地理数据的管理和使用与普通数据有所不同。除此之外，地理空间数据属于非常重要的保密数据，在使用时必须要保证数据安全。数据安全手段除常用的数据加密、保障数据传输安全外，GIS 数据还通过如坐标加密、地方坐标系、地图服务等措施，充分保证地理空间数据的安全。最后，地理空间数据的获取方式包括通过接口服务和地图服务两种方式，这两种方式在 WebGIS 开发中都会使用到，是开发者必须要掌握的技能。

7.1 数据格式

GIS 中常见的矢量数据格式有 Shapefile、GeoPackage、GeoJSON、WKT、KML、GPX 等。其中，Shapefile 是基于文件的格式，GeoPackage 是一种基于 SQLite 数据库的文件，它们在 WebGIS 中的使用主要是通过 GeoServer 等发布服务或后端接口提供数据，WebGIS 客户端通过调用这些服务或接口访问和使用数据，实现不同用户之间的数据共享和交换。而 GeoJSON、WKT、KML、GPX 等可以直接被 Web 端解析，方便数据的使用，也是 WebGIS 中前后端交互的常用格式，本节主要对这部分数据格式进行介绍。

7.1.1 WKT

WKT 是一种文本格式的地理空间数据交换格式，它以文本的形式表示矢量几何对象，以及几何对象的空间参照系。WKT 格式支持多种几何类型，包括点、线、面等，它们的表示方式如下。

```
点: POINT(6 10)
线: LINESTRING((3 4,10 50, 20 25)
面: POLYGON((1 1, 5 1,5 5,1 5,1 1),(2 2,2 3,3 3,3 2,2 2))
多点: MULTIPOINT(3.5 5.6, 4.8 10.5)
多段线: MULTILINESTRING((3 4, 10 50, 20 25), (-5 -8, -10 -8, -15 -4))
多 面: MULTIPOLYGON(((1 1,5 1,5 5,1 5,1 1),(2 2,2 3,3 3,3 2,2 2)),((6 3,9 2,9
4,6 3)))
几何集合: GEOMETRYCOLLECTION(POINT(4 6),LINESTRING(4 6,7 10))
```

7.1.2 GeoJSON

GeoJSON 是在 JSON 数据格式的基础上，针对地理数据结构进行编码而扩展的特定结构的交互格式。GeoJSON 对象可以表示几何、特征或者特征集合，支持点、线、面、多点、多线、多面和几何集合等多种类型。GeoJSON 的表示有如下几种方式。

1. Geometry

Geometry 只表示要素的空间信息，由两个节点组成: type 和 coordinates。type 表示类型，可能的值有 Point（点）、MultiPoint（多点）、LineString（线）、MultiLineString（多线）、Polygon（面）、MultiPolygon（多面）等。coordinates 为实际的坐标。如一个点的 Geometry 表示为:

```
{
    "type":"Point",
    "coordinates": [105.38,31.57]
}
```

2. Feature

Feature 为要素表示方式，包含 type、properties、geometry 三部分。type 为类型字段，值固定为 Feature，properties 为属性字段，存储要素除空间信息以外的其他属性信息，geometry 为要素的空间信息，内容同上述 Geometry。常见矢量要素的 Feature 方式表示如下：

（1）点的表示。

```
{
    "type": "Feature",
    "properties": { id: 1 },
    "geometry": {
        "type": "Point",
        "coordinates": [105.38,31.57]
    }
}
```

（2）线的表示。

```
{
    type: 'Feature',
    properties: { id: 1},
    "geometry": {
        "type": "LineString",
        "coordinates": [[105.60,30.65], [107.95,31.98], [109.37,30.03]]
    }
}
```

（3）面的表示。

```
{
    type: 'Feature',
    properties: { id: 1},
    "geometry": {
        "type": "Polygon",
        "coordinates": [
                [ [100.0, 0.0], [101.0, 0.0], [101.0, 1.0], [100.0, 1.0], [100.0,
0.0]]
        ]
    }
}
```

3. FeatureCollection

FeatureCollection 为要素集合，一般包含 type 和 features 两部分。type 为类型，值固定为 FeatureCollection，features 为多个 feature 组成的集合。

FeatureCollection 表示多个要素的示例如下：

```
{
    "type": "FeatureCollection",
    "features": [
        {
            "type": "Feature",
            "properties": { id: 1 },
            "geometry": {
                "type": "Point",
                "coordinates": [105.38,31.57]
            }
        },
        {
```

```
            "type": "Feature",
            "properties": { id: 2 },
            "geometry": {
                "type": "Point",
                "coordinates": [106.58,32.57]
            }
        }
    ]
}
```

7.1.3 KML

KML（Keyhole Markup Language）是一种用于描述地理信息的标记语言，由 Google 公司开发。KML 基于 XML 语言，提供了丰富的标记和属性，用于存储地理数据和相关内容。KML 格式的数据便于在互联网上发布并可以通过许多应用程序进行查看。

KML 文件以 .kml 或 .kmz（表示压缩的 KML 文件）为扩展名，一个 KML 文件可以同时包含矢量元素、属性数据、HTML，以及影像、图形、图片等。

KML 语言的常见标记和属性如下。

1）<Placemark>

<Placemark> 标记用于表示一个地点或要素，例如城市、建筑物、景点等。在 <Placemark> 标记中，我们可以指定要素的名称、描述、坐标等属性。例如，下列 KML 标记表示一个名为 Simple Point 的点，经纬度为 [-122.08, 37.42]，高程为 0。

```
<Placemark>
    <name>Simple Point</name>
    <description>A Ponint in data collection</description>
    <Point>
        <coordinates>-122.08,37.42,0</coordinates>
    </Point>
</Placemark>
```

2）<LineString>

<LineString> 标记用于表示一条线段，例如道路。在 <LineString> 标记中，我们可以指定线段的坐标、颜色、宽度等属性，例如：

```
<LineStyle>
    <color>7f00ffff</color>
    <width>4</width>
    <coordinates>112.25,36.07,2357
                 112.25,36.08,2357
    </coordinates>
</LineStyle>
```

上述标记表示一条经纬度为 [112.25,36.07] ～ [112.25,36.08]、宽度为 4、颜色为紫色（#7f00ffff）的线。

3）<Polygon>

<Polygon> 标记用于表示一个封闭区域，例如城市区域、建筑物等。在 <Polygon> 标记中，我们可以指定区域的坐标、颜色、边框宽度等属性，例如，下列标记表示一个由四个点构成的区域，其颜色为紫色（#7f00ffff），边框宽度为 2。

```
<Polygon>
    <outerBoundaryIs>
```

```
        <LinearRing>
            <coordinates>
                -74.00,40.71
                -77.03,38.90
                -80.19,25.76
                -73.93,40.73
                -74.00,40.71
            </coordinates>
        </LinearRing>
    </outerBoundaryIs>
    <color>7f00ffff</color>
    <width>2</width>
</Polygon>
```

以矢量元素的标记为例，不同类型矢量要素的完整 KML 文件格式如下。

1. 点标记

```
<?xml version="1.0" encoding="UTF-8"?>
<kml xmlns="http://earth.google.com/kml/2.1">
    <Placemark>
        <name>Simple placemark</name>
         <description>Attached to the ground. Intelligently places itself at the
height of the underlying terrain.
        </description>
        <Point>
            <coordinates>-122.0822,37.4222899,0</coordinates>
        </Point>
    </Placemark>
</kml>
```

2. 线标记

```
<?xml version="1.0" encoding="UTF-8"?>
<kml xmlns="http://earth.google.com/kml/2.1">
    <Document>
        <name>Paths</name>
        <description>Examples of LineString. </description>
        <Style id="yellowLineGreenPoly">
            <LineStyle>
                <color>7f00ffff</color>
                <width>4</width>
            </LineStyle>
            <PolyStyle>
                <color>7f00ff00</color>
            </PolyStyle>
        </Style>
        <Placemark>
            <name>Absolute Extruded</name>
            <description> green wall with yellow outlines</description>
        <styleUrl>#yellowLineGreenPoly</styleUrl>
            <LineString>
                <extrude>1</extrude>
                <tessellate>1</tessellate>
                <altitudeMode>absolute</altitudeMode>
                <coordinates>
                    -112.2550785337791,36.07954952145647,2357
                    -112.2552505069063,36.08260761307279,2357
                </coordinates>
            </LineString>
        </Placemark>
    </Document>
</kml>
```

3. 多边形标记

```
<?xml version="1.0" encoding="UTF-8"?><kml
xmlns="http://earth.google.com/kml/2.1">
    <Placemark>
        <name>The Pentagon</name>
        <Polygon>
            <extrude>1</extrude>
            <altitudeMode>relativeToGround</altitudeMode>
            <outerBoundaryIs>
                <LinearRing>
                    <coordinates>
                        -77.05788457660967,38.87253259892824,100
                        -77.05465973756702,38.87291016281703,100
                        -77.05315536854791,38.87053267794386,100
                        -77.05844056290393,38.86996206506943,100
                        -77.05788457660967,38.87253259892824,100
                    </coordinates>
                </LinearRing>
            </outerBoundaryIs>
            <innerBoundaryIs>
                <LinearRing>
                    <coordinates>
                        -77.05668055019126,38.87154239798456,100
                        -77.05542625960818,38.87167890344077,100
                        -77.05485125901024,38.87076535397792,100
                        -77.05691162017543,38.87054446963351,100
                        -77.05668055019126,38.87154239798456,100
                    </coordinates>
                </LinearRing>
            </innerBoundaryIs>
        </Polygon>
    </Placemark>
</kml>
```

7.1.4　GPX

GPX（GPS eXchange Format，GPS 交换格式）是一个 XML 格式，是为应用软件设计的通用 GPS 数据格式，是一种用于存储和交换全球定位系统（GPS）数据的开放式标准格式。GPX 格式数据通常包含地理位置点、路线和轨迹等地理信息，可以被各种 GPS 设备和地图软件读取和解析。

这个格式是免费的，不需要付任何许可费用便可使用。它的标签保存位置、海拔和时间等。在 GPX 中，一个没有顺序关系的点的集合叫路点，有顺序的点的集合叫轨迹或者路程。GPX 格式数据的一些常见元素如下：

1）\<gpx\>

\<gpx\> 元素是 GPX 格式数据的根元素，用于表示整个 GPX 文档。在 \<gpx\> 元素中，我们可以指定 GPX 文档的版本、创建日期、作者等信息，例如：

```
<gpx version="1.1" creator="My GPS" xmlns="http://www.topografix.com/GPX/1/1">
    <metadata>
        <name>My trip to the mountains</name>
        <time>2021-07-01T10:00:00Z</time>
    </metadata>
    <!-- ... -->
</gpx>
```

上述代码使用 <gpx> 元素表示一个版本为 1.1、创建者为 "My GPS" 的 GPX 文档，其中包含 "My trip to the mountains" 的元数据信息和其他元素。

2) <wpt>

<wpt> 元素用于表示一个路点。在 <wpt> 元素中，可以记录路点的经度、纬度、名称、描述等属性，例如：

```
<wpt lat="39.90" lon="116.40 ">
    <name>Beijing</name>
    <desc>A city in the China</desc>
</wpt>
```

上述代码使用 <wpt> 元素表示一个名为 Beijing 的地点，其经度为 116.40、纬度为 39.90。

3) <rte>

<rte> 元素用于表示一条路线，例如一条登山路径等。在 <rte> 元素中，可以设定路线的名称、描述、起点和终点等属性，以及包含的地理位置点，例如：

```
<rte>
    <name>Hiking trail</name>
    <desc>A hiking trail in the mountains</desc>
    <rtept lat="39.9028" lon="116.4060">
        <name>Starting point</name>
    </rtept>
    <rtept lat="39.9025" lon="116.4050">
        <name>Waypoint 1</name>
    </rtept>
    <rtept lat="39.9020" lon="116.4040">
        <name>Waypoint 2</name>
    </rtept>
    <rtept lat="39.9015" lon="116.4030">
        <name>Ending point</name>
    </rtept>
</rte>
```

上述代码使用 <rte> 元素表示一条名为 "Hiking trail" 的登山路径，其起点为 "Starting point"，经过 "Waypoint 1" 和 "Waypoint 2"，终点为 "Ending point"。

4) <trk>

<trk> 元素用于表示一条轨迹，例如一次旅行的路线、一段运动轨迹等。在 <trk> 元素中，我们可以指定轨迹的名称、描述、起点和终点等属性，以及包含的地理位置点，例如：

```
<trk>
    <name>My trip to the mountains</name>
    <desc>A hiking trip to the mountains</desc>
    <trkseg>
        <trkpt lat="39.9028" lon="116.4060">
            <ele>10</ele>
            <time>2021-07-01T1:00:00Z</time>
        </trkpt>
        <trkpt lat="39.9025" lon="116.4050">
            <ele>20</ele>
            <time>2021-07-01T10:10:00Z</time>
        </trkpt>
        <!-- ... -->
    </trkseg>
</trk>
```

上述代码使用 <trk> 元素表示一个名为 "My trip to the mountains" 的徒步旅行轨迹，

其中包含一系列的 <trkpt> 元素表示每个时间点的地理位置点，以及海拔高度和时间信息。

一个完整 GPX 文档示例的结构及说明如图 7-1 所示。

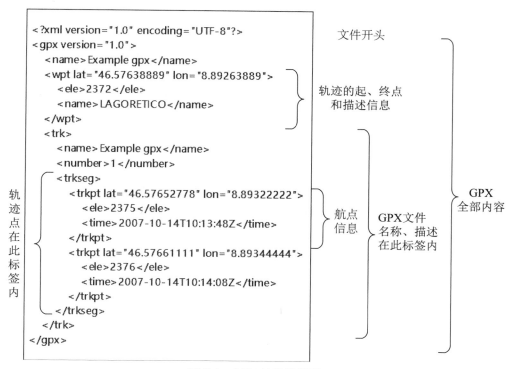

图 7-1　GPX 结构及说明

7.1.5　数据接口

数据接口是前后端交互经常使用的一种方式，交互格式一般为 JSON。JSON 中包含空间数据和属性数据，空间数据以 wkt、坐标点或者坐标点集合的方式进行传输。

1. 点的表示

坐标点表示为：

```
{ name: 'test', lon: 100.234, lat: 41.433 }
```

wkt 表示为：

```
{ name: 'test', wkt: 'POINT(100.234 41.433)'}
```

2. 线的表示

坐标点集合表示为：

```
{
    name: 'test',
    coords: [[100.43, 34.43], [100.45, 34.54], [100.47, 34.45]]
}
```

wkt 表示为：

```
{
    name: 'test',
```

```
    wkt: 'LINESTRING((100.43 34.43), (100.45 34.54), (100.47 34.45))'
}
```

3. 面的表示

面是由一组首尾闭合的坐标点构成的，坐标点表示为：

```
{
    name: 'test',
    coords: [[100.43, 34.43], [100.45, 34.54], [100.47, 34.45], [100.43, 34.43]]
}
```

wkt 表示为：

```
{
    name: 'test',
    wkt: 'POLYGON((100.43 34.43), (100.45 34.54), (100.47 34.45), (100.43 34.43))'
}
```

属性数据可以是文本、文件流、图片地址等任何被允许的格式，数据接口的格式相对比较随意，在保证坐标点、wkt 等空间数据按规定返回的情况下，属性字段的结构可以由开发人员相互协商，能够确保交互即可。

7.2　渲染类型

本节从不同数据类型（点、线、面）的角度出发，对不同类型数据的渲染形式进行说明。WebGIS 中的矢量数据可以以多种不同的样式进行渲染，如点可以展示成一个图标、圆形、规则多边形、文字，线的样式有粗细、颜色、虚实，面的样式有边框、内填充等。同一份数据还可以以不同的样式组合进行表示，以突出信息表达的直观性和展示的丰富性。

1. 点图层渲染

点的展示方式最多，可以显示为圆、椭圆、规则多边形、不规则多边形、图标等多种样式。图 7-2 所示为点数据的几种常见渲染方式，它们与 GIS 软件（如 ArcMap 等）的出图结果很相似，但在 WebGIS 开发中，都是通过代码实现的。

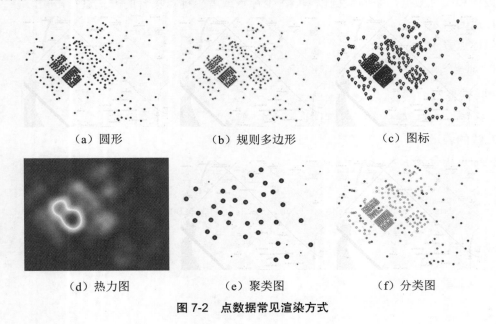

（a）圆形　　　　　（b）规则多边形　　　　　（c）图标

（d）热力图　　　　　（e）聚类图　　　　　（f）分类图

图 7-2　点数据常见渲染方式

196

2. 线图层渲染

线图层的渲染相对比较简单，常见的包括设置线宽、颜色、虚实线，也可以使用多个单一样式的组合，常见的渲染方式如图 7-3 所示。

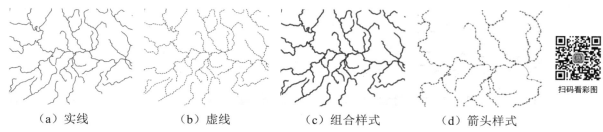

扫码看彩图

（a）实线　　　　　　（b）虚线　　　　　　（c）组合样式　　　　　（d）箭头样式

图 7-3　线数据常见渲染方式

3. 面图层渲染

面图层渲染包括面填充和面边框，填充可以是颜色，也可以是图片，边框样式可以参照线图层渲染。常见的面图层渲染方式如图 7-4 所示。

扫码看彩图

（a）描边　　　　　　（b）填充　　　　　　（c）组合样式　　　　　（d）图片样式

图 7-4　面数据常见渲染方式

4. 标注渲染

标注是为点、线、面、多边形添加的注释，如表示位置的点，可以在点的附近显示点所代表的位置的名称，线可以是街道名称、河流名称，还可以是一个简单的分割线等，一个面可以代表一个行政区划，标注可以是行政区划的名称。

不同类型的数据标注有所区别，相对比较简单的是点的标注，一般是将标注渲染在点附近，当然也存在一些比较复杂的情况，如当点较多时需要进行标注的避让等。面和线的标注相对复杂一些，但是它们的渲染逻辑和渲染时需要遵守的约定与点渲染相同。图 7-5 所示为标注的几种渲染方式。

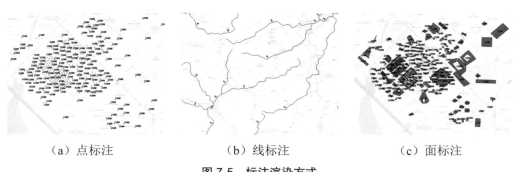

（a）点标注　　　　　　　（b）线标注　　　　　　　（c）面标注

图 7-5　标注渲染方式

7.3 数据加载

有了前面两节关于数据格式和渲染类型的基础后，本节从数据格式的层面，对在不同的 WebGIS 框架中，对不同格式的数据进行渲染的方法进行说明。框架中对不同格式的数据渲染是 WebGIS 中的一个关键的技术点，涉及理解各种数据类型、掌握框架的使用，以及如何有效利用工具实现数据呈现。

1. GeoJSON 数据

1）OpenLayers 中加载 GeoJSON 数据

OpenLayers 中加载 GeoJSON 数据有两种方式，一种是加载 GeoJSON 文件，另一种是直接加载 GeoJSON 数据。

加载文件可以使用 ol.source.Vector 类，通过指定 GeoJSON 文件的地址和 GeoJSON 格式，便可以创建一个 source 对象。然后使用该 source 创建图层，并将图层添加到地图中。如下代码为通过 url 加载 GeoJSON 数据的方法：

```
const source = new ol.source.Vector({
    url: '../code/data/province.geojson',
    format: new ol.format.GeoJSON()
})
const layer= new ol.layer.Vector({
    source: source
})
map.addLayer(layer);
```

加载 GeoJSON 数据需要从远程服务器获取，或在代码中自定义 JSON 格式的文件或变量。OpenLayers 提供了 ol.format.GeoJSON( ) 类的 readFeatures 方法，可以将 GeoJSON 数据直接转换为要素集合，该要素集合可以直接用于创建一个数据源。如下代码为从远程服务器获取 GeoJSON 数据，并创建一个 source 的过程。

```
fetch('/data/province.geojson').then(res => res.json()).then(geojson => {
    const features = (new ol.format.GeoJSON()).readFeatures(geojson)
    features.forEach(f => {
        f.getGeometry().transform('EPSG:4326', 'EPSG:3857')
    })
    const source = new ol.source.Vector({
        features
    })
})
```

2）MapboxGL 中加载 GeoJSON 数据

GeoJSON 是 MapboxGL 框架支持的创建矢量数据源的唯一数据格式，数据只能通过 map.addSource 方法中 sourceOptions 参数的 data 对象传入，data 对象既可以是一个 GeoJSON 数据，也可以是一个文件的 url。使用方式如下：

```
map.addSource('line-source', {
    type: 'geojson', // 唯一值: geojson
    data: geojson 或 url
});
```

3）Leaflet 中加载 GeoJSON 数据

Leaflet 中通过 L.geoJSON 加载一个 GeoJSON 数据，并可以将其直接添加到地图中。L.geoJSON 中只能传入 GeoJSON 数据，如果是 GeoJSON 文件，则需要转换为 GeoJSON

数据后再使用。如下代码为 Leaflet 中加载一个 GeoJSON 数据的方式：

```
L.geoJSON(data, {
    style: function (feature) {
        return {color: feature.properties.color};
    }
}).addTo(map);
```

三种框架加载 GeoJSON 的完整代码在本书资源包中，扫描图书封底二维码下载。图 7-6 所示为加载其中一部分面数据的效果。

图 7-6　GeoJSON 数据渲染

2. GPX 格式

1）OpenLayers 中加载 GPX 数据

OpenLayers 框架中，创建数据源时，可以通过 new ol.format.GPX( )，将 GPX 数据转换为矢量数据并完成加载。使用方法如下：

```
const source = new ol.source.Vector({
    url: 'https: // /data/route.gpx',
    format: new ol.format.GPX()
})
```

2）MapboxGL 中加载 GPX 数据

GPX 文件在 MapboxGL 中无法直接使用，需要借助工具（如 PC 端 QGIS 或第三方插件如 gpxparse.js 等）将其转换为 GeoJSON 后使用。如下代码为使用 gpxparse.js 插件解析 GPX 文件，并添加到地图上的方法：

```
fetch(' https: ///data/route.gpx')
    .then(res => res.text()).then(res => {
        const gpx = new gpxParser();
            gpx.parse(res);
```

```
              let geoJSON = gpx.toGeoJSON();
              // addSource and addLayer
})
```

3）Leaflet 中加载 GPX 数据

Leaflet 框架中无法直接加载 GPX 文件，只能通过插件实现，如已经开源的 Leaflet 插件 leaflet-gpx 可以将 GPX 进行转换。如下代码为使用 leaflet-gpx 插件及进行 GPX 数据转换和添加到地图上的方法：

```
const gpx = '/data/route.gpx'; // GPX 文件地址或者 GPX 文件内容
new L.GPX(gpx, {async: true}).on('loaded', function(e) {
    map.fitBounds(e.target.getBounds());
}).addTo(map);
```

上述代码实现加载一个名为 route.gpx 的路径文件，完整代码参考本书资源包中 chapter7-3.html 文件。将其添加到地图中的效果如图 7-7 所示。

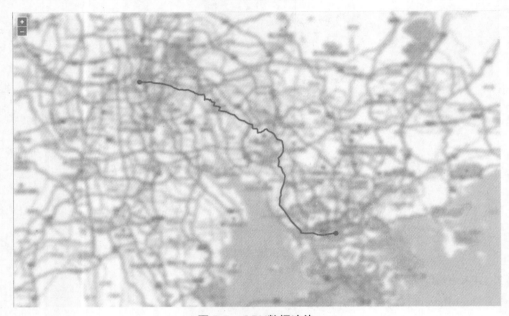

图 7-7　GPX数据渲染

3. KML 格式

1）OpenLayers 中加载 KML 数据

OpenLayers 在创建数据源时，可以通过 ol.format.KML 将 KML 文件转换为矢量数据源，还可以通过参数设置是否提取 KML 文件的样式用作图层展示。下列代码为使用 capital.kml 文件创建一个数据源 source 的方法：

```
const source = new ol.source.Vector({
    url: '../code/data/capital.kml',
    format: new ol.format.KML({
        extractStyles: false
    })
})
```

2）MapboxGL 中加载 KML 数据

MapboxGL 支持的唯一数据格式为 GeoJSON，所以，加载 KML 文件也需要先将其转成 GeoJSON 后才可以使用。数据转换可以使用 QGIS 等 PC 端软件完成，也可以使用一些第三方插件如 @mapbox/togeojson。如下代码为通过插件实现 KML 转换的方法，其中，toGeonJSON.kml( ) 方法来自插件 @mapbox/togeojson：

```
fetch('../code/data/capital.kml ')
    .then(res => res.text())
    .then(kmltext => {
        const geojson = toGeoJSON.kml(kmltext)
        // addSource and addLayer
        }).catch((e) => {
        console.log(e);
    });
```

3）Leaflet 中加载 KML 数据

Leaflet 中也没有可以直接加载 KML 的方法，需要将 KML 进行转换后再进行添加，通常可以使用 leaflet-kml 插件。下列代码为 L.KML 函数为 leaflet-kml 插件提供的用于加载 KML 文件的方法。

```
fetch('kml_file_url.kml')
    .then(res => res.text())
    .then(kmltext => {
        const track = new L.KML(kmltext, 'text/xml');
        map.addLayer(track);
        }).catch((e) => {
        console.log(e);
    });
```

各框架中添加 KML 文件的完整代码参考本书资源包中 chapter7-4.html 文件，上述 capital.kml 文件添加到地图后的效果如图 7-8 所示。

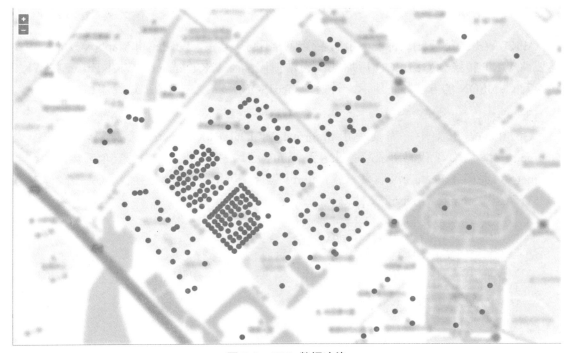

图 7-8　KML 数据渲染

4. 数据接口

数据接口是后端通过接口将数据返回到客户端，然后由客户端进行解析后再渲染。空间数据可以以 wkt、坐标或坐标对的方式进行返回，如下所示的点数据中，既包含 wkt，也包含坐标。

```
const pointsData = [
  {
    "name": " 黑河市 ",
    "pyname": "Heihe Shi",
    "lon": "127.483",
    "lat": "50.242",
    "wkt": "Point (127.483 50.242)"
  },
  {
    "name": " 满洲里市 ",
    "pyname": "Manzhouli Shi",
    "lon": "117.444",
    "lat": "49.578",
    "wkt": "Point (117.444 49.578)"
  }
]
```

将上述点数据渲染在页面上，既可以使用 lon 和 lat 字段，也可以使用 wkt 字段。通过坐标创建数据源的代码如下（完整代码参考本书资源包中 chapter7-5.html 文件）：

```
const features = pointsData.map(r => {
    const {lon, lat} = r
    const coords = ol.proj.fromLonLat([lon, lat].map(Number))
    return new ol.Feature({
        geometry: new ol.geom.Point(coords),
        ...r
    })
})
```

WKT 数据的加载在几种框架中的表现有所不同。其中，Leaflet 和 MapboxGL 框架中，需要将 WKT 转换为 GeoJSON 后加载，通常使用插件 WKT Parser。WKT Parser 将 WKT 转换为 GeoJSON 的方法如下所示，转换为 GeoJSON 后，就在地图上进行添加：

```
const geojson = Terraformer.WKT.parse("LINESTRING (30 10, 10 30, 40 40)");
```

OpenLayers 框架中，需要使用 ol.format.WKT 的 readGeometry 方法将 WKT 转换为 Geometry 对象。如下代码所示，通过遍历 pointsData 数据，将数组的每一项都转换为一个 Geometry，并创建 Feature，形成一个 features 集合，可用于在地图上展示（完整代码参考本书资源包中 chapter7-6.html 文件）。

```
const wktFormat = new ol.format.WKT()
const features = pointsData.map(r => {
  const geom = wktFormat.readGeometry(r.wkt, {
    dataProjection: 'EPSG: 4326',
    featureProjection: 'EPSG: 3857'
  })
  return new ol.Feature({
    geometry: geom,
    ...r
  })
})
```

上述两种方式创建数据源的结果是一样的，加载在地图上的效果如图 7-9 所示。

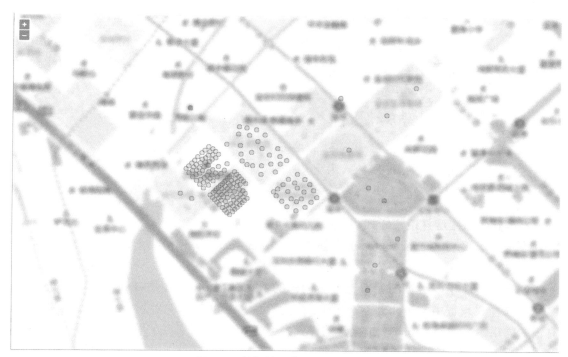

图 7-9　数据接口获取数据并渲染

可以看出，不同格式的数据在各框架中的使用方式不同，获取数据的方法和数据加载也不同。在实际开发中，上述几种格式的数据都有可能会用到，需要结合上述所列举的方法和示例灵活运用。

7.4　渲染实现

在对数据格式、渲染方式和不同的数据加载方式都有了一定的了解之后，本节介绍各框架进行矢量数据渲染的过程。

WebGIS 各框架对矢量数据渲染的定义不同，进行矢量数据渲染的过程也不同。其中，OpenLayers 和 MapboxGL 的实现逻辑比较类似，它们都需要先创建数据源，再创建图层和设置图层样式，然后将图层添加到地图中。而 Leaflet 框架没有数据源的概念，它是直接在图层中设定数据并设置展示样式，然后将定义的图层添加到地图上即可。

本节以渲染一个线数据为例，如下代码定义了一个由两个点组成的一条线段 coords，作为本节中的示例数据：

```
const coords = [[87.9947,39.491],[99.4908,32.6796]]
```

7.4.1　OpenLayers 渲染

OpenLayers 中添加矢量数据需要经过三个步骤：创建数据源、创建矢量图层并设置样式、添加图层。

1. 创建数据源

OpenLayers 中通过 ol.source.Vector 创建矢量数据源，其参数 features 是多个要素形成的集合。在 OpenLayers 中，每个矢量图形都是一个通过 ol.Feature 创建的要素，每个要素包含 Geometry 和属性信息。Geometry 的创建可以使用 ol.geom.Point、ol.geom.LineString、ol.geom.Polygon 方法，分别用于创建点对象、线对象和面对象。如使用上述的线数据 coords 创建一个矢量数据源：

```
// 创建 geometry
const geometry = new ol.geom.LineString(coords)
// 创建要素集合 features
const features = [new ol.Feature(geometry)]
// 创建数据源 source
const source = new ol.source.Vector({
    features: features,
});
```

2. 创建矢量图层并设置样式

矢量图层通过 ol.layer.Vector 进行创建，ol.layer.Vector 类包括两个参数：数据源 source 和样式 style。

如下代码所示，数据源使用上一步创建的数据源 source，图层样式使用 ol.style.Style 定义。在样式设置中，stroke 定义线的颜色为红色（#ff0000），宽度为 2。ol.style.Style 还有很多的用途，如通过 image 定义点的样式，通过 fill 定义面的填充样式等，可以参考 3.1 节中的相关内容：

```
const vecLayer = new ol.layer.Vector({
    source: source,
    style: new ol.style.Style({
        stroke: new ol.style.Stroke({
            color: '#ff0000',
            width: 2
        })
    })
})
```

3. 添加图层

使用 map.addLayer(vecLayer) 方法，将所创建的图层添加到地图上。其中，vecLayer 为上一步创建的矢量图层。

7.4.2 Leaflet 渲染

在 Leaflet 框架中，点一般都是通过 L.marker 或 L.circleMarker 创建，线类型的矢量数据通过 L.polyline 创建，面通过 L.polygon 创建。创建点、线、面时可设置图层样式，如颜色、宽度等。Leaflet 中每一个 L.polyline、L.marker、L.circleMarker 或 L.polygon 都被认为是一个图层，通过调用 addTo 方法将图层添加到 map、layerGroup 或 featureGroup 中。

如下代码演示了添加一个矢量线到地图上，并设置线的宽度和颜色。在 L.polyline 方法中设置好图层的数据、样式，然后通过 .addTo 方法将图层添加到地图上，即完成了一个矢量图层的渲染：

```
const polyline = L.polyline(
    coords.map(r => r.reverse()),
    {color: '#ff0000', weight: 2}
).addTo(map);
```

7.4.3 MapboxGL 渲染

在 MapboxGL 框架中，矢量数据的展示也是先添加数据源，再添加图层。与 OpenLayers 不同的是，OpenLayers 中创建数据源和图层使用不同的类，而 MapboxGL 中都通过 map 方法添加。MapboxGL 中不同的数据类型需要创建不同的图层，在添加图层的 .addLayer 方法中，type 参数表示图层类型，可选的值有 circle（点）、line（线或者面边界）、fill（面）、symbol（图标或标注）。除此之外，MapboxGL 创建数据源只支持 GeoJSON 格式的数据，所以，不论是哪种格式的矢量数据，都需转换成 GeoJSON 格式。

如下代码通过 MapboxGL 添加一个矢量数据源，map.addSource 方法中需传入两个参数：sourceId 和 sourceOptions。其中，sourceOptions 对象中 type 属性为数据源类型，矢量数据是指定值 geojson。data 属性为创建数据源的数据，可以为获取 GeoJSON 数据的 url，也可以是一个 GeoJSON 对象。最后调用 map.addLayer 方法，设定数据源和样式，并将图层添加到地图上。在 map. addLayer 方法中，通过 id 参数与创建的数据源进行关联。

```
// 创建数据源
map.addSource('line-source', {
    type: 'geojson',
    data: {"type": "Polyline", "coordinates": coords}
});
// 添加图层
map.addLayer({
    'id': 'line-source',
    'source': 'line-source',
    'type': 'line',
    'paint': {
        'line-color': '#ff0000',
        'line-width': 2
    }
});
```

可以看出，不同框架对于矢量数据渲染的定义不同。为了能够更完整地演示三种框架添加矢量数据的过程，在本书资源包中的 chapter7-1.html 文件中，还实现了在同一地图中同时添加点、线、面三种图层，效果如图 7-10 所示。

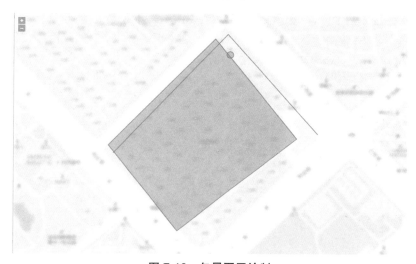

图 7-10 矢量图层绘制

7.5　渲染原理

WebGIS 中的矢量数据渲染，其根本是在 Web 页面上绘制点、线、面元素。Web 绘图可以通过 CSS+DOM、SVG、Canvas、WebGL 等实现，其中，CSS+DOM 的方式多用于页面设计、网页制作等，对于大型图像的绘制，一般使用 SVG、Canvas、WebGL 等技术。

Canvas 是 HTML 5 中新增的一个 HTML 5 标签与操作 Canvas 的 JavaScript API，它可以实现在网页中完成动态的 2D 与 3D 图像技术。Canvas 使用像素点绘制图形，因此可以实现非常高效的图形绘制效果，可以完成动画、游戏、图表、图像处理等原来需要 Flash 完成的一些功能。OpenLayers 绘图的核心是通过 Canvas 进行绘制。

本节是将 Canvas 绘图技术和 WebGIS 渲染连接起来一起，旨在能够更加深入地理解 WebGIS 和 WebGIS 数据在屏幕上的渲染。

7.5.1　Canvas 绘图

在进行 Canvas 绘图之前需要先创建 Canvas 画布和获取其绘制上下文（代码如下），完整代码参考本书资源包中的 chapter7-7.html 文件。

```
let canvas = document.createElement('canvas')      // 创建 canvas 画布
canvas.classList.add('canvas-layer')               // 添加类样式
pNode.appendChild(canvas)                          // canvas 标签插入 dom 节点中
const {offsetWidth, offsetHeight} = pNode          // 获取节点高、宽
canvas.width = offsetWidth                          // 设置 canvas 宽度
canvas.height = offsetHeight                        // 设置 canvas 高度
ctx = canvas.getContext('2d')                      // 获取绘图上下文
```

有了 Canvas 画布之后，我们就可以在 Canvas 中绘制图形。在 Canvas 中，坐标（0，0）代表的是画布左上角的位置。

1. 绘制点

Canvas 中的 ctx.arc（x，y，r，startAngle，endAngle）方法可以用来绘制一个圆形，所以可以通过这个接口来实现点的绘制，使用方法如下：

```
function drawPoint(coords, style = {}) {
    if(coords.length !== 2) throw new Error(' 参数错误 ')
    style = {
        r: 4,
        fillColor: 'rgba(255,0,0, 0.5)',
        strokeWidth: 3,
        strokeColor: 'red'
    }
    ctx.beginPath()
    ctx.save()
    ctx.strokeStyle = style.strokeColor
    ctx.lineWidth = style.strokeWidth
    ctx.fillStyle = style.fillColor
    const [x, y] = coords
    ctx.arc(x, y, style.r, 0, Math.PI * 2)
    ctx.fill()
    ctx.stroke()
    ctx.restore()
}
```

调用 drawPoint([300, 300], {fillColor: 'blue'}) 方法，就可以在 Canvas 画布（300，300）位置处绘制一个蓝色的点，效果如图 7-11 所示。

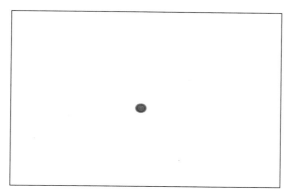

图 7-11　Canvas绘制点

2. 绘制线

通过 ctx.moveTo(x，y) 和 ctx.lineTo(x，y) 实现线的节点的绘制，然后通过 ctx.stroke( ) 完成线的绘制，通过 strokeStyle 和 lineWidth 设置线的样式，完整实现方式如下：

```
function drawLine(coords = [], style = {}) {
    if(coords.length < 2) throw new Error('参数错误')
    style = {
        strokeWidth: 3,
        strokeColor: 'red',
        ...style
    }
    ctx.beginPath()
    ctx.save()
    ctx.strokeStyle = style.strokeColor
    ctx.lineWidth = style.strokeWidth
    coords.forEach((coord, index) => {
        const [x, y] = coord
        index === 0 ? ctx.moveTo(x, y) : ctx.lineTo(x, y)
    })
    ctx.stroke()
    ctx.restore()
}
```

调用 drawLine([[100, 100], [200, 200]])，可以实现在画布中绘制一条线，效果如图 7-12 所示。

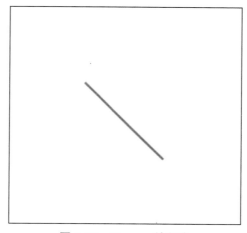

图 7-12　Canvas 绘制线

3. 绘制面

Canvas 中面的绘制也是通过 ctx.moveTo(x, y) 和 ctx.lineTo(x, y) 实现线节点的绘制，与绘制线不同的是，绘制面要求路径是闭合的，所以我们可以通过设置绘制的节点首尾相同来闭合路径或者通过 ctx.closePath( ) 来进行闭合。节点绘制完成之后，通过 fillStyle 设置填充样式，然后调用 ctx.fill( ) 实现面的绘制。完整实现方式如下：

```
function drawPolygon(coords = [], style = {}) {
    const isClose = coords[0].join(',') !== coords[coords.length - 1].join(',')
    if(coords.length < 4 && isClose) throw new Error(' 参数错误 ')
    style = {
        fillColor: 'rgba(255,0,0,0.5)',
        strokeWidth: 3,
        strokeColor: 'red',
        ...style
    }
    ctx.beginPath()
    ctx.save()
    ctx.strokeStyle = style.strokeColor
    ctx.lineWidth = style.strokeWidth
    ctx.fillStyle = style.fillColor
    coords.forEach((coord, index) => {
        const [x, y] = coord
        index === 0 ? ctx.moveTo(x, y) : ctx.lineTo(x, y)
    })
    ctx.closePath()
    ctx.fill()
    ctx.stroke()
    ctx.restore()
}
```

调用 drawPolygon([[100, 200], [200, 200], [200, 300], [100, 200]])，可以实现在画布中绘制一个带边框的多边形，效果如图 7-13 所示。

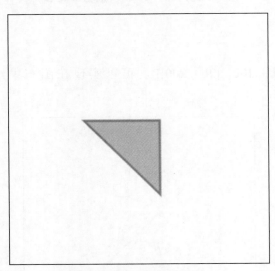

图 7-13　Canvas 绘制面

4. 绘制图片

Canvas 中图片的绘制是通过调用 ctx.drawImage( ) 来实现的，接收的参数及说明如表 7-1 所示。

表 7-1　ctx.drawImage() 参数说明

参数	说明
img	规定要使用的图像、画布或视频
sx	可选。开始剪切的 x 坐标位置
sy	可选。开始剪切的 y 坐标位置
swidth	可选。被剪切图像的宽度
sheight	可选。被剪切图像的高度
x	在画布上放置图像的 x 坐标位置
y	在画布上放置图像的 y 坐标位置
width	可选。要使用的图像的宽度（伸展或缩小图像）
height	可选。要使用的图像的高度（伸展或缩小图像）

需要说明的是，因为 img 的加载是异步的，所以图片绘制需要在图片加载完成，即 image.onload 事件触发后再执行绘制。实现代码如下：

```
function drawImage(coords, img, style = {}) {
    if(coords.length !== 2) throw new Error(' 参数错误 ')
    let [x, y] = coords
    style = {
        scale: 1,
        align: 'center',
        baseLine: 'middle',
        ...style
    }
    if(typeof img === 'string') {
        const image = new Image()
        image.src = img
        image.onload = () => {
            const {width, height} = image
            if(style.align === 'center') x = x - width / 2
            if(style.align === 'right') x = x - width
            if(style.baseLine === 'middle') y = y - height / 2
            if(style.align === 'bottom') y = x - width
            ctx.drawImage(image, x, y, width * style.scale, height * style.scale)
        }
    }
     else {
        const {width, height} = img
        ctx.drawImage(img, x, y, width * style.scale, height * style.scale)
    }
}
```

调用 drawImage([300, 300], '../code/data/map.png')，可实现在画布中绘制图片。

5. 绘制文本

Canvas 中文本的绘制分为 ctx.fillText 和 ctx.strokeText 两种方式，其参数一样，只是一个是进行描边，一个是进行填充。与绘制文本相关的参数有 strokeStyle、lineWidth、fillStyle、textAlign、textBaseline、font 等，完整实现示例如下：

```
function drawText(coords, text, style ={}) {
    if(coords.length !== 2 || text === '') throw new Error(' 参数错误 ')
    style = {
        fillColor: 'rgba(255,0,0,0.5)',
        strokeWidth: 1,
        strokeColor: 'blue',
```

```
        textAlign: 'center',
        textBaseline: 'middle',
        font: '30px Arial',
        ...style
    }
    ctx.beginPath()
    ctx.save()
    ctx.strokeStyle = style.strokeColor
    ctx.lineWidth = style.strokeWidth
    ctx.fillStyle = style.fillColor
    ctx.textAlign = style.textAlign
    ctx.textBaseline = style.textBaseline
    ctx.font = style.font
    const [x, y] = coords
    ctx.fillText(text, x, y)
    ctx.strokeText(text, x, y)
    ctx.restore()
}
```

调用 drawText([300, 300], 'Hello World')，可实现在画布上绘制 "Hello World" 文字，实现后的效果如图 7-14 所示。

图 7-14　Canvas 绘制文本

7.5.2　WebGIS 中的渲染实现

前面讲到，WebGIS 中将地理坐标绘制到屏幕上时，需要将地理坐标转换为屏幕坐标。也讲到了 OpenLayers 框架中使用的是 Canvas 进行绘图，而 Canvas 绘图就是使用的屏幕坐标进行定位。WebGIS 中进行矢量数据绘制，总体来讲分为三个过程：①获取数据；②地图坐标转换为屏幕坐标；③实现 Canvas 绘图或其他技术的屏幕绘图。

本节结合 OpenLayers 框架和 Canvas 绘图，对 WebGIS 中矢量数据的绘图过程进行介绍。

1. 获取数据

数据的获取在前面已有很详细的介绍，下面使用 fetch 实现数据的获取，核心代码如下：

```
fetch('../code/data/data.json')
    .then(res => res.json())
    .then(res => {
        // 获取数据后的操作代码
    })
```

2. 地理坐标转换为屏幕坐标

在 OpenLayers 框架中，可以通过 map.getPixelFromCoordinate 方法实现地理坐标到屏幕坐标之间的转换，通过 map.getCoordinateFromPixel 方法实现屏幕坐标到地理坐标之间的转换。如下代码所示为点数据的转换：

```
res.forEach(r => {
    const {lon, lat} = r
    const coords = map.getPixelFromCoordinate(ol.proj.fromLonLat([lon, lat]))
    // 绘图方法
})
```

线数据和面数据的转换方法可参考如下代码：

```
res.forEach(r => {
    r = r.map(i => {
        return map.getPixelFromCoordinate(ol.proj.fromLonLat(i))
    })
    // 绘图方法
    Do something…
})
```

3. 绘图

针对不同类型的数据，调用不同的绘图方法进行绘图，代码（完整代码见本书资源包中 chapter7-8.html、chapter7-9.html、chapter7-10.html 文件）如下：

```
// 调用 drawPoint 方法绘制点
drawPoint(coords, {
    strokeWidth: 1,
    r: 5,
    fillColor: 'rgba(255,0,0, 0.2)',
})
// 调用 drawLine 方法绘制线
drawLine(r, {
    strokeWidth: 2,
    strokeColor: 'rgba(255,0,0, 0.2)'
})
// 调用 drawPolygon 方法绘制面
drawPolygon(r, {
    fillColor: 'rgba(255,0,0, 0.2)'
})
drawLine(r, { // 调用 drawLine 方法描边
    strokeWidth: 2,
    strokeColor: 'rgba(255,0,0, 0.2)'
})
```

上述过程完整的代码示例如下：

```
fetch('../code/data/data.json').then(res => res.json()).then(res => {
    let showData = () => {
        res.forEach(r => {
            const {lon, lat} = r
            const coords = map.getPixelFromCoordinate(ol.proj.fromLonLat([lon,
lat])) // 获取屏幕坐标
            drawPoint(coords, { // 调用 drawPoint 方法绘制点
                strokeWidth: 1,
                r: 5,
                fillColor: 'rgba(255,0,0, 0.2)',
            })
        })
    }
    map.on('movestart', () => {
```

```
        clear()
    })
    map.on('moveend', () => {
        showData()
    })
})
```

如上代码所示，通过注册 map 的 'movestart' 和 'moveend' 事件，实现在地图拖曳或缩放时重新绘制，保证显示的同步。

4. 图标和文本的绘制

点数据经常也以图标和标注的方式进行展示，其过程与绘制点的过程一样，只是绘图方法不同，如下代码（完整代码见本书资源包中 chapter7-11.html、chapter7-12.html 文件）为绘制图标和文本的示例：

```
// 调用 drawImage 绘制图标
drawImage(coords, '../code/data/marker.png', {
    scale: 0.8
})
// 再调用 drawText 绘制文本
drawText(coords, name, {
    font: '14px Arial',
    fillColor: 'black',
    strokeColor: 'rgba(255,0,0,1)'
})
```

7.6 小结

本章对矢量数据的渲染进行了讲解，包括矢量数据在 WebGIS 中的交互格式、每种格式的数据获取和绘制图层的方法。对矢量图层的渲染方式进行了总结，特别是每种图层都可以以不同的样式组合进行渲染，以突出数据表达的直观性和信息表达的丰富程度。最后以 OpenLayers 框架绘图为例，详细地对每种图层的渲染进行举例，并结合 Canvas 绘图，讲述了 WebGIS 中矢量绘图的原理。

特别说明，正因为该模块内容的实现较复杂，实现功能需要的代码也更多，本章不便于全部列出，所以该部分的完整代码见本书资源包，在具体的章节中，我们对代码索引做了相应的标识。

1. 栅格图像

栅格图像是由一组像素组成的图像，每个像素都有一个唯一的行列坐标和值，栅格图像的像素值可以是数字、字符等，可以表示各种地理特征和属性。在栅格图像中，像素是图像的基本单位。

栅格图像通常由多个带有属性信息的图层组成，这些图层可以叠加在一起，形成多层栅格图像，以便进行更复杂的地图分析和可视化。以下为栅格图像的几个关键概念。

1）分辨率

分辨率是指栅格图像中像元的大小和数量，通常用像元大小来表示。分辨率越高，表示像元越小，图像越清晰，但文件越大。

2）像素值

像素值是栅格图像中每个像元的数值，它可以表示各种地理特征和属性，例如高程、温度、植被等。像素值可以是数字、字符等。

3）波段

波段是指栅格图像中的不同光谱波段，例如红、绿、蓝等。遥感图像通常包含多个波段，每个波段代表不同的光谱信息，可以用于分析和提取地物特征。

4）颜色

对于任何扫描的彩色图像，将需要大量颜色来准确地渲染原始源图稿的图像再现。

5）文件大小

为了准确地再现光栅图像文件，图形软件必须跟踪大量信息，包括像素集合中每个像素的确切位置和颜色，这将导致光栅图形文件很大。更高的分辨率（dpi）和更大的颜色深度会产生更大的文件大小。

6）文件格式

常见的光栅图像格式包括 BMP、PCX、TIFF、JPEG、GIF、PNG、PSD 和 CPT 等。

2. GIS 中的栅格数据

在 GIS 中，栅格数据是以二维矩阵（行和列或格网）的形式来表示空间地物或现象分布，每个矩阵单位称为一个栅格单元（cell），每个栅格单元都包含一个信息值，如图 8-1 所示。

在栅格数据集中，每个像元（也称为像素）都有一个值，表示类别、量级、高度或光谱值等。其中类别可以是草地、森林或道路等土地利用类型，量级可以表示重力、噪声污染或降雨百分比等，高度（距离）则可以表示平均海平面以上的表面高程，高度还可以用来派生出坡度、坡向和流域属性等，光谱值可以在卫星影像和航空摄影中表示光反射系数和颜色等。

栅格数据的单元值可正可负，可以是整型，也可以是浮点型。整数值适合表示类别（离散）数据，浮点值则适合表示连续表面，并使用 NoData 值表示数据缺失。像元所表示区域（或表面）的高和宽都相等，而且在栅格表示的整个表面上，每个像元占据相等的部分。例如，表示高程的一个栅格可能会覆盖 100km² 的区域，如果该栅格中有 100 个像元，则每个像元都将表示等高等宽的 1km²（即 1 km×1 km），如图 8-2 所示。

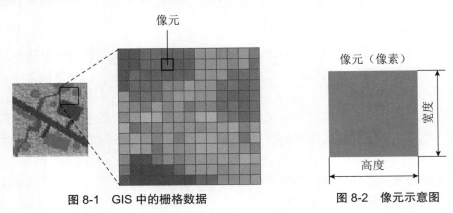

图 8-1　GIS 中的栅格数据　　　　　图 8-2　像元示意图

像元的尺寸可大可小，它可以是平方千米、平方英尺，甚至是平方厘米。像元的大小决定着栅格中图案或要素呈现的粗细程度。像元大小越小，栅格将越平滑或越详细，但像元数量就会越多，处理所需的时间会越长，占据的存储空间也越大。如果像元大小过大，则可能会出现信息丢失或精细的图样变得模糊的情况。例如，如果像元大小超过道路的宽度，则栅格数据集中便不存在该道路。图 8-3 所示为显示如何使用不同像元大小的栅格数据集来表示简单的面要素。

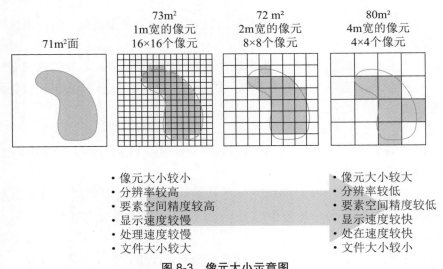

图 8-3　像元大小示意图

GIS 系统的栅格数据有很多种，有卫星影像、数字高程模型、数字正射影像、扫描文件、数据栅格图形、图形文件等。其中常见格式有 .jpg、.png、.tif 等。在一些任务中，我们可能会利用一些电子地图下载器来获取研究范围内的卫星地图，下载得到的格式是 .jpg 或者 .png 格式，.tif 格式的数据不同之处在于它具有空间地理坐标。

栅格图像在 GIS 中具有广泛的应用，例如，用于地形分析，包括坡度、坡向、流域分析等。进行气象预测，以便预测气象变化和灾害风险。自然资源管理，如进行土地覆盖、植被分析、水资源调查等。城市规划，包括土地利用、交通规划、环境保护等。

8.1 栅格数据加载

在 WebGIS 中，JPEG 和 PNG 格式的图片可以直接渲染。例如在 OpenLayers 中，可以通过代码 8-1（完整代码见本书代码仓库 [1]chapter8-1.html）所示的方法渲染图片。

代码 8-1 加载静态图片

```
const bounds = [7792364.355529151,1689200.1396078935,16141326.16502467,9608371.5
09933658];
const image = new ol.layer.Image({
    source: new ol.source.ImageStatic({
        url: "https://lzugis.cn/webgis-book/data/tem.png",
        imageExtent: bounds
    }),
    opacity: 0.4
});
map.addLayer(image)
```

实现后的效果如图 8-4 所示。

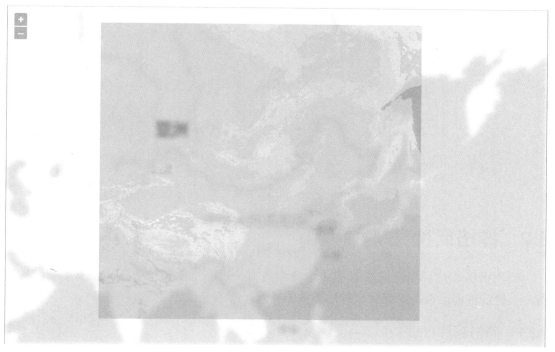

图 8-4 WebGIS 中加载静态图片

对于带有地理坐标的 TIF 格式的数据，没有办法进行直接渲染，需将其转换成可渲染的 JPEG、PNG 或将其发布成地图服务再进行调用。例如在 GeoServer 中，可以将 TIF 数据发布成服务，再通过 WMS、WMTS、TMS、WCS 等服务调用。OpenLayers 中调用 WMS 服务的方法如代码 8-2 所示，完整代码见本书资源包中 chapter8-2.html 文件。

代码 8-2　加载 WMS 服务

```
const wms = new ol.layer.Image({
    source: new ol.source.ImageWMS({
        url: 'https://ip:port/geoserver/lzugis/wms',
        params: {
            'FORMAT': 'image/png',
            'LAYERS': 'lzugis:bj-dem'
        },
    }),
    opacity: 0.4
});
map.addLayer(wms);
```

实现后的效果如图 8-5 所示。

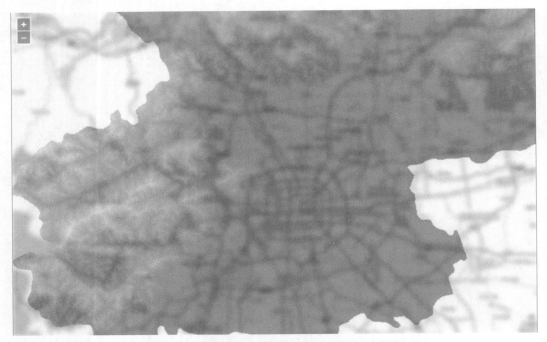

图 8-5　OpenLayers 调用 TIF 发布的 WMS 服务

8.2　栅格瓦片

使用栅格瓦片可以快速加载和显示地图数据，提高地图渲染效率、节省数据传输带宽、支持多种地图服务、支持多种地图数据格式。

8.2.1　栅格瓦片存储

栅格瓦片其实是根据一定的切片规则已经切好的 PNG 图片，它的存储方式一般分为两种：文件系统存储和数据库存储。

1. 文件系统存储

文件系统存储是将栅格瓦片以文件的形式存储在文件系统中，每个瓦片对应一个文件。文件系统存储具有简单、易用、可扩展等优点，可以快速实现瓦片地图的构建和部署。常见的文件系统存储格式包括 XYZ、TMS 等，文件系统存储大多以文件和文件夹的方式进行组织，其文件目录组织大多如 'tile_name/z/x/y.png' 或 'tile_name/z/x/-y.png' 的方式。

2. 数据库存储

数据库存储是将栅格瓦片存储在数据库中，可以使用各种数据库管理系统，例如 MySQL、PostgreSQL、SQLite 等。数据库存储具有高效、可管理、可查询等优点，可以方便地实现瓦片地图的管理和查询。常见的数据库存储格式包括 MBTiles、GeoPackage 等。

由于切片的文件数目比较多，存储在文件系统中的瓦片在部署时移动它会很麻烦，同时又考虑到移动端的适用性，提出了使用 *.mbtile 文件型数据库的方式进行切片存储。

3. MBTiles

1）MBTiles 简介

MBTiles 是一种开放的瓦片地图存储格式，它将瓦片地图切片存储在 SQLite 数据库中。MBTiles 可以存储任意瓦片地图数据，支持多种数格式（如 PNG、JPEG 等），可以进行离线地图应用、进行地图数据压缩等。MBTiles 用于数据即时使用和高效传输，被广泛应用于 WebGIS、移动端地图等应用领域，OpenLayers、Leaflet、MapBoxGL 中也都支持使用 MBTiles。MBTiles 文件称为 Tilesets（切片集），现在最新执行的是 1.3 标准。

2）MBTiles 中瓦片的存储

MBTiles 数据库包含两个表格：tiles 和 metadata。tiles 表格存储瓦片数据，包括瓦片的行列号、缩放级别、瓦片数据等，tiles 表的数据存储如图 8-6 所示。metadata 表格存储一些元数据信息，例如地图名称、版本、作者、描述等，如图 8-7 所示。创建 tiles 表的 SQL 语句如下：

```
CREATE table tiles (zoom_level integer, tile_column integer, tile_row integer,
tile_data blob);
```

zoom_level	tile_column	tile_row	tile_data
0	0	0	256x256 PNG image 17.66 kB
1	1	1	256x256 PNG image 22.35 kB
2	2	2	256x256 PNG image 27.35 kB
2	3	2	256x256 PNG image 14.93 kB
3	5	5	256x256 PNG image 13.29 kB
3	6	5	256x256 PNG image 12.7 kB
3	5	4	256x256 PNG image 20.9 kB
3	6	4	256x256 PNG image 24.45 kB
4	10	10	256x256 PNG image 32.16 kB
4	11	10	256x256 PNG image 28.94 kB
4	12	10	256x256 PNG image 26.87 kB

图 8-6　tiles 表中瓦片的存储

为了提高性能，一般都会对 zoom_level、tile_column 和 tile_row 创建索引。创建索引的语句为：

```
CREATE UNIQUE INDEX tile_index on tiles (zoom_level, tile_column, tile_row)
```

name	value
name	china
type	overlay
description	china
version	1.1
format	png
minzoom	0
maxzoom	8
bounds	64.39080974158679,14.2811549663644,142.2345901797524,54.27499230672875

图 8-7　metadata 表数据

8.2.2　栅格瓦片服务发布

上一节我们了解到，栅格瓦片的存储有两种方式：以文件形式存放在文件目录中和使用 mbtiles 存储在数据库中，所以，其发布形式也会因存储形式的不同而不同。

文件型发布是将存储在文件系统中的栅格瓦片，通过 Web 服务器进行发布。这种方式不需要提供专门的后端接口，操作简单，比较适用于小规模的地图应用。缺点是，这种方式由于瓦片数量比较多，占用磁盘空间大，每次部署都需要将大量瓦片复制到服务器上，部署比较烦琐和耗时。

数据库发布是将瓦片存储在数据库中，通过后端服务向外提供接口调用，支持瓦片查询等操作。这种方式的优点是，通过数据库管理瓦片，在部署时，只需要将数据库文件进行复制，而不需要对瓦片直接复制，且数据库检索速度更快，能够支持瓦片的高效率查询。缺点是需要开发专门的接口服务，且需要对数据库操作、服务端开发等有一定的基础，如通过添加索引来提高数据检索速度等。

1. 文件型

文件型可以通过 Nginx、Live Server、Tomcat 等进行发布。此处以 Nginx 为例，说明瓦片发布的过程，Liver Server、Tomcat 和其他方式发布请读者自行查阅资料，本书不做说明。

Nginx 发布文件型栅格瓦片的步骤如下。

（1）安装 Nginx 服务器：可以使用包管理器安装，也可以从 Nginx 官网下载源码进行编译安装。

（2）配置 Nginx：打开 Nginx 配置文件，在 http 中添加以下配置信息：

```
http {
    server {
        listen        8089;
        server_name  localhost;

        # 其他配置，此处省略

        # 切片服务配置
        location ~ .*\.(gif|jpg|jpeg|png)$ {
          expires 24h;
          root D:/tile/china/; # 指定图片存放路径
          access_log D:/tile/china/log;
        }
    }
}
```

其中，listen 指 Nginx 监听的端口，server_name 指定服务器的域名或 IP 地址，location 指定请求的 URL 路径，通过正则表达式匹配 gif/jgp/jpeg/png 这几种格式，expires 指定瓦片失效时间，root 指定栅格瓦片存储的路径，access_log 指定日志路径。

（3）部署瓦片数据：将制作好的栅格瓦片数据存储到 root 中指定路径下。

（4）启动 Nginx 服务器：启动 Nginx 后，在浏览器中输入指定的 URL 地址，查看是否能够正确显示栅格瓦片数据。

按照上述配置部署完成后，就可以通过 http://localhost:8089/{z}/{x}/{y}.png 方式，访问位于磁盘 D:/tile/china/ 目录下的切片文件。图 8-8 所示为缩放级别为 5、行号为 8 的瓦片集，若要访问该目录中的瓦片，则上述路径中 z 的值为 5、x 值为 8。以调用 0.png 这个瓦片为例，访问的路径为 http://localhost:8089/5/8/0.png，可以通过对比该地址返回的图片，验证服务部署是否正确。

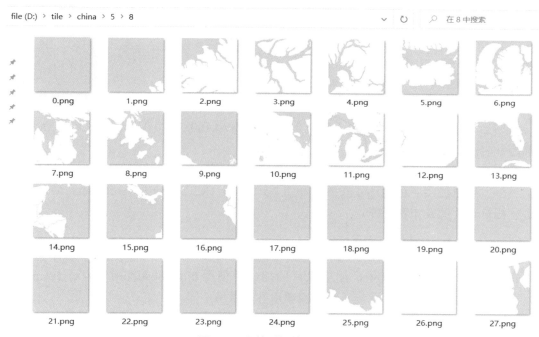

图 8-8　文件型切片组织形式

2. 数据库

存储在 mbtiles 中的切片，不仅可以通过后端程序提供接口服务，还可以作为移动端离线底图。使用 Node 提供一个接口服务的方法如代码 8-3 所示。

代码 8-3　node底图服务

```
const sqlite3 = require('sqlite3');
const express = require('express');

const db = new sqlite3.Database('D:\\tile\\china1.mbtiles');
const app = express();

// 自定义跨域中间件
const allowCors = function (req, res, next) {
    res.header('Access-Control-Allow-Origin', req.headers.origin);
```

```
        res.header('Access-Control-Allow-Methods', 'GET,PUT,POST,DELETE,OPTIONS');
        res.header('Access-Control-Allow-Headers', 'Content-Type');
        res.header('Access-Control-Allow-Credentials', 'true');
        next();
};
app.use(allowCors);//使用跨域中间件

// 定义/{z}/{x}/{y} 格式的调用接口
app.get('/:z/:x/:y', (req, res) => {
    const {z, x, y} = req.params
     const sql = `select tile_data from tiles where zoom_level = ${z} and tile_
row = ${x} and tile_column = ${y}`;
    db.all(sql, function (err, rows) {
        res.writeHead(200, {'Content-Type': 'image/png'});
        if(rows.length > 0) {
            const buffer = rows[0]['tile_data']
            res.write(buffer);
        } else {
            res.write('');
        }
        res.end();
    })
});

app.listen(18081, () => {
    console.log('running at http://127.0.0.1:18081');
})
```

程序启动后，在浏览器中输入地址 http://localhost:18081/0/0/0，即可得到 z、x、y 对应都为 0 时的切片的图像。

无论是文件系统发布还是数据库发布，瓦片地图都需要按照一定的规则进行切片和命名。另外，可以使用各种地图发布平台和工具，如 ArcGIS Server、GeoServer、MapServer 等进行栅格瓦片的发布和管理。

8.2.3 栅格瓦片加载

在不同的 WebGIS 框架中，栅格瓦片的加载都使用 http://host:port/{z}/{x}/{y}.png 方式，只不过，不同 WebGIS 框架所封装的调用方法有所不同。

1. OpenLayers 中加载

OpenLayers 中通过 ol.Layer.Tile 类创建瓦片图层，在创建图层时，需要创建一个新的 ol.source.XYZ 类作为图层数据源 source。在 ol.source.XYZ 类中，需要指定瓦片加载的地址，设置瓦片大小等。

```
const tile = new ol.layer.Tile({
    source: new ol.source.XYZ({
        url: 'http://localhost:18081/{z}/{x}/{y}',
        tileSize: 256
    })
})
```

2. Leaflet 中加载

Leaflet 框架中，通过 L.tileLayer 创建瓦片图层。L.tileLayer 类中，需要指定瓦片的加载地址，可以设置瓦片级别、瓦片格式等，详情可在 3.2.3 节查看。

```
L.tileLayer('http://localhost:18081/{z}/{x}/{y}').addTo(map);
```

3. MapboxGL 中加载

MapboxGL 中加载一个栅格瓦片，需要先添加数据源，然后通过图层引用数据源，最后将图层添加到地图上。

```
const style = {
    "version": 8,
    "name": "Mapbox Streets",
    "sources": {
        "tile": {
            "type": "raster",
            "scheme": "xyz",
            "tiles": [' http://localhost:18081/{z}/{x}/{y}'],
            "tileSize": 256
        }
    },
    "layers": [
        {
            "id": "tile",
            "type": "raster",
            "source": "tile",
            "minzoom": 0,
            "maxzoom": 17
        }
    ]
}
```

8.2.4 栅格瓦片渲染实现

在 WebGIS 中，实现一个栅格瓦片的渲染，需要借助 HTML 和 JavaScript 来完成。HTML 提供用于瓦片渲染的容器，可以是一个 DOM 元素，如 img 标签，也可以是一个 Canvas 画布。使用 img 标签和 Canvas 画布的区别是，img 标签渲染会创建多个 img 元素，而 Canvas 绘图是在 Canvas 画布上绘制，只需要一个 canvas 标签，通过 JavaScript 调用 Canvas API 完成渲染。

栅格瓦片渲染的重点是获取当前视图范围内的瓦片，然后对每一个瓦片在屏幕中定位，最后将瓦片拼接，完成渲染。所以，一个完整瓦片的渲染，包括以下几个步骤。

（1）计算当前视图所在的瓦片索引范围。根据当前地图的缩放级别和视图的位置，计算出当前视图下的瓦片索引，即需要加载哪些瓦片。

首先，需要获取地图范围。其中，origin 表示地图切片原点，如地图投影为 EPSG：3857，则值为固定值 20037508.342789244。

```
// 获取地图视图范围
const [xmin, ymin, xmax, ymax] = map.getView().calculateExtent()
const xOrigin = -origin
```

其次，计算切片 x 和 y 方向的索引范围。[_xmin，_xmax，_ymin，_ymax] 表示当前要绘图瓦片索引范围的 x 方向最小值、x 方向最大值、y 方向最小值、y 方向最大值。

```
// 计算切片 x 和 y 方向的范围
const _xmin = Math.floor((xmin - xOrigin) / val)
const _xmax = Math.ceil((xmax - xOrigin) / val)
const _ymin = Math.floor((origin - ymax) / val)
const _ymax = Math.ceil((origin - ymin) / val)
```

其中，val 表示每个瓦片的实际地理范围。val 的计算公式为当前级别的分辨率 × 瓦片大小，实现方式如下：

```
// 获取地图级别
const z = Math.ceil(map.getView().getZoom())
// 获取当前级别的分辨率, resolutions 为瓦片分辨率组
const res = resolutions[z]
// 计算 val
const val = res * 256
```

（2）根据索引请求瓦片，并渲染。根据计算出的 x 方向和 y 方向的索引范围，获取索引范围内的每一张瓦片，并逐个渲染到地图上。

```
for (let x = _xmin; x <= _xmax; x++) {
    for (let y = _ymin; y <= _ymax; y++) {
        // 计算瓦片在地图上的范围
        const coords = [
            xOrigin + x * val, origin - (y + 1) * val,
            xOrigin + (x + 1) * val, origin - y * val
        ]
        // 单个瓦片渲染
        this.renderTile(x, y, z, coords)
    }
}
```

（3）将瓦片拼接成完整的地图。将返回的瓦片图像拼接成完整的地图，通常使用 JavaScript 等客户端脚本来实现。瓦片拼接的过程包括获取瓦片、计算瓦片展示位置、渲染瓦片，通过 tileMap_url/${z}/${x}/${y}.png 方式获取要展示的瓦片，tileMap_url 表示瓦片服务的地址，实现代码如下：

```
const img = new Image()
img.src = 'tileMap_url/${z}/${x}/${y}.png'
```

通过瓦片的坐标范围 coords，计算瓦片在当前视图中的展示位置，实现代码如下。说明：coords 是瓦片的坐标范围，展示位置是瓦片在当前视图屏幕坐标系中的位置。

```
const [xmin, ymin, xmax, ymax] = cords
// 将瓦片范围转换为屏幕范围
const [_xmin, _ymin] = map.getPixelFromCoordinate([xmin, ymax])
const [_xmax, _ymax] = map.getPixelFromCoordinate([xmax, ymin])
// 当前级别下, 瓦片展示的宽度
const sw = _xmax - _xmin
// 当前级别下, 瓦片展示的高度
const sh = _ymax - _ymin
```

结合计算出的瓦片展示位置，将获取到的瓦片绘制在 Canvas 画布或 HTML 标签中。

```
img.onload = () => {
    ctx.drawImage(img, _xmin, _ymin, sw, sh)
}
```

以上过程使用原生方法实现了一个瓦片图层的加载，完整的实现参考本书资源包中的 chapter8-3.html 文件。

另外，需要说明的是，栅格瓦片的渲染需要注意提高渲染性能，常用的性能优化可以从以下几方面入手。

（1）瓦片缓存：浏览器端缓存已经下载的瓦片或服务器端缓存已经生成的瓦片图像，以便后续请求直接从缓存中返回，减少服务器的计算量。

（2）减少请求次数：可以通过瓦片合并、合并请求、预加载瓦片、增大切片大小等，减少 HTTP 请求，提高渲染性能。

（3）使用硬件加速：如利用 GPU 等硬件加速地图的渲染，从而提高性能。在 WebGIS 中，可以使用 WebGL 等技术实现硬件加速。

（4）优化代码：包括使用合适的数据结构存储瓦片地图、算法优化、避免 DOM 操作等，通过提高瓦片查找、计算或页面的渲染效率来提高瓦片地图的渲染性能。

8.3 WMS服务

8.3.1 WMS 服务地址

在使用 WMS 图层时，可以通过调用 GetCapabilities 接口获取到服务的加载地址。以本书编写过程中部署的 https://lzugis.cn/geoserver 服务为例，访问 https://lzugis.cn/geoserver/lzugis/wms?REQUEST=GetCapabilities，获取到 WMS 服务的能力，如图层地址、图层列表等。其中，WMS 服务请求示例如下：

```
https://lzugis.cn/geoserver/lzugis/wms?SERVICE=WMS&params
```

params 包括请求 WMS 服务接口的必要参数。

（1）VERSION：表示使用的 WMS 服务的版本。

（2）REQUEST：表示请求接口，值为 GetMap。

（3）FORMAT：表示返回格式。

（4）TRANSPARENT：表示返回的图片背景是否透明。

（5）WIDTH 和 HEIGHT：表示返回图片的宽和高。

（6）BBOX：表示请求的数据范围。

8.3.2 OpenLayers 中加载 WMS

OpenLayers 中 WMS 加载，可选择是否使用切片。不切片的加载是通过 ol.layer.Image 创建图层，通过 ol.source.ImageWMS 设置图层数据源，示例代码如下：

```
const wms = new ol.layer.Image({
    source: new ol.source.ImageWMS({
        ratio: 1,
        url: 'https://ip:port/geoserver/lzugis/wms',
        params: {
            "LAYERS": 'lzugis:province'
        }
    })
});
```

通过不切片的方式加载 WMS 服务，地图视图一发生变化就会重新请求图片，返回当前地图视图对应的图片。浏览器请求如图 8-9（a）所示，一次地图拖曳只会发生一次 WMS 请求。

切片的加载是通过 ol.layer.Tile 类创建图层，然后使用 ol.source.TileWMS 设置图层数据源，示例代码如下：

```
const wms = new ol.layer.Tile({
    source: new ol.source.TileWMS({
        url: 'https://ip:port/geoserver/lzugis/wms ',
        params: {
            tiled: true,
            "LAYERS": 'lzugis:province',
        }
    })
});
```

通过切片的方式加载 WMS 服务，视图发生变化后，浏览器请求如图 8-9（b）所示，一次地图拖曳会发送多次请求，每个请求的返回图片的大小是 256（说明：图片大小可以配置，可选值有 256 和 512）。

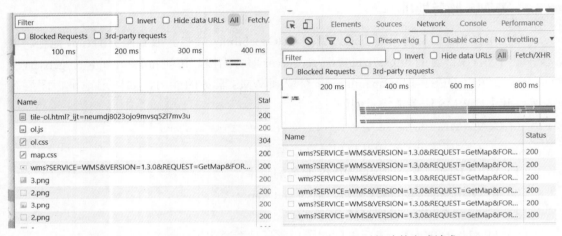

（a）单张wms请求　　　　　　　　（b）以切片的方式请求wms

图 8-9　不同方式请求 WMS 服务

8.3.3　Leaflet 中加载 WMS

Leaflet 中，WMS 的加载是通过 L.tileLayer.wms 创建图层的。它只能以切片的方式加载，示例代码如下。该图层添加后，浏览器中的请求同样如图 8-9（b）所示，会有很多个请求。

```
var wmsLayer = L.tileLayer.wms('https://ip:port/geoserver/lzugis/wms', {
    layers: 'lzugis:province',
    format: 'image/png',
    transparent: true
}).addTo(map);
```

8.3.4　MapboxGL 中加载 WMS

MapboxGL 中的 WMS 服务加载也是通过切片的方式，实现代码如下，需要先添加 raster 类型的数据源，再添加图层。

```
map.on('load', () => {
    map.addSource('wms-test-source', {
        'type': 'raster',
        'tiles': [
```

```
        'https://ip: port/geoserver/lzugis/wms?bbox={bbox-epsg-3857}&format=image/png&ser
    vice=WMS&version=1.1.1&request=GetMap&srs=EPSG:3857&transparent=true&width=256&he
    ight=256&layers=lzugis: province'
        ],
        'tileSize': 256
    });
    map.addLayer({
        'id': 'wms-test-layer',
        'type': 'raster',
        'source': 'wms-test-source',
        'paint': {}
    });
});
```

8.3.5 WMS 图层渲染原理

前面分别讲述了在 OpenLayers、Leaflet 和 MapboxGL 中 WMS 图层的加载,本节结合 Canvas 绘图讲述 WMS 的渲染原理。一个完整的 WMS 请求的地址如下:

```
https://ip:port/geoserver/lzugis/wms?
    SERVICE=WMS&
    VERSION=1.1.1&
    REQUEST=GetMap&
    FORMAT=image/png&
    TRANSPARENT=true&
    LAYERS=lzugis:province&
    SRS=EPSG:4326&
    WIDTH=769&
    HEIGHT=442&
    BBOX=70.470703125,16.4619140625,138.005859375,55.2568359375
```

WebGIS 中实现 WMS 的加载,核心是根据地图视图动态计算 bbox 和 width、height 三个参数,拼接成完整的地址,从服务中请求图片。结合 OpenLayers 中的实现,通过 Canvas 进行 WMS 服务展示的实现流程包括以下几个步骤。

(1)创建绘图容器,使用 Canvas 标签创建。

(2)获取当前视图范围,计算图片宽和高。实现方式如下,bbox 为视图四至,width 和 height 为图片宽和高。

```
const bbox = map.getView().calculateExtent()
const [xmin, ymin, xmax, ymax] = bbox
const min = map.getPixelFromCoordinate([xmin, ymax])
const max = map.getPixelFromCoordinate([xmax, ymin])
const width = Math.floor(max[0] - min[0])
const height = Math.floor(max[1] - min[1])
```

(3)请求服务,并进行图片渲染。其中,url 表示服务地址,ctx 表示 Canvas 画布上下文。

```
let wmsUrl = url.split(`{bbox}`).join(bbox.join(','))
wmsUrl = wmsUrl.split(`{width}`).join(width)
wmsUrl = wmsUrl.split(`{height}`).join(height)
const image = new Image()
image.src = wmsUrl
image.onload = function () {
    ctx.drawImage(image, min[0], min[1])
}
```

8.4 WMTS渲染

WMTS（Web Map Tile Service，切片地图 Web 服务）提供了一种采用预定义图块的方法发布数字地图服务的标准化解决方案。WMTS 标准定义了一些操作，这些操作允许用户访问切片地图。WMTS 服务是 OGC 提出的公开标准的服务对接的格式，而且它还是对 WMS 服务的改进版，因而越来越多的 GIS 项目采用 WMTS 服务作为底图服务。

8.4.1 WMTS 服务地址

通过调用 GetCapabilities 接口，获取到 WMTS 服务的加载地址。访问 https://lzugis.cn/geoserver/gwc/service/wmts?REQUEST=GetCapabilities，获取本书编写过程中部署的 lzugis/geoserver 服务的 WMTS 服务能力，结果如图 8-10 所示。从图中可以获取到 WMTS 服务的加载地址为：

```
https://lzugis.cn/geoserver/gwc/service/wmts?
    layer=lzugis: province&
    tilematrixset=EPSG:900913&
    Service=WMTS&
    Request=GetTile&
    Version=1.0.0&
    Format=image/png&
    TileMatrix=EPSG:900913:{z}&
    TileCol={x}&
    TileRow={y}
```

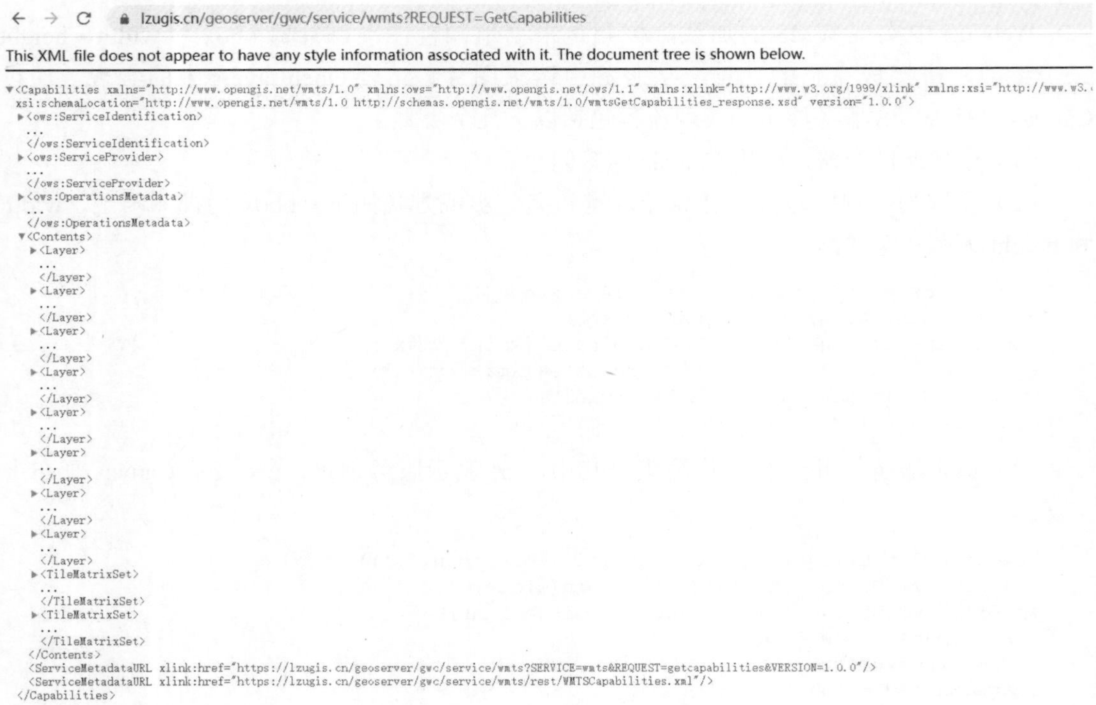


```
▼<Capabilities xmlns="http://www.opengis.net/wmts/1.0" xmlns:ows="http://www.opengis.net/ows/1.1" xmlns:xlink="http://www.w3.org/1999/xlink" xmlns:xsi="http://www.w3.
 xsi:schemaLocation="http://www.opengis.net/wmts/1.0 http://schemas.opengis.net/wmts/1.0/wmtsGetCapabilities_response.xsd" version="1.0.0">
 ▶<ows:ServiceIdentification>
   ...
  </ows:ServiceIdentification>
 ▶<ows:ServiceProvider>
   ...
  </ows:ServiceProvider>
 ▶<ows:OperationsMetadata>
   ...
  </ows:OperationsMetadata>
 ▼<Contents>
  ▶<Layer>
    ...
   </Layer>
  ▶<Layer>
    ...
   </Layer>
  ▶<Layer>
    ...
   </Layer>
  ▶<Layer>
    ...
   </Layer>
  ▶<Layer>
    ...
   </Layer>
  ▶<Layer>
    ...
   </Layer>
  ▶<Layer>
    ...
   </Layer>
  ▶<Layer>
    ...
   </Layer>
  ▶<TileMatrixSet>
    ...
   </TileMatrixSet>
  ▶<TileMatrixSet>
    ...
   </TileMatrixSet>
  </Contents>
  <ServiceMetadataURL xlink:href="https://lzugis.cn/geoserver/gwc/service/wmts?SERVICE=wmts&REQUEST=getcapabilities&VERSION=1.0.0"/>
  <ServiceMetadataURL xlink:href="https://lzugis.cn/geoserver/gwc/service/wmts/rest/WMTSCapabilities.xml"/>
</Capabilities>
```

图 8-10　WMTS 获取服务能力

8.4.2　OpenLayers 加载 WMTS

在 OpenLayers 中可以通过两种方式加载 WMTS，一种是通过 ol.source.XYZ 方式，另一种是通过 new ol.source.WMTS 方式。通过 XYZ 加载 WMTS的代码如下：

代码 8-4　WMTS 服务加载

```
const wmts = new ol.layer.Tile({
    opacity: 0.7,
    source: new ol.source.XYZ({
        url: 'https://ip:port/geoserver/gwc/service/wmts?layer=lzugis:china&style=
        &tilematrixset=EPSG:900913&Service=WMTS&Request=GetTile&Version=1.0.0&For
        mat=image/png&TileMatrix=EPSG:900913:{z}&TileCol={x}&TileRow={y}',
        tileSize: 256
    })
})
map.addLayer(wmts)
```

通过 WMTS 方式加载的实现如代码 8-4 所示，它与 XYZ 的区别是，它可以加载非 XYZ 或 TMS 切片标准的瓦片。这种加载方式可以定义切片的加载参数，如投影、切片原点、切片分辨率组等。

```
let projection = ol.proj.get('EPSG:3857');
let projectionExtent = projection.getExtent();
let size = ol.extent.getWidth(projectionExtent) / 256;
let resolutions = new Array(19);
let matrixIds = new Array(19);
for (let z = 0; z < 19; ++z) {
    // generate resolutions and matrixIds arrays for this WMTS
    resolutions[z] = size / Math.pow(2, z);
    matrixIds[z] = 'EPSG:900913:' + z;
}
const wmts = new ol.layer.Tile({
    opacity: 0.7,
    source: new ol.source.WMTS({
        url: 'https://ip:port/geoserver/gwc/service/wmts',
        layer: 'lzugis:china',
        matrixSet:'EPSG:900913',
        format: 'image/png',
        projection: projection,
        tileGrid: new ol.tilegrid.WMTS({
            origin: ol.extent.getTopLeft(projectionExtent),
            resolutions: resolutions,
            matrixIds: matrixIds
        }),
        wrapX: true
    })
})
map.addLayer(wmts)
```

8.4.3　Leaflet 加载 WMTS

Leaflet 中默认没有 WMTS 图层，但可以通过 leaflet-tilelayer-wmts 插件加载 WMTS 服务。对于 XYZ 或 TMS 标准的 WMTS 瓦片，Leaflet 可以直接加载，示例代码如下：

```
L.tileLayer('https://ip:port/geoserver/gwc/service/wmts?layer=lzugis:china&style
=&tilematrixset=EPSG:900913&Service=WMTS&Request=GetTile&Version=1.0.0&Format=
image/png&TileMatrix=EPSG:900913:{z}&TileCol={x}&TileRow={y}', {
    tileSize: 256
```

```
}).addTo(map);
```

8.4.4　MapboxGL 加载 WMTS

MapboxGL 加载 WMTS 的示例代码如下，它也只能加载标准的 XYZ 或 TMS 的 WMTS 瓦片。如下定义了一个 WMTS 服务的地址，然后通过 .addSource 方法添加数据源，并将数据源在图层中引用。

```
const tile = "https://ip:port/geoserver/gwc/service/wmts?layer=lzugis:china&style
=&tilematrixset=EPSG:900913&Service=WMTS&Request=GetTile&Version=1.0.0&Format=
image/png&TileMatrix=EPSG:900913:{z}&TileCol={x}&TileRow={y}";
map.addSource('wmts-test-source', {
    "type": "raster",
    "scheme": "xyz",
    "tiles": [tile],
    "tileSize": 256
})
map.addLayer({
    'id': 'wmts-test-layer',
    'type': 'raster',
    'source': 'wmts-test-source',
    'paint': {
        'raster-opacity': 0.6
    }
});
```

因为 WMTS 本身就是切片，所以其渲染逻辑和栅格瓦片的原理是一样的。有关切片的渲染逻辑可参考 8.3 节相关内容。

8.5　TMS渲染

TMS（Tile Map Service，瓦片地图服务）是开源空间信息基金会（Open Source Geospatial Foundation，OSGeo）定义的瓦片地图服务，与切片服务相比较，一般的切片原点是在左上，TMS 的则是在左下，所以会导致在纵轴方向上方向相反，一些框架在使用时可以直接写成 {-y} 的格式。

8.5.1　TMS 服务地址

TMS 服务也支持 GetCapabilities 接口，通过调用该接口，获取 TMS 服务能力。如访问 https://lzugis.cn/geoserver/gwc/service/tms/1.0.0?service=TMS&request=GetCapabilities 地址，获取 lzugis/geoserver 服务的 TMS 服务能力，结果如图 8-11 所示。可以得知，TMS 瓦片的请求地址为：

```
https://lzugis.cn/geoserver/gwc/service/tms/1.0.0/lzugis:Achina@EPSG:A900913@
png/{z}/{x}/{-y}.png
```

8.5.2　OpenLayers 加载 TMS

```
const tms = new ol.layer.Tile({
    source: new ol.source.XYZ({
        url: 'https://ip:port/geoserver/gwc/service/tms/1.0.0/lzugis%3Achina@
EPSG%3A900913@png/{z}/{x}/{-y}.png ',
```

```
    })
  })
  map.addLayer(tms)
```

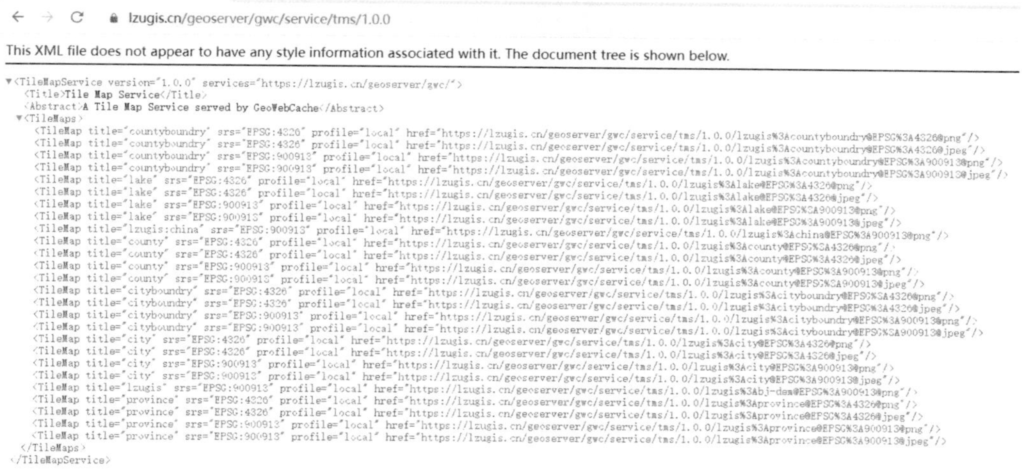

图 8-11　GeoServer 中的 TMS 服务

8.5.3　Leaflet 加载 TMS

```
L.tileLayer('https://ip:port/geoserver/gwc/service/tms/1.0.0/lzugis%3Achina@
EPSG%3A900913@png/{z}/{x}/{-y}.png ', {
    tileSize: 256
}).addTo(map);
```

8.5.4　MapboxGL 加载 TMS

```
const tile = "https://ip:port/geoserver/gwc/service/tms/1.0.0/lzugis%3Achina@
EPSG%3A900913@png/{z}/{x}/{y}.png ";
map.addSource('tms-test-source', {
    "type": "raster",
    "scheme": "tms",
    "tiles": [tile],
    "tileSize": 256
})
map.addLayer({
    'id': 'tms-test-layer',
    'type': 'raster',
    'source': 'tms-test-source',
    'paint': {
        'raster-opacity': 0.6
    }
});
```

注意： OpenLayers 和 Leaflet 中都是通过 {-y} 来加载 TMS，而 MapboxGL 中需要通过设置 source 的 scheme 为 TMS。

8.6　小结

本章对栅格数据和栅格瓦片的渲染进行了介绍。栅格数据作为 WebGIS 中的一种重要数据格式，栅格图像在 GIS 中具有非常广泛的应用。但在实际使用中，由于栅格数据的数据量大、栅格属性修改困难等原因，栅格数据的存储、发布和渲染均与矢量数据有所区别。

首先，栅格数据的存储可以在文件系统中存储，也可以在数据库中存储，存储在文件系统中的数据通常使用 Web 容器进行发布，而存储在数据库中的数据一般需要通过后端接口的方式提供数据查询服务。栅格数据在数据库中的存储格式通常包括 MBTiles、GeoPackage 等，其中，MBTiles 作为一种开放的瓦片地图存储格式，它将瓦片地图切片存储在 SQLite 数据库中，MBTiles 可以支持多种格式，还可以进行离线地图应用、进行地图数据压缩等。

其次，由于栅格图像的特点，WebGIS 中通常使用栅格瓦片的方式加载，栅格瓦片的渲染过程主要需要计算瓦片的"级行列"号，基于此，本节还对栅格瓦片的渲染过程进行了介绍。

最后，OpenLayers、Leaflet、MapboxGL 三种框架中，栅格瓦片的加载方式各不相同，本章对各框架中加载不同服务的方式进行了比较，并对加载方法进行了说明，有助于用户理解使用框架进行栅格瓦片的加载。

## 第 9 章

地图控件

地图控件是指用于控制地图显示和交互的组件，包括缩放工具、平移工具、比例尺、鹰眼图等。地图控件可以提高 WebGIS 的交互性和易用性，使用户更方便地使用地图应用程序。不同的地图控件可以根据应用程序的需要进行自定义和扩展，以满足用户的需求。

9.1 缩放控件

WebGIS 中地图缩放的方式包括鼠标滚轮、双击放大、两点触控和缩放按钮，用户可以通过缩放控件来放大或者缩小地图。默认情况下，单击一下缩放按钮或滚轮滚动一次，地图即可放大或缩小一个级别。在不同框架中，添加缩放控件的方法有所不同。

1. OpenLayers 中添加缩放控件

OpenLayers 中缩放控件是通过 ol.control.Zoom 类添加，地图初始化时会默认添加该控件。在一些应用中，如果地图初始化时未添加，则在需要时可以通过 addControl 接口进行添加。使用 addControl 接口添加的方法如下：

```
map.addControl(new ol.control.Zoom({
    duration: 1000,
    delta: 2
}))
```

2. Leaflet 中添加缩放控件

与 OpenLayers 中添加缩放控件的方式类似，Leaflet 中也有两种方式添加，一种是通过地图的初始化参数 zoomControl 进行配置，另一种则是通过 addTo 方法将 L.control.zoom 类添加到地图上。调用 addTo 方法的实现如下：

```
L.control.zoom({}).addTo(map);
```

3. MapboxGL 中添加缩放控件

MapboxGL 中的缩放控件通过 NavigationControl 定义。由于 MapboxGL 支持三维展示，所以，缩放控件的组件包括指北针、缩放按钮、指北针随地图视角变换，通过配置 NavigationControl 参数，可以控制它们是否显示。

添加一个缩放控件，需要通过 NavigationControl 类先定义控件，然后通过地图的 addControl 方法添加到地图上。

```
// 定义控件
const nav = new mapboxgl.NavigationControl({
    showCompass: true,
    showZoom: true,
    visualizePitch: true
});
// 添加到地图
map.addControl(nav, 'top-left');
```

9.2 地图比例尺

在地图学中，比例尺上的一个刻度代表地图上的一个特定长度，表示实际的距离（米）。在 WebGIS 中，比例尺描述的是一个像素代表实际中多少米。因此，在不同的级别下，比例尺的大小不同。

1. OpenLayers 中添加比例尺

使用 ol.control.ScaleLine 类创建比例尺控件，并通过参数设置比例尺最小宽度、样式类名、单位等。最后通过 addControl 方法，将比例尺添加到地图上。

```
map.addControl(new ol.control.ScaleLine({
    minWidth: 80,
    className: 'my-scale',
    units: 'metric' // 'degrees', 'imperial', 'nautical', 'metric', 'us'
}))
```

实现后的效果如图 9-1 所示。

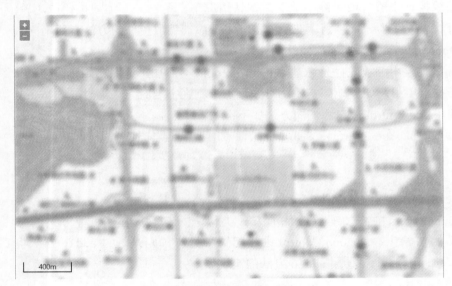

图 9-1 地图比例尺

2. Leaflet 中添加比例尺

Leaflet 中的控件通过 L.control.scale 创建，然后调用 addTo 方法添加到地图上。

```
L.control.scale({
    maxWidth: 120,
    metric: true,
    imperial: false
}).addTo(map);
```

3. MapboxGL 中添加比例尺

MapboxGL 中的比例尺空间通过 mapboxgl.ScaleControl 类创建，通过参数可以设置比例尺的最大宽度、单位等，并通过调用 addControl 方法添加到地图上。

```
// 创建比例尺
const scale = new mapboxgl.ScaleControl({
    maxWidth: 100,
```

```
        unit: 'metric'
});
// 添加到地图
map.addControl(scale);
```

4. 地图比例尺实现

WebGIS 中比例尺的展示是通过一个 div 实现的，div 的宽度代表屏幕中的距离，div里面标注的文字代表实际距离。WebGIS 中比例尺只与地图缩放级别相关，所以在实现中，通常通过注册 Map 的 Moveend 或者 Zoomend 事件来触发比例尺的更新。

WebGIS 中比例尺实现的重点在于通过地图分辨率计算比例尺 div 的宽度和比例尺的值。一个完整地图比例尺的实现过程如下。

（1）创建用于显示比例尺的 HTML 元素，如 div 标签。

（2）注册地图事件，用于触发比例尺更新。

（3）获取当前地图分辨率，计算比例尺显示宽度。

（4）设置 div 的宽度，及显示内容——通常为比例尺大小。

代码 9-1（完整代码见本书资料包中的 chapter9-1.html 文件）演示了基于 OpenLayers框架，实现一个地图比例尺。

代码 9-1　比例尺的实现

```
const minWidth = 60
const dom = document.getElementById('scaleLine')
let currentZoom = -1
// 地图拖曳和缩放事件
map.on('moveend', function (e) {
    if(currentZoom === map.getView().getZoom()) return
    const res = map.getView().getResolution()    // 获取地图当前分辨率
    let width = minWidth;
    let minScale = res * width                    // 计算最小宽度
    let unit = 'm', scale = minScale
    if(minScale / 1000 > 1) {
        unit = 'km'
        scale = Math.ceil(minScale / 1000)
    }
    const breaks = [1000, 500, 200, 100, 50, 20, 10]
    for (let i = 0; i < breaks.length; i++) {
        const b = breaks[i]
        if(scale / b > 1) {
            scale = Math.ceil(scale / b) * b
            break
        }
    }
    width = unit === 'm' ? scale / res : scale * 1000 / res
    dom.style.width = (width + 4) + 'px'          // 设置 div 的宽度
    dom.innerText = scale + unit                  // 设置 div 的显示内容
    currentZoom = map.getView().getZoom()
})
```

9.3　光标位置

光标位置是指光标在地图上移动时，光标所经过位置的坐标。

1. OpenLayers 中添加光标位置

通过 ol.control.MousePosition 类创建一个光标位置控件，并通过控件参数设置样式类名、投影、光标位置显示格式。通过以下代码，可以实现光标移动时，在地图上显示光标当前所在的坐标。

```
map.addControl(new ol.control.MousePosition({
    className: 'my-mouse-position',
    projection: 'EPSG:4326',
    coordinateFormat: ol.coordinate.createStringXY(4) // 保留四位小数
}))
```

2. Leaflet 中实现

Leaflet 和 MapboxGL 框架中没有光标位置控件，可以通过注册地图的光标移动事件来实现该功能。

（1）设置样式。

```
.my-mouse-position {
    font-size: 12px;
    font-weight: bold;
    color: red;
    position: absolute;
    bottom: 20px;
    right: 20px;
    z-index: 999;
}
```

（2）创建容器。创建一个 div 标签，用来作为显示光标位置的容器。

```
<div class="my-mouse-position" id="mousePosition"></div>
```

（3）注册事件。注册光标移动事件，在移动光标时，动态获取光标当前的位置，并显示在 div 中。

```
map.on('mousemove', e => {
    const {lng, lat} = e.latlng
    document.getElementById('mousePosition').innerText = [lng, lat].map(i =>
i.toFixed(4)).join(',')
})
```

3. MapboxGL 中添加光标位置

MapboxGL 中添加光标位置的方法与 Leaflet 中一样，都需要注册地图事件，在光标移动时，动态获取光标位置，并显示在 div 中。其实现过程也分为设置样式、创建容器、注册事件，过程与 Leaflet 一致。

9.4 鹰眼图

鹰眼图是一种在 WebGIS 中常见的地图控件，用于在地图界面上显示一个缩略图。用户可以通过鹰眼图快速了解地图的总体情况，帮助用户了解当前视图在整个地图上的位置和范围。当用户在地图上进行缩放或平移操作时，鹰眼图也会相应更新。

鹰眼图一般位于地图界面的角落或边缘，可以显示地图的全局视图，以小的缩略图形式展示地图的整体情况，通过鹰眼图也可以快速定位和切换地图视图。

1. OpenLayers 中添加鹰眼控件

OpenLayers 中提供了 ol.control.OverviewMap 类用于创建鹰眼图控件，可以通过参数配置生成一个鹰眼图。

如下代码中，参数 layers 为鹰眼图使用的图层，collapsed 表示鹰眼图是否折叠，view 为视图配置。还可以通过 className 参数为鹰眼图设置一个样式类名，在样式类中，可以自定义设置鹰眼图的位置和样式等。最后通过 addControl 方法，将鹰眼图添加到地图上。实现后的效果如图 9-2 所示，鹰眼图位于图片的右下角。

```
const tile = new ol.layer.Tile({
    source: new ol.source.XYZ({
        url: 'https://webrd0{1-4}.is.autonavi.com/appmaptile?style=8&x={x}&y={y}
&z={z}&lang=zh_cn&size=1&scale=1',
    })
})
// 添加鹰眼图
map.addControl(new ol.control.OverviewMap({
    layers: [
        tile
    ],
    collapsed: false,
    view: new ol.View({
        projection: 'EPSG:3857'
    })
})))
```

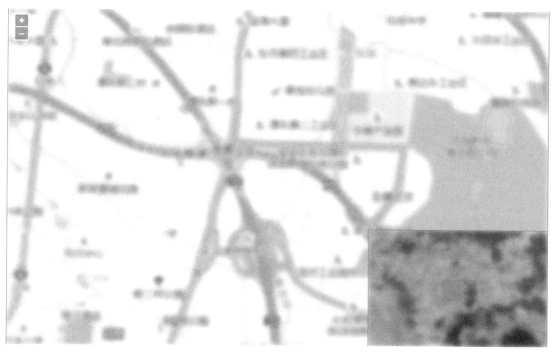

图 9-2　地图鹰眼

2. 鹰眼图的实现原理

Leaflet 和 MapboxGL 中没有鹰眼图控件，想要在这两个框架中添加鹰眼图，则需要引入第三方插件或者自己编码实现。本节通过 OpenLayers 讲述鹰眼图的实现原理，通过分析 OpenLayers 中的鹰眼图可以发现：

（1）鹰眼图是一个缩小版的地图，所以，构建鹰眼图的第一步是初始化一个地图。

```
initMap() {
    const that = this
    let zoom = map.getView().getZoom() - that.zoomDelta
    const center = map.getView().getCenter()
    zoom = zoom < 0 ? 0 : zoom
    that.view = new ol.View({
        center,
        zoom
    })
    this.map = new ol.Map({
        target: that.mapDom,
        controls: [],
        interactions: [],
        layers: that.layers,
        view: that.view
    });
}
```

（2）鹰眼图不可以缩放，缩放和显示的范围都是由主地图控制的。

（3）鹰眼图的级别比主图小几个级别。如设置鹰眼图的缩放级别为：

```
let zoom = map.getView().getZoom() - this.zoomDelta
zoom = zoom < 0 ? 0 : zoom
```

上述代码中，**zoomDelta** 表示主图与鹰眼图相差的级别，**zoom** 表示鹰眼图的级别，当主图的缩放级别小于 **zoomDelta** 时，鹰眼图的级别设置为 0。

（4）鹰眼图上有一个浮动的块，用来显示主图的范围以及控制主图的范围，所以，还需要添加一个用于显示地图主图范围的块。当主图变化时，鹰眼图中范围块的变化可以注册在地图移动结束事件、地图缩放等多个事件中。如下代码表示在主图范围变化时，鹰眼图和范围块的变化：

```
map.on('moveend', () => {
    if(isDown) return
    let zoom = map.getView().getZoom() - that.zoomDelta
    const center = map.getView().getCenter()
    that.view.setCenter(center)
    that.view.setZoom(zoom)
    // 计算主图在鹰眼图中的位置
    const [xmin, ymin, xmax, ymax] = map.getView().calculateExtent()
    const tl = that.map.getPixelFromCoordinate([xmin, ymax])
    const br = that.map.getPixelFromCoordinate([xmax, ymin])
    const w = br[0] - tl[0]
    const h = br[1] - tl[1]
    that.mapView.style.width = w + 'px'
    that.mapView.style.height = h + 'px'
    that.mapView.style.left = tl[0] + 'px'
    that.mapView.style.top = tl[1] + 'px'
})
```

当在鹰眼图中拖曳范围块时，主图也需要同步变化。实现代码如下，该过程是注册在光标移动事件中，其中 x 和 y 表示按下鼠标键时的光标在屏幕中的位置。

```
window.onmousemove = function (e) {
    if(!isDown) return false;
    let newX = e.clientX, newY = e.clientY; // 鼠标当前屏幕位置
    let newLeft = newX - (x - left), newTop = newY - (y - top);
    if(newLeft < 0) newLeft = 0;
    if(newTop < 0) newTop = 0;
    const w = that.mapView.offsetWidth, h = that.mapView.offsetHeight
```

```
const mapW = that.mapDom.offsetWidth, mapH = that.mapDom.offsetHeight
if((newLeft + w) > mapW) newLeft = mapW - w - 2
if((newTop+ h) > mapH)  newTop = mapH - h - 2
that.mapView.style.left = newLeft + "px"
that.mapView.style.top = newTop + "px"
// 设置主图的范围
const tl = [newLeft, newTop], br = [newLeft + w, newTop + h]
const [xmin, ymax] = that.map.getCoordinateFromPixel(tl)
const [xmax, ymin] = that.map.getCoordinateFromPixel(br)
const extent = [xmin, ymin, xmax, ymax]
map.getView().fit(extent)
}
```

在鹰眼图开发中，还需要注意设置主图和鹰眼图的样式，以便有更好的可视化效果。上述代码仅列举了鹰眼图实现过程中的核心步骤的核心代码，完整代码参考本书资源包中 chapter9-2.html 文件。

9.5 地图图例

地图图例是地图上表示图层样式的区域，是地图上各种符号和颜色所代表内容与指标的说明，地图图例一般位于地图一角或一侧。图例具有完备性和一致性的原则，在读图时作为必不可少的阅读指南，有助于用户更方便地使用地图和理解地图内容。

根据图层成图方式的不同，可以将图例分为两种：连续图例和不连续图例。连续图例表示连续变化的数据，如温度、高程等。不连续图例中，一类是将连续的数据进行分层渲染，使其不连续；另一类是本来就不连续的数据，每一种图形或颜色代表一类。

在 WebGIS 中，图例的实现有两种方式。

（1）根据 GIS Server 提供的图例接口，一般返回的是 PNG 格式的图片。

（2）根据图层的渲染规则，用 HTML 或者 Canvas 等进行展示。

1. WMS 服务的 GetLegendGraphic 接口

WMS 提供了 GetLegendGraphic 接口，供用户获取图层的图例，其请求示例如下。其中，参数 request 为请求方法，固定为 GetLegendGraphic；layer 为图层名称，是必填参数。

```
https://ip:port/geoserver/lzugis/wms?
    request=GetLegendGraphic&
    VERSION=1.3.0&
    layer=lzugis: province&
    FORMAT=image/png
```

2. HTML 渲染或者 Canvas 渲染

可以通过 HTML 或者 Canvas 绘图将图例展示出来，例如气象预警的图例。定义 legendData 为图例数据，图例分为 4 级：红色预警、橙色预警、黄色预警和蓝色预警，分别用红色、橙色、黄色和蓝色表示。

```
const legendData = [
    {level: 'red', label: '红色预警', color: 'red'},
    {level: 'orange', label: '橙色预警', color: 'orange'},
    {level: 'yellow', label: '黄色预警', color: 'yellow'},
    {level: 'blue', label: '蓝色预警', color: 'blue'}
]
```

实现如图 9-3 所示的效果，可以使用如下两种方法实现。

图 9-3　不连续图例

（1）HTML 实现。主要通过遍历样式数据，动态添加 HTML 元素进行实现，元素样式从数据中获取。实现代码如下所示，完整代码见本书资料包中 chapter9-5.html 文件。

```
const dom = document.getElementById('legends')
legendData.forEach(data => {
    const li = document.createElement('li')
    li.innerHTML = `
        <span class="color" style="background: ${data.color}"></span>
        ${data.label}
    `
    dom.appendChild(li)
})
```

（2）Canvas 实现。也是通过遍历样式数据，区别是，Canvas 实现是在 Canvas 画布中，通过绘图接口进行动态绘制，而 HTML 方式是操作 DOM 元素。Canvas 方式的实现代码如下，完整代码参考本书资源包。

```
const canvas = document.getElementById('legends')
canvas.width = 80
canvas.height = 88
const ctx = canvas.getContext('2d')
const size = 13
legendData.forEach((data, index) => {
    ctx.beginPath()
    const x = 6
    const y = index * 22
    ctx.restore()
    ctx.fillStyle = data.color
    ctx.fillRect(x, y, size, size)
    ctx.fillStyle = '#000'
    ctx.textAlign = 'left'
    ctx.textBaseline = 'middle'
```

```
ctx.font='12px Arial'
ctx.fillText(data.label, x + 18, y + 8)
ctx.save()
})
```

3. 连续图例

上述主要针对不连续图例的实现，连续图例的渲染也可以通过 HTML 或者 Canvas 来实现。如图 9-4 所示的图例，两种实现方式分别如下，完整代码见本书资源包中 chapter9-5.html 文件。

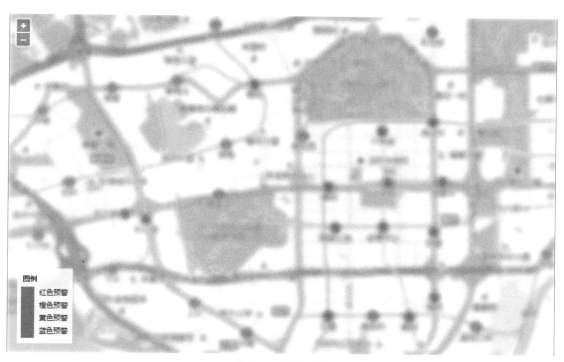

图 9-4　连续图例

（1）HTML实现。连续图例的 HTML 实现主要是通过 CSS 样式实现，实现代码如下：

```
.legend .content .colors {
    width: 14px;
    height: 100px;
    background: linear-gradient(blue 25%, yellow 50%, orange 75%, red 100%);
    float: left;
    margin-right: 3px;
}
.legend .content .labels {
    float: left;
    overflow: hidden;
    list-style: none;
    margin: 0;
    padding: 0;
    white-space: nowrap;
}
.legend .content .labels li {
    height: 25px;
    line-height: 25px;
    padding: 0;
}
```

```
<div class="legend">
    <div class="title"> 图例 </div>
    <div class="content">
        <div class="colors"></div>
        <ul class="labels">
            <li> 蓝色预警 </li>
            <li> 黄色预警 </li>
            <li> 橙色预警 </li>
            <li> 红色预警 </li>
        </ul>
    </div>
</div>
```

（2）Canvas 实现。也是在 Canvas 画布中，基于 Canvas 绘图接口实现，其核心是通过 createLinearGradient 接口创建渐变样式，具体实现代码如下所示，完整代码见本书资源包中 chapter9-5.html 文件。

```
const canvas = document.getElementById('legends')
canvas.width = 70
canvas.height = 88
const ctx = canvas.getContext('2d')
const gradient = ctx.createLinearGradient(0,0,0,canvas.height);
const step =  1 / legendData.length
legendData.forEach((data, index) => {
    const x = 30
    const y = index * 22 + 11
    ctx.fillStyle = '#000'
    ctx.textAlign = 'left'
    ctx.textBaseline = 'middle'
    ctx.font='12px Arial'
    ctx.fillText(data.label, x, y)
    gradient.addColorStop(step * index, data.color);
})
ctx.beginPath()
ctx.fillStyle = gradient
ctx.fillRect(0, 0, 22; canvas.height)
```

9.6 地图测量

地图测量是 WebGIS 中的一个基础功能，大多数 WebGIS 框架都有控件可以直接调用。二维 GIS 中的测量包括距离测量和面积测量，三维 GIS 中还包括体积测量。用户通过地图测量控件，可以很方便地计算和分析地理数据、确定位置和尺寸等。不同的框架中地图测量的功能都有实现，原理也基本一样，其大致的逻辑如图 9-5 所示。

说明：本节中的功能实现代码量都较大，所以，后面的内容主要对功能进行说明，具体完整的实现代码请参考本书资源包中 chapter9-3.html 文件。

1. 长度测量

长度测量是通过在地图上绘制线或线段并计算长度，最终在界面上展示出来。常见的长度测量实现效果如图 9-6 所示。

2. 面积测量

面积测量是通过在地图上绘制多边形并计算面积，最终在界面上展示出测量结果。常见的面积测量实现效果如图 9-7 所示。

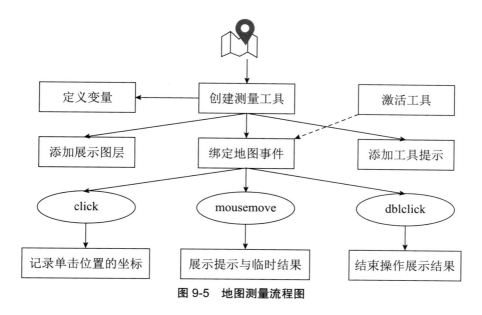

图 9-5　地图测量流程图

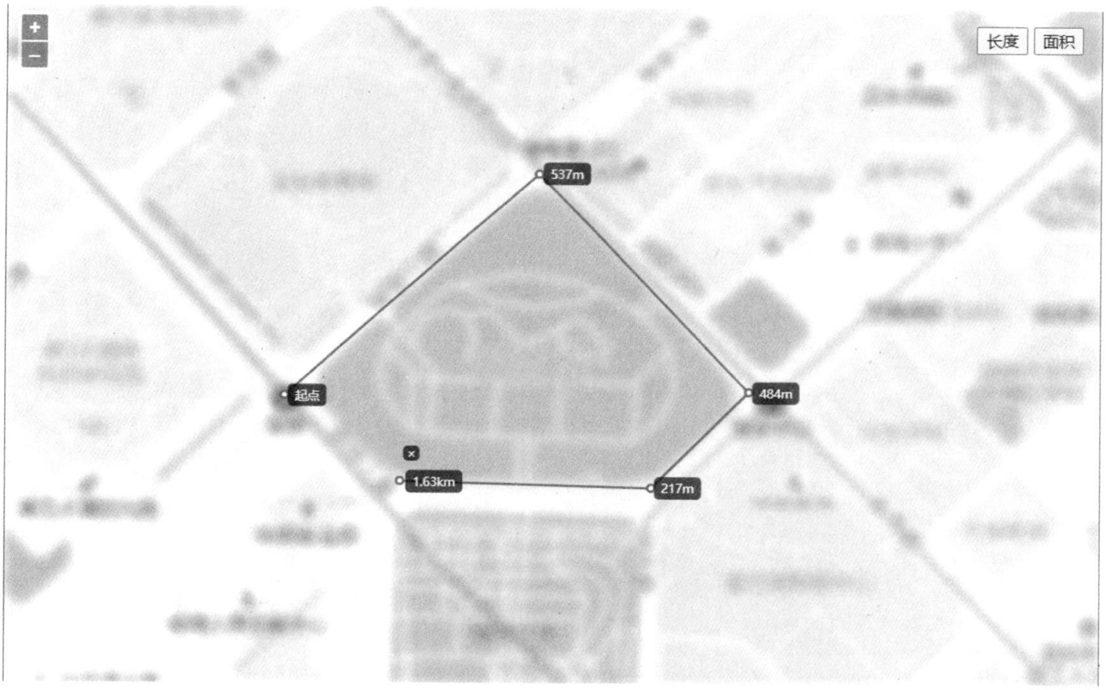

图 9-6　测量距离

3. 实现步骤

下面结合 OpenLayers，分步骤说明测量工具的实现过程。

（1）初始化工具。在初始化工具阶段，主要完成展示图层的添加、提示信息 Overlay 的创建、工具内需要的变量的初始化等工作。

```
constructor(map) {
    this.map = map
    this.vectorSource = new ol.source.Vector({
```

```
        features: []
    })
    this.measureType = ''
    this.coords = []
    this.overlays = []
    this.toolTipDom = document.createElement('div')
    this.toolTipDom.classList.add('measure-result')
    this.toolTip = new ol.Overlay({
        element: this.toolTipDom,
        positioning: 'center-left',
        offset: [5, 0]
    })
    this.map.addOverlay(this.toolTip)
    this.vectorLayer = new ol.layer.Vector({
        source: this.vectorSource,
        style: this._styleFunction
    })
    this.map.addLayer(this.vectorLayer)
}
```

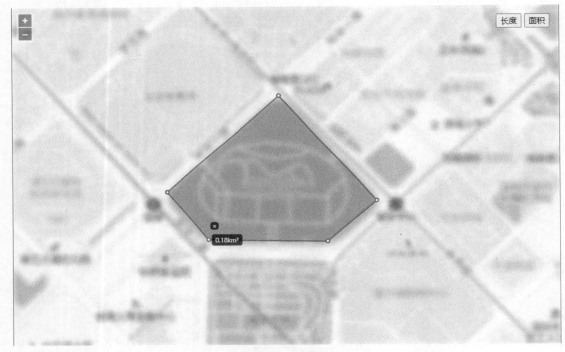

图 9-7　测量面积

（2）提供测量接口。提供一个可传参的接口，供单击地图上按钮时调用。

```
activeMeasure(type = 'length') {
    this.measureType = type
    this.coords = []
    this._registerMapEvt()
    this._setDblClickZoom(false)
    this._removeOverlays()
}
```

（3）处理地图事件。在测量时需要注册地图的事件如表 9-1 所示，具体实现可参考本书资源包中 chapter9-3.html 文件。

表 9-1　测量时需注册地图的事件

事件	说明
click	完成测量时操作的路径记录
pointermove 或 mousemove	完成测量时实时提示信息的展示、临时测量结果的展示
dblclick	完成测量操作的结束标志，并将结果展示到 Map 上

9.7　地图绘制

地图绘制控件是用于临时性地在地图上绘制点、线或面的工具，用以辅助读图，同时也为用户提供在客户端进行数据绘制、保存、回显等操作。用户通过单击地图绘制控件，可以很方便地创建地图数据，以及显示地图信息。WebGIS 中三种矢量数据点、线、面的绘制示例如图 9-8 所示。

扫码看彩图

（a）点绘制　　　　　　　（b）线绘制　　　　　　（c）多边形绘制

图 9-8　点、线、面的绘制

地图绘制与地图测量的实现逻辑比较近似，主要包括初始化工具、提供绘制接口、处理绘图事件几个步骤。

1. 初始化工具

在初始化工具阶段，主要完成展示图层的添加、提示信息 Overlay 的创建、工具内需要的变量的初始化等工作。

```
constructor(map) {
    this.map = map
    this.vectorSource = new ol.source.Vector({
        features: []
    })
    this.drawType = ''
    this.coords = []
    this.toolTipDom = document.createElement('div')
    this.toolTipDom.classList.add('tooltips')
    this.toolTip = new ol.Overlay({
        element: this.toolTipDom,
        positioning: 'center-left',
        offset: [5, 0]
    })
    this.map.addOverlay(this.toolTip)
    this.vectorLayer = new ol.layer.Vector({
        source: this.vectorSource,
        style: this._styleFunction
    })
    this.map.addLayer(this.vectorLayer)
}
```

2. 提供绘制接口

提供一个可传参接口，供单击绘制开始按钮时调用。如下代码所示，activeDraw 方法包含了以下两个方法。

（1）_registerMapEvt：处理地图事件的方法。

（2）_setDblClickZoom：用于禁止双击放大地图功能的方法。

这两个方法在此处仅限调用，具体实现可参考本书代码仓库资源包中第 9 章的代码。

```
activeDraw(type = 'point') {
    this.drawType = type
    this.coords = []
    this.vectorSource.clear()
    this._registerMapEvt()
    this._setDblClickZoom(false)
}
```

3. 处理地图事件

在绘制时需要注册地图的如下事件。

（1）click 事件：完成点的绘制，线和多边形绘制时对操作路径的记录。

（2）pointermove 或 mousemove 事件：完成绘制时实时提示信息的展示。

（3）dblclick 事件：完成绘制操作的结束标志。本节完整代码可参考本书资源包中 chapter9-4.html 文件。

9.8 小结

本章聚焦于 WebGIS 控件，系统梳理了三种主流 WebGIS 框架中已实现的控件及其应用方法，旨在通过详实的介绍与丰富的实例，使读者能够理解这些控件，并能够高效利用控件来优化地图的交互体验与功能实现。

控件是悬浮于地图之上的 DOM 元素，如按钮、信息框等，通过控件可以方便地使用和操作地图。地图控件包括：缩放控件（实现地图的放大、缩小功能）、地图比例尺（直观展示地图比例）、光标位置（实时反馈当前光标所在的地图坐标）、鹰眼图（提供全局视野辅助导航）、地图图例（解释地图符号的含义）、地图测量控件（支持距离、面积等的测量）以及地图绘制控件（支持在地图上绘制点、线、面等图形）等。

本章除了对上述已实现控件的使用方法进行详细阐述外，还剖析了部分控件背后的工作原理与开发实现，帮助读者从更深层次理解控件的运作机制。控件作为 WebGIS 不可或缺的一部分，掌握并灵活运用对于提升地图应用的用户体验与功能完整性至关重要。通过本章的学习，读者将能够熟练掌握 WebGIS 控件的基本使用方法，理解其设计原理，并具备根据实际项目需求进行控件扩展与定制的能力。

## 第 10 章

地图交互

可交互是 WebGIS 中非常重要的一个特点，它可以帮助用户更好地使用与操作地图。地图交互与地图控件的区别是，地图交互主要指对地图的各种操作，如单击、双击放大、鼠标滚轮缩放地图、选择、标注、查询等，这些对地图的操作只依赖于地图本身；地图控件是通过页面元素再加上地图交互实现对地图的操作，如缩放控件、测量控件等。地图交互可以分为以下三部分。

（1）地图基本交互：基本交互只对地图的状态进行修改，包括按住鼠标左键移动地图、双击放大地图、鼠标滚轮缩放以及移动端的单指移动地图、双指缩放地图、双指旋转地图等。

（2）矢量要素交互：矢量要素交互是指针对矢量数据的操作，包括对要素的选择、修改、绘制、捕捉等。

（3）地图弹出层：地图弹出层主要是对地图和矢量数据的一些触发，包括 Marker 和 Popup，主要用于信息的展示。

10.1 基本交互

10.1.1 鼠标交互

WebGIS 系统中常见的鼠标交互有按住鼠标左键移动地图、双击鼠标左键放大地图和鼠标滚轮缩放地图。例如，在 OpenLayers 框架中，这三种交互对应的方法分别是 DragPan、DoubleClickZoom 和 MouseWheelZoom，这三种交互在地图初始化时都会被添加并激活，在初始化地图之后，就可以通过鼠标来操作地图。

1. OpenLayers 实现

如下代码创建一个可交互的地图，其中，interactions 参数控制地图具备哪些交互，默认所有的地图交互功能都会打开。

interactions 参数通过数组的方式添加交互，当 interactions 为空时，表示不添加任何交互。如下代码所示，本例添加了 DragPan、DoubleClickZoom 和 MouseWheelZoom 三种交互，因此该地图也就只支持这三种交互方式。

```
var map = new ol.Map({
    target: 'map',
    interactions: [
        new ol.interaction.DragPan(),
        new ol.interaction.DoubleClickZoom(),
        new ol.interaction.MouseWheelZoom()
    ],
    layers: [
```

```
         new ol.layer.Tile({
             source: new ol.source.XYZ({
                 url: 'https://rt{0-3}.map.gtimg.com/realtimerender?z={z}&x={x}&y
={-y}'
             })
         })
     ],
     view: new ol.View({
         center: ol.proj.fromLonLat([107.11040599933166, 34.262715323320 11]),
         zoom: 4
     })
});
```

interactions 参数也可以以如下方式使用，即只需要将想要开启或禁用的交互设置为
true/false 即可。

```
interactions: ol.interaction.defaults({
    dragPan: true,
    doubleClickZoom: false,
    mouseWheelZoom: true
})
```

2. Leaflet 实现

Leaflet 中添加鼠标交互，可以在地图初始化时通过配置初始化参数来实现。如下代
码所示，开启 doubleClickZoom、dragging、scrollWheelZoom 三种交互只需要将其设置为
true 即可。

```
var map = L.map('map', {
    doubleClickZoom: true,
    dragging: true,
    scrollWheelZoom: true
}).setView([107.1104, 34.2627].reverse(), 4);
```

3. MapboxGL 实现

MapboxGL 中的实现与 Leaflet 类似，也是在地图初始化时通过设置初始化参数来控
制鼠标交互，如下代码所示，禁用了 doubleClickZoom、dragPan、scrollZoom 三种交互。

```
var map = new mapboxgl.Map({
    container: 'map',
    style: style,
    center: [107.11, 34.26],
    zoom: 3,
    doubleClickZoom: false,
    dragPan: false,
    scrollZoom: false
});
```

10.1.2 键盘交互

键盘交互包括仅通过键盘的交互和鼠标＋键盘两种方式，通过键盘或结合键盘和鼠标
来控制地图。

1. 键盘交互

1）OpenLayers 实现

OpenLayers 框架中，通过 KeyboardPan 和 KeyboardZoom 方法，可以实现通过键盘操
作地图的移动与缩放。

```
var map = new ol.Map({
    target: 'map',
    interactions: ol.interaction.defaults().extend([
        new ol.interaction.KeyboardPan(), // 添加键盘移动
        new ol.interaction.KeyboardZoom() // 添加键盘缩放
    ]),
    layers: [
        new ol.layer.Tile({
            source: new ol.source.XYZ({
                url: 'https://rt{0-3}.map.gtimg.com/realtimerender?z={z}&x={x}&y
={-y}'
            })
        })
    ],
    view: new ol.View({
        center: ol.proj.fromLonLat([107.11040599933166, 34.26271532332011]),
        zoom: 4
    })
});
```

2）Leaflet 和 MapboxGL 中实现

Leaflet 和 Mapboxgl 框架中，键盘交互都是通过 keyboard 初始化参数进行控制，默认是开启的。开启或关闭键盘交互，只需要将 keyboard 设置为 true/false 即可，如下代码所示，是在 Leaflet 框架中的实现，在初始化地图时将键盘交互关闭。MapboxGL 中关闭或开启键盘交互，也是同样的方法。

```
var map = L.map('map', {
    zoomControl: true,
    zoomDelta: 2,
    doubleClickZoom: true,
    dragging: true,
    scrollWheelZoom: true,
    keyboard: false
}).setView([107.1104, 34.2627].reverse(), 4);
```

2. 鼠标 + 键盘交互

1）OpenLayers 实现

OpenLayers 中，DragBox 交互通过按住 Shift 键和鼠标左键可以实现拉框放大地图，此交互在地图初始化时会默认添加，不过，需要和 DragZoom 交互一起使用才会生效。DragRotateAndZoom 交互标识通过按住 Shift 键和鼠标左键可实现地图的旋转和缩放，因为都是 Shift 键和鼠标左键的操作，如果 DragRotateAndZoom 是在 DragZoom 和 DragBox 后添加，则该交互生效，否则 DragBox 生效。

下面的代码演示了 OpenLayers 中，通过鼠标和键盘结合来操作地图的功能。只需要在地图初始化的 interactions 参数中添加 DragRotateAndZoom、DragZoom 和 DragBox 交互即可。

```
var map = new ol.Map({
    target: 'map',
    interactions: [
        new ol.interaction.DragBox(),
        new ol.interaction.DragZoom( ),
        new ol.interaction.DragRotateAndZoom(),
    ],
    layers: [
```

```
    new ol.layer.Tile({
        source: new ol.source.XYZ({
            url: 'https://rt{0-3}.map.gtimg.com/realtimerender?z={z}&x={x}&y
={-y}'
        })
    })
],
view: new ol.View({
    center: ol.proj.fromLonLat([107.11040599933166, 34.262715323320011]),
    zoom: 4
})
});
```

2）Leaflet 和 MapboxGL 中实现

在 Leaflet 和 MapboxGL 中，通过 boxZoom，可以实现按住 Shift 键和鼠标左键进行地图缩放的操作，该交互默认也是开启的。其中，Leaflet 不支持对地图旋转，MapboxGL 中通过 Ctrl 键和鼠标左键实现地图的旋转和视角切换。如下代码为 Leaflet 中的实现，MapboxGL 中实现也是同样的方法，只需要在地图初始化时，开启 boxZoom 即可。

```
var map = L.map('map', {
    zoomControl: true,
    zoomDelta: 2,
    doubleClickZoom: true,
    dragging: true,
    scrollWheelZoom: true,
    boxZoom: true
}).setView([107.1104, 34.2627].reverse(), 4);
```

10.1.3　触屏交互

触屏交互是在移动设备上通过双指操作地图放大与缩小或者地图旋转的操作。为了适配移动端，需要在 HTML 的 header 中添加如下 meta 标签：

```
<meta name="viewport" content="width=device-width, user-scalable=no, initial-scale=1.0, maximum-scale=1.0, minimum-scale=1.0, viewport-fit=cover"/>
```

1. OpenLayers 中实现

OpenLayers 中通过 PinchRotate 和 PinchZoom 交互，分别来实现触屏旋转和触屏缩放，这两种交互在地图初始化中默认是开启的。代码如下在地图初始化的 interactions 参数中，添加了 PinchRotate 和 PinchZoom 交互。

```
var map = new ol.Map({
    target: 'map',
    interactions: ol.interaction.defaults({}).extend([
        new ol.interaction.PinchZoom(),
        new ol.interaction.PinchRotate()
    ]),
    layers: [
        new ol.layer.Tile({
            source: new ol.source.XYZ({
                url: 'https://rt{0-3}.map.gtimg.com/realtimerender?z={z}&x={x}&y
={-y}'
            })
        })
    ],
    view: new ol.View({
        center: ol.proj.fromLonLat([107.11040599933166, 34.262715323332011]),
```

```
        zoom: 4
    })
})
```

2. Leaflet 中实现

Leaflet 中通过 touchZoom 参数控制地图是否可以通过双指缩放，默认是打开的。

```
var map = L.map('map', {
    zoomControl: true,
    zoomDelta: 2,
    touchZoom: true
}).setView([107.1104, 34.2627].reverse(), 4);
```

3. MapboxGL 中实现

在 MapboxGL 中，通过 touchZoomRotate 和 touchPitch 控制是否打开双指缩放旋转以及双指切换视角，默认均为 true，表示开启。

```
var map = new mapboxgl.Map({
    container: 'map',
    style: style,
    center: [107.11, 34.26],
    zoom: 3,
    touchZoomRotate: false,
    touchPitch: false
});
```

10.2 矢量要素交互

矢量要素交互是 WebGIS 中非常重要的内容之一，在进行矢量数据展示的同时，还可以通过矢量要素交互，对矢量数据进行选择、绘制、编辑、捕捉等操作。在常用的三种框架中，OpenLayers 中定义的 Interaction 类支持矢量要素的交互，MapboxGL 和 Leaflet 中本身没有定义矢量要素交互的方法，它们中的矢量要素交互需要通过一些第三方插件或自定义实现。

10.2.1 选择要素

选择要素是在鼠标单击或光标经过时，将单击或光标经过的要素选中。在 OpenLayers 框架中，通过 select 交互实现；Leaflet 框架通过注册要素的单击事件实现；在 MapboxGL 框架中，通过注册地图的单击事件实现。

1. OpenLayers 中实现

OpenLayers 中可以使用 ol.interaction.Select 类实现矢量要素的选择。如下代码所示（完整代码见本书资源包中 chapter10-4.html 文件），创建一个选择交互的参数，包括 condition 触发条件，layers 用于指定可选择图层的集合，multi 表示是否可多选，style 表示要素被选择时的样式，可以是 Style 类，也可以是一个函数的方式。

```
var selectSingleClick = new ol.interaction.Select({
    condition: ol.events.condition.singleClick,
    layers: [vectorLayer],
    multi: true,
    style() {
        return new ol.style.Style({
```

```
        fill: new ol.style.Fill({
            color: 'rgba(0, 0, 255, 0.1)'
        }),
        stroke: new ol.style.Stroke({
            color: 'rgba(0, 0, 255, 1)',
            width: 2
        })
    })
  }
});
map.addInteraction(selectSingleClick);
```

要素选中的效果如图 10-1 所示，蓝色部分表示被选中的要素。

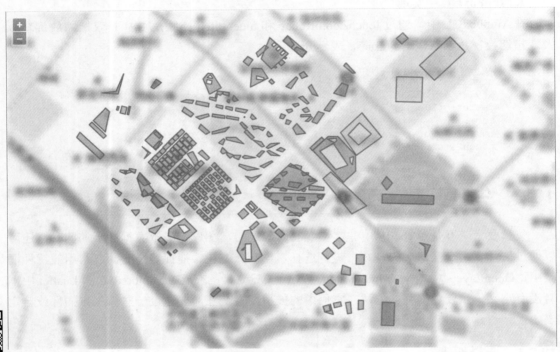

扫码看彩图

图 10-1　OpenLayers 中矢量要素的选择

2. Leaflet 中实现

在 Leaflet 框架中，通过注册图层事件来实现要素的选中。如下代码所示，通过在 FeatureLayer 图层上注册 click 事件，实现要素的选中高亮效果。

```
const styleSelect = {
    "color": "#00f",
    "fillColor": '#00f',
    "fillOpacity": 0.1,
}
featureLayer.on('click', evt => {
    if(!isMulti && feature) feature.setStyle(styleDefault)
    let fea = evt.sourceTarget
    fea.setStyle(styleSelect)
    feature = fea
})
```

3. MapboxGL 中实现

在 MapboxGL 框架中，需要注册 Map 事件和图层过滤来实现要素的选中。首先，通过图层单击事件，获取被选择的要素。然后，将所选择的要素在高亮图层中过滤出来。两个图层的叠加，完成高亮效果。

在注册 Map 的 click 事件时，可以传入一个图层 id 的参数，click 只针对该图层有效。如下代码所示，第二个 click 事件表示在 province-fill 图层中进行单击交互，并将从该图层中提取到的数据高亮显示在 province-fill-select 图层中。

```
map.on('load', () => {
  const setFilter = (filter = ['in', 'DZM',
    map.setFilter('province-fill-select',
    map.setFilter('province-line-select',
  }
  const isMulti = true
  let select = []
  map.on('click', e => {
    const features = map.queryRenderedFeae.point,{
      layers: ['province-fill']
    });
    if(features.length === 0) {
      setFilter()
      select = []
    }
  })
  map.on('click', 'province-fill', e => {
    const prop = e.features[0].properties
    select.push(prop['DZM'])
    const filter = ['in', 'DZM', ...selec
    setFilter(filter)
    if(!isMulti) select = []
  })
})
```

10.2.2 绘制要素

OpenLayers 框架中绘制要素继承的是 Interaction 类，通过 interaction.Draw 方法来实现，Leaflet 和 MapboxGL 框架中均通过第三方库实现绘制。如下为三种框架中绘制要素的方法，请注意：完整代码参考本书资源包。

1. OpenLayers 绘制

如下代码演示了在 OpenLayers 中添加一个绘制交互的过程。其中，在 ol.interaction.Draw 的参数中，source 为矢量数据源，style 为绘制时要素的样式，type 表示要素类型，可以绘制的类型有 Point、LineString、Polygon、MultiPoint、MultiLineString、MultiPolygon、Circle。

```
const draw = new ol.interaction.Draw({
    source: vectorSource,
    style() {
        const style = {
            fill: new ol.style.Fill({
                color: 'rgba(255, 0, 0, 0.5)'
            }),
            stroke: new ol.style.Stroke({
```

```
                color: 'rgba(255, 0, 0, 1)',
                width: 2
            })
        }
        return new ol.style.Style({
            image: new ol.style.Circle({
                radius: 5,
                ...style
            }),
            ...style
        })
    },
    type: 'Polygon'
});
map.addInteraction(draw);
```

当绘制结束，需要终止绘制操作时，可以通过注册 drawend 事件来完成，例如通过如下代码可以实现绘制结束后禁用绘制交互，不再连续绘制。

```
draw.on('drawend', () => {
    draw.setActive(false)
})
```

2. MapboxGL 绘制

MapboxGL 中的绘制可通过插件 mapbox-gl-draw 来实现。

下列代码展示了 MapboxGL 中图形绘制的实现。使用时需先引入插件所需的文件，然后通过 new MapboxDraw() 创建一个绘制控件，最后将绘图控件添加到地图上即可。

```
import MapboxDraw from "@mapbox/mapbox-gl-draw";
import '@mapbox/mapbox-gl-draw/dist/mapbox-gl-draw.css'
const Draw = new MapboxDraw();
map.addControl(Draw, 'top-left');
```

3. Leaflet 绘制

Leaflet 中要素的绘制可通过扩展插件 Leaflet.draw 实现。通过 L.Control.Draw 创建绘制控件时，需要设置 position 参数来指定空间展示的位置，draw 参数控制绘制时的样式，包括线宽、颜色、填充颜色、Marker 等。使用方法如下代码所示：

```
const customMarker = L.Icon.extend({
    options: {
        shadowUrl: null,
        iconAnchor: new L.Point(12, 12),
        iconSize: new L.Point(24, 24),
        iconUrl: 'link/to/image.png'
    }
});
const options = {
    position: 'topright',
    draw: {
        polyline: {
            shapeOptions: {
                color: '#f357a1',
                weight: 4
            }
        },
        polygon: {
            shapeOptions: {
```

```
                color: '#bada55'
            }
        },
        marker: {
            icon: new customMarker()
        }
    }
};
const drawControl = new L.Control.Draw(options);
map.addControl(drawControl);
```

10.2.3　编辑要素

地图编辑是指对地图上的矢量数据（图层）进行的编辑，包括要素的创建、要素的修改（包含位置和属性两方面）、要素的删除等操作。

在一些业务系统中，地图编辑是一项比地图展示更加重要的功能，如线上修改一个 POI 的描述信息；将一个快递点的负责人姓名由 A 换成 B，或者修改一个快递点收派货物的范围，并将更正后的信息同步到其他所有用户。这时需要 WebGIS 开发人员通过代码来实现的功能包括点的属性信息修改、面的范围修改等。诸如此类，还有许多更加复杂的功能。

本节所列举的主要以矢量要素空间信息和几何形状的修改为主，属性信息的修改相对比较简单，一般通过常规的 UI 交互实现，在本书中未做列举。一般来讲，复杂功能都是通过简单功能组合而来的，所以，掌握好矢量数据的基础操作，将简单的操作进行组合，可以实现更加复杂和高级的操作。

需要说明：本节中的示例由于代码体量过大，在示例处并未全部展示，完整代码请参考本书资源包中 /map-tools 目录中文件。

1. 编辑类型

1）点图层编辑

点图层的编辑通常包括创建点、修改点、删除点。常见的创建点的方式包括在地图上通过单击鼠标创建，输入坐标点创建，通过 CSV、JSON、EXCEL、XML 等格式批量创建。修改点的交互方式一般都是选中点之后拖曳或者直接输入其经纬度修改点的位置。删除点一般需要经过确认再执行，常见于单击 / 右击后，弹出删除按钮，经确认删除之后再执行删除。

如图 10-2 所示，图中蓝色点是通过单击创建的，通过鼠标拖曳后，移动到红色点的位置，并将点的颜色变为了红色。

2）线图层编辑

线的编辑包括线的创建、线的编辑、线的删除、打断线、合并线等操作。常见的创建线的方式包括在地图上绘制或通过 CSV 等格式批量导入。

线的编辑主要指线的几何形状的编辑，包括线移动、线节点的编辑。线的移动操作一般是通过选中线，通过鼠标将线位置整体移动。如图 10-3 所示，选中后，线的颜色高亮显示，同时光标也变成了拖曳的符号，这时就可以将线整体拖曳。线节点的编辑主要是通过鼠标移动线上的点，从而修改线的形状。

图 10-2　点图层编辑

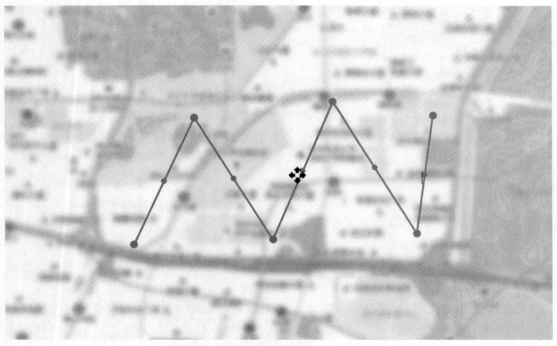

图 10-3　线图层移动

　　打断线是通过选中一条线，再绘制另外一条线，根据绘制的线和选中线的交点，将选中的线分割成多条线段。如图 10-4 所示，图中 1 号高亮实线为要被打断的线，2 号蓝色的虚线为绘制的用来进行打断的线。绘制结束后，原本的线就被拆分成 a、b、c、d 四段。

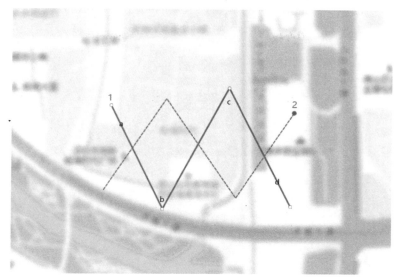

扫码看彩图

图 10-4 线图层打断

和并线是与打断线相反的操作，它是将相连的两条或者多条线连接成一条线。如图 10-4 中被打断的 a、b、c、d 四段线，还可以将它们合并成一条完整的线段。

线的删除一般也是通过右击或者选中后单击"删除"按钮的方式，经最终确认后删除。如图 10-5 所示，右击后弹出两个按钮："移动"和"删除"。"移动"按钮可以对线进行整体移动，单击"删除"按钮，经确认后便可将线删除。

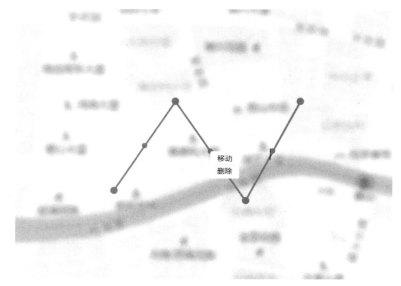

图 10-5 删除线

3）面图层编辑

面图层的编辑包括创建面、修改面、删除面、切割面、合并面等操作。面的创建比点和线稍微复杂一点，常见的创建方式有绘制和批量导入。创建的面类型有不规则多边形、圆形、矩形等。面的修改和线类似，包括面移动和节点编辑。如图 10-6 所示，可以整体移动面，也可以对面图层中的节点进行编辑，节点的编辑与线节点的编辑一致。

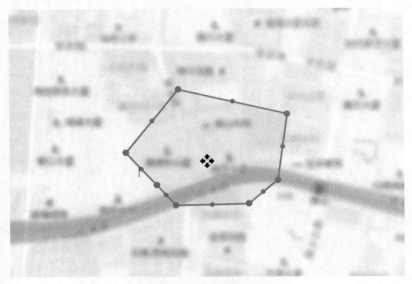

图 10-6　移动和编辑面

面的切割是选中面之后在面上绘制一条线，根据绘制的线将面拆分成两个或者多个面。如图 10-7 所示，通过在多边形中间绘制的这条虚线，就可以将多边形分割成两个多边形。

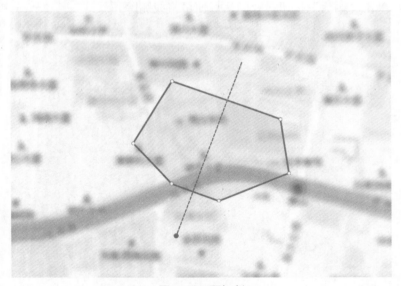

图 10-7　面切割

合并面是将多个相邻或者叠加的面合成一个面。如图 10-8（a）所示，两个多边形 A、B 合并后，就形成了图 10-8（b）中所示的一个完整的多边形。

面的删除逻辑与点、线的逻辑一致，面的删除也可以通过右击或者按钮的方式进行删除。如图 10-9 所示，可以通过"删除"按钮，将图中的多边形删除。

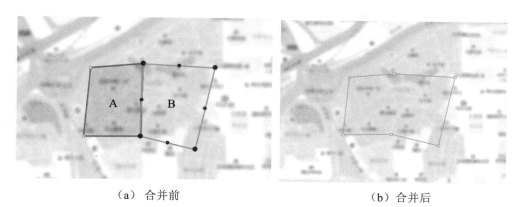

扫码看彩图

（a）合并前　　　　　　　　　　　　（b）合并后

图 10-8　面合并

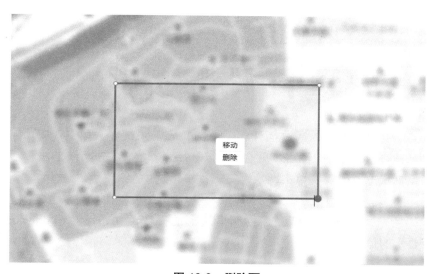

图 10-9　删除面

2. OpenLayers 编辑实现

OpenLayers 框架中通过 ol.interaction.Modify 来实现矢量数据的编辑。在编辑前，需要配合 Select 交互选择需要编辑的要素。

具体实现过程如下代码所示，首先通过 ol.interaction.Select 创建一个 select 交互，用于选中要素。其次，通过 ol.interaction.Modify 创建一个编辑要素。然后，注册 select 事件，若有要素选中，则激活编辑。最后，编辑结束，编辑失活。

1）创建 select 交互

```
var selectSingleClick = new ol.interaction.Select({
    condition: ol.events.condition.singleClick,
    layers: [vectorLayer],
    multi: false,
    style() {
        return new ol.style.Style({
            fill: new ol.style.Fill({
                color: 'rgba(0, 0, 255, 0.1)'
            }),
            stroke: new ol.style.Stroke({
```

```
                    color: 'rgba(0, 0, 255, 1)',
                    width: 2
                })
            })
        }
    });
    map.addInteraction(selectSingleClick);
    selectSingleClick.setActive(false)
```

2）创建编辑工具

```
var modify = new ol.interaction.Modify({
    source: vectorSource
});
map.addInteraction(modify);
modify.setActive(false)
```

3）激活与结束编辑交互

```
selectSingleClick.on('select', e => {
    if(e.selected.length > 0) modify.setActive(true)
})
modify.on('modifyend', e => {
    modify.setActive(false)
})
```

3. MapboxGL 编辑实现

MapboxGL 中的编辑可以通过插件 mapbox-gl-draw 来实现。如下代码所示，mapbox-gl-draw 插件在创建了绘制插件后，就会自动开启编辑功能。在操作上，激活一个要素，让其变成可编辑状态一般需要单击两次，第一次单击选中要素，第二次单击才会激活编辑功能。

如下代码所示，添加时默认激活绘制多边形的操作，并通过注册 draw.update 事件，获取编辑后要素的信息。

```
const draw = new MapboxDraw({
    defaultMode: 'draw_polygon'
});
map.addControl(draw);
map.on('draw.update', e => {
    console.log(e)
});
```

4. Leaflet 编辑实现

在 Leaflet 中，要素的编辑也是通过插件实现的。Leaflet 中使用的插件为 Leaflet.draw，如下代码所示，在初始化绘制插件时，在 draw 对象中配置 edit 参数，就可以对矢量要素进行编辑。edit 参数中 featureGroup 表示可编辑的要素集合，remove 表示是否可删除要素。

```
const editableLayers = new L.FeatureGroup();
map.addLayer(editableLayers);
const options = {
    position: 'topright',
    draw: {
        ...//do something,
        edit: {
            featureGroup: editableLayers,
            remove: false
        }
    }
```

```
};
const drawControl = new L.Control.Draw(options);
map.addControl(drawControl);
```

10.2.4 地图捕捉

地图捕捉是在绘制或者编辑矢量要素时，让操作的点能够自动依附到已有的要素上面，可以让用户在地图上的选择、标注、编辑等操作更加精准和方便，避免出现一些拓扑错误或者多边形的不重合等。常见的地图捕捉交互包括点捕捉、线捕捉、面捕捉。

1. OpenLayers 中创建捕捉交互

OpenLayers 中通过 ol.interaction.Snap 类创建一个捕捉交互，这个交互可以被添加到地图中，支持各种几何对象类型，包括点、线和面等，还提供了一些可自定义的选项，例如捕捉容差。需要注意：只有开启了绘制或者编辑交互，捕捉交互才能够生效。所以，捕捉交互一般是在绘制或者编辑交互之后添加并激活。如下代码所示，首先通过使用 ol.interaction.Draw 创建了一个绘制交互，并将其添加到地图中。

```
var draw = new ol.interaction.Draw({
    source: vectorSource,
    type: 'LineString',
    style: new ol.style.Style({
        stroke: new ol.style.Stroke({
            color: 'red',
            width: 2
        })
    })
});
map.addInteraction(draw);
```

然后再通过 ol.interaction.Snap 类创建一个捕捉交互。其中，传入的 source 参数表示将捕获该数据源中的要素，与绘制或编辑交互中的 source 参数为同一数据源。

```
// 创建一个 snap
const snap = new ol.interaction.Snap({source: vectorSource});
// 在地图中添加该交互
map.addInteraction(snap);
```

WebGIS 中实现地图捕捉和设置捕捉容差时，需要考虑到不同地图级别的分辨率。在实际实现时有两种方式：一种方式是根据当前地图级别和捕捉容差，计算在当前级别下、当前坐标下对应的捕捉容差值，再根据空间关系判断。另一种是用计算机图形的方式，根据捕捉的容差获取捕捉到的屏幕坐标，再将屏幕坐标转换为地理坐标。

OpenLayers 框架中的计算方法是，通过 getPixelFromCoordinate 将地理坐标转换为屏幕坐标，再判断是否在容差范围内，采用的是第一种实现方式。以下是 OpenLayers 框架实现捕捉的核心代码：

```
const getResult = () => {
    if (closestVertex) {
        const vertexPixel = map.getPixelFromCoordinate(closestVertex);
        const squaredPixelDistance = squaredDistance(pixel, vertexPixel);
        if (squaredPixelDistance <= squaredPixelTolerance) {
            return {
                vertex: closestVertex,
                vertexPixel: [
```

```
                    Math.round(vertexPixel[0]),
                    Math.round(vertexPixel[1]),
                ],
                feature: closestFeature,
            };
        }
    }
    return null;
};
```

下面的代码结合 OpenLayers，实现了面捕捉、线捕捉、点捕捉的功能，读者可以尝试理解下面的代码，以更好地掌握捕捉实现的原理。

```
// 捕捉面
_getPolygonSnapPoint (coords, polygon, dis) {
    const line = polygonToLine(polygon) // 面转线
    let res = []
    if (line.features) { // 多条线
        const fetures = line.features
        for (let i = 0; i < fetures.length; i++) {
            res = this._getLineSnapPoint(coords, fetures[i], dis)
            if (res.length > 0) break
        }
    } else {
        res = this._getLineSnapPoint(coords, line, dis) // 单条线时进行点捕捉
    }
    return res
}
// 捕捉线
_getLineSnapPoint (coords, line, dis) {
    let result = []
    if (line.geometry.type === 'MultiLineString') {
        const coordinates = line.geometry.coordinates
        for (let i = 0; i < coordinates.length; i++) {
            const _line = lineString(coordinates[i])
            // 点到线的距离
            const dist = pointToLineDistance(coords, _line)
            // 距离小于容差值，返回该点
            if (dist < dis) {
                const pointLine = nearestPointOnLine(_line, coords)
                result = pointLine.geometry.coordinates
                break
            }
        }
    } else {
        const dist = pointToLineDistance(coords, line)
        if (dist < dis) {
            const pointLine = nearestPointOnLine(line, coords)
            result = pointLine.geometry.coordinates
        }
    }
    return result
}
// 捕捉点
_getPointSnapPoint (coords, point, dis) {
    let result = []
    const dist = distance(coords, point)
    if (dist < dis) {
        result = point.geometry.coordinates
    }
    return result
}
```

2. Leaflet 中创建捕捉交互

Leaflet 框架本身没有实现捕捉功能，想要创建一个捕捉交互，可以通过一些第三方插件或自定义开发来实现，如 Leaflet-Geoman。Leaflet-Geoman 插件包括基本的点、线、面绘制和编辑功能，提供了丰富的地图捕捉功能，包括吸附到对象、吸附到网格、吸附到角度等。使用 Leaflet-Geoman 实现地图捕捉的过程包括创建地图、添加地图插件、启用地图编辑、添加捕捉。具体实现代码如下：

```
// 创建地图
var map = L.map('map').setView([51.505, -0.09], 13);
// 添加地图捕捉插件
map.pm.addControls();
// 启用地图编辑
map.pm.enableGlobalEditMode();
// 添加网格捕捉
map.pm.setGlobalOptions({
  snappable: true,
  snapDistance: 20,
  snapMiddle: true,
  snapSegment: true,
  snapToGrid: true,
  snapGrid: {
    size: 50,
    offset: {x: 0, y: 0 }
  }
});
// 添加方向捕捉
map.pm.setGlobalOptions({
  snapAngle: 45
});
// 添加距离捕捉
map.pm.setGlobalOptions({
  snapDistance: 20,
  snapIntersection: true,
  snapTooltip: true
});
```

需要注意，Leaflet-Geoman 只是其中一种插件，还有很多其他插件可以使用，或者开发者可以根据自己的需求自定义开发。

3. MapboxGL 中创建捕捉交互

MapboxGL 中，地图捕捉通过 mapbox-gl-draw 插件实现。这个插件可以让用户在地图上绘制点、线和面等几何要素，当用户绘制新的几何要素时，Mapbox-gl-draw 会自动捕捉到最近的地图要素，并将新要素的顶点或中点与最近地图要素对齐。

使用 Mapbox-gl-draw 插件实现地图捕捉的过程主要包括创建地图、添加地图捕捉插件、添加地图捕捉事件，实现过程如下。

（1）创建绘图工具。如下代码使用 MapboxDraw 类创建了一个绘制线的工具，并设置线的样式，然后将绘制工具添加到地图中：

```
var draw = new MapboxDraw({ // 创建绘制工具
    displayControlsDefault: false,
    controls: {
        line_string: true,
    },
    styles: [
```

```
        // 绘制样式
        {
            'id': 'gl-draw-line',
            'type': 'line',
            'paint': {
                'line-color': '#fbb03b',
                'line-dasharray': [0.2, 2],
                'line-width': 4,
                'line-opacity': 0.7
            }
        },
    ]
});
map.addControl(draw); // 将绘制工具添加到地图中
```

（2）启用捕捉选项。如下代码表示：

```
draw.on('draw.create', function(event) {
    var feature = event.features[0];

    if (feature.geometry.type === 'LineString') { // 如果是绘制线
        map.on('mousemove', function(e) {
            var nearestFeature = map.queryRenderedFeatures(e.point, {
                layers: ['gl-draw-line']
            })[0];

            if (nearestFeature) {
                var coords = feature.geometry.coordinates;
                coords[1] = nearestFeature.geometry.coordinates[1];
                feature.geometry.coordinates = coords;
                draw.set(feature);
            }
        });
    }
});
```

开启捕捉后，可绘制边界完全重合的多边形，如图 10-10 所示，三个多边形的边彼此完全重合，不存在拓扑错误。

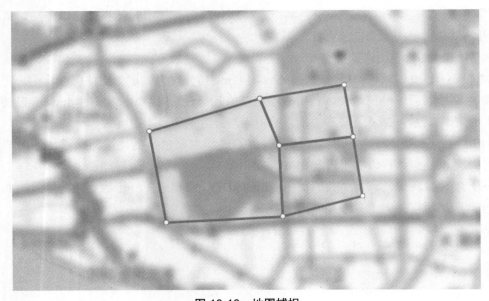

图 10-10　地图捕捉

10.3 地图叠加层

地图叠加层指的是覆盖在地图上的 dom 元素，会跟随地图的移动而移动，常见的有 Marker 和 Popup 两种，它们两者的区别如下。

（1）Marker 一般会展示多个，但展示的内容会比 Popup 少。

（2）Popup 一般只展示一个，可以展示更多的详细信息，并且大多数都有关闭按钮。

虽然从概念上对它们做了区分，但究其实质都还是 dom 元素，所以 OpenLayers 在设计时，将两者合成了一个概念——Overlay。下面结合三个框架，对两种地图弹出层的使用进行说明。

10.3.1 Marker

在 WebGIS 中，Marker（标记）是一种用于在地图上标识位置的图形元素。Marker 通常用于标记点、地点等地图要素，并可以与 Popup 结合使用，以显示相关信息。Marker 可以展示多个 dom 元素，下面以地图统计图为例，说明三个框架中 Marker 的使用。实现后的效果如图 10-11 所示，完整代码参考本书资源包中 chapter10-1.html 文件。

图 10-11　地图统计图

说明：该示例中使用了 Echarts 实现饼状图，作为一个 Marker 展示，图中每个统计图为一个 Marker。在使用中，还可以有更简单的方式，如一个简单的图标点等，读者可以尝试将其替换。

1. OpenLayers 实现

如下代码所示，通过 Marker 实现地图统计图。首先，获取数据。其次，在 addChart 方法中，使用 ol.Overlay 创建一个地图覆盖层，其参数包括 element 一个 dom 元素或 dom 元素的 id，position 为 Overlay 在当前地图中的位置，positioning 表示 Overlay 相对于 position 的位置，可能的值有 'bottom-left'、'bottom-center'、'bottom-right'、'center-left'、'center-center'、'center-right'、'top-left'、'top-center'、'top-right'。具体实现过程如下：

代码 10-1　OpenLayers 中 Marker 实现统计图

```
// 获取数据
fetch('data/capital.json').then(res => res.json()).then(res => {
  res.forEach(r => {
    addChart(r)
  })
})
// 添加图标
function addChart(data) {
  // 创建容器
  const ele = document.createElement('div')
  ele.classList.add('map-marker')
  // 新建地图覆盖
  const overlay = new ol.Overlay({
    element: ele,
    positioning: 'center-center',
    position: ol.proj.fromLonLat([data.lon, data.lat])
  })
  // 添加地图覆盖
  map.addOverlay(overlay)
  // 初始化 echart
  const echart = echarts.init(ele);
  // 设置 optio
  echart.setOption(option) n
}
```

2. Leaflet 实现

Leaflet 中的 Marker 类为 L.marker，如下代码所示，Marker 的创建需要传入两个参数：第一个参数为经纬度，使用 [lat,lng] 或 {lat,lng} 格式传入；第二个参数为配置参数，本例中只传入了 icon 参数，是通过 L.divIcon 创建的 div 图标。Leaflet 中 Marker 的使用有很多个参数，可以参考官方文档。

```
fetch('data/capital.json').then(res => res.json()).then(res => {
    res.forEach(r => {
        addChart(r)
    })
})
function addChart(data) {
    const myIcon = L.divIcon({
        className: 'map-marker',
        iconSize: 60
    });
    const marker = L.marker([data.lat, data.lng], {icon: myIcon}).addTo(map);
    const echart = echarts.init(marker.getElement());
    echart.setOption(option)
}
```

3. MapboxGL 实现

MapboxGL 中的 Marker 类为 mapboxgl.Marker，如下代码为 MapboxGL 中 Marker 的使用。创建一个 Marker，需要传入 dom 参数，并将其添加到地图中的指定位置。

```
fetch('data/capital.json').then(res => res.json()).then(res => {
    res.forEach(r => {
        addChart(r)
    })
})
```

```
function addChart(data) {
    const ele = document.createElement('div')
    ele.classList.add('map-marker')
    const marker = new mapboxgl.Marker({
        element: ele
    }).setLngLat([data.lon, data.lat])
        .addTo(map);
    const echart = echarts.init(marker.getElement());
    echart.setOption(option)
}
```

10.3.2　Popup

Popup 是一种交互式的信息展示方式，用于在地图上显示与地图要素相关的信息。与 Marker 不同，Popup 可以包含更多的信息，例如图表、表格、图片等，并且可以根据需要进行自定义样式和交互行为。Popup 一般是在单击或者定位地图后，在地图上弹出来的一个可关闭的弹出框。

下面的示例演示了单击地图，弹出 Popup 展示当前单击位置经纬度的功能，实现后的效果如图 10-12 所示，完整代码见本书资源包中的 chapter10-2.html 文件。

图 10-12　Popup 示例

Popup 可以为用户提供更多的地图信息和交互体验，WebGIS 框架中也提供了创建 Popup 的方法，用户可以轻松创建，并将其应用到地图的各种要素上。

1. OpenLayers 中的实现

OpenLayers 中实现一个 Popup 需要结合 HTML、CSS 和 JavaScript 一起完成，通过 HTML 定义 Popup 的结构，JavaScript 完成 Popup 的展示、关闭、数据更新等，再结合 CSS 设置 Popup 的样式。

1）定义 Popup 结构

```html
<div class="my-popup" id="myPopup">
    <div class="title">
        单击位置
        <div id="popupClose" class="close">X</div>
    </div>
    <div class="content">
        <span id="popupContent"></span>
    </div>
</div>
```

2）设置 Popup 样式

```css
.my-popup {
    white-space: nowrap;
    background-color: rgba(0,0,0, 0.8);
    border-radius: 0.5rem;
    --padding: 0.6rem;
    font-size: 0.8rem;
    position: relative;
    color: white;
}

.my-popup .title {
    font-weight: bold;
    width: 100%;
    padding: var(--padding);
    padding-bottom: 0;
}

.my-popup .close {
    float: right;
    cursor: pointer;
    font-size: 1.2rem;
    margin: -0.3rem 1.2rem;
}

.my-popup .content {
    padding: var(--padding);
}

.my-popup: after {
    content: ' ';
    position: absolute;
    width: 0;
    height: 0;
    border: 0.4rem solid transparent;
    border-top-color: rgba(0,0,0, 0.8);
    left: calc(50% - 0.4rem);
    top: 100%;
}
```

3）定义 Overlay 并进行展示

首先，通过 ol.Overlay 类创建一个 Overlay，并通过 map.addOverlay 方法将其添加到地图中。然后，注册地图事件，当在地图上单击时，通过 Overlay 的 setPosition() 方法设置 Overlay 的位置，并进行显示。

代码 10-2　OpenLayers 中 Popup 实现

```javascript
// 创建一个 Overlay
```

```
let overlay= new ol.Overlay({
    element: document.getElementById('myPopup'),
    positioning: 'bottom-center',
    position: null,
    offset: [0, -5]
})
// 添加到地图
map.addOverlay(overlay)
// 注册关闭事件
document.getElementById('popupClose').onclick = () => {
    overlay.setPosition(null)
}
// 地图单击事件
map.on('click', function (e) {
    const lonlat = ol.proj.toLonLat(e.coordinate)
    document.getElementById('popupContent').innerText = lonlat.map(v => v.
toFixed(4)).join(', ')
    overlay.setPosition(e.coordinate)
})
```

2. Leaflet 中的实现

Leaflet 中创建一个 Popup 的类为 L.popup，DOM 结构通过 L.popup 类的 .setContent()
方法传入，并使用 CSS 设置 Popup 样式。

（1）设置样式。

```
.leaflet-popup-content-wrapper,
.leaflet-popup-content {
    padding: 0;
    background: none;
    color: white;
    margin: 0;
}
.leaflet-popup-close-button {
    top: 0.3rem !important;
    right: 0.3rem !important;
    color: white !important;
}

.leaflet-popup-tip-container {
    display: none;
}
```

（2）创建 Popup。注册地图事件，通过 L.popup 类创建 Popup，并通过 Popup 的
.setContent() 方法添加 Popup 显示内容，通过 .setLatLng() 方法设置 Popup 显示位置。最
后，通过 popup.openOn() 方法实现在地图上弹出。

```
map.on('click', e => {
    const {lng, lat} = e.latlng
    if(popup) popup.remove()
    popup = L.popup({
        className: 'my-popup',
        offset: [0, -70]
    }).setLatLng(e.latlng)
        .setContent(`
            <div class="title">
                单击位置
            </div>
            <div class="content">
                <span>${[lng, lat].map(v => v.toFixed(4)).join(', ')}</span>
            </div>`
```

```
    );
    setTimeout(() =>{
        popup.openOn(map)
    }, 500)
})
```

3. MapboxGL

MapboxGL 中通过 mapboxgl.Popup 类创建 Popup。首先注册地图事件，通过 Popup
的 setLngLat 方法将其在指定位置弹出。Popup 显示内容的 HTML 通过 mapboxgl.Popup 类
的 .setHTML 方法传入。

1）修改 mapboxGL 中 Popup 的默认样式

```
.mapboxgl-popup-content {
    padding: 0;
    background: none;
}
.mapboxgl-popup-tip {
    display: none;
}
.mapboxgl-popup-close-button {
    color: white;
    font-size: 1.2rem;
    top: 0.3rem;
    right: 0.3rem;
}
```

2）添加 Popup

```
let popup = new mapboxgl.Popup({
    anchor: 'bottom',
    offset: [0, -18],
    className: 'my-popup'
}).setMaxWidth("130px")
map.on('click', e => {
    const {lng, lat} = e.lngLat
    popup.setLngLat(e.lngLat)
      .setHTML(`
          <div class="title">
              单击位置
          </div>
          <div class="content">
              <span>${[lng, lat].map(v => v.toFixed(4)).join(', ')}</span>
          </div>
      `)
      .addTo(map);
})
```

10.4 小结

本章主要介绍地图中的交互以及交互的使用场景与方式，地图交互包括基本交互、矢
量交互和弹出层交互。基本交互主要是通过鼠标、键盘等输入工具对地图进行操作。矢量
交互中，主要包括矢量要素的选择交互、绘制、编辑和地图捕捉，通过使用 OpenLayers、
Leaflet、MapboxGL 三个框架，演示各交互在不同框架中的实现。弹出层包括 Marker 和
Popup 两种，两者都是浮在地图上层随地图状态的变化而变化的，不同的是，Marker 展
现的内容比较简单，Popup 可以展现更多的信息，但从本质上来讲都是 dom 元素，将
Marker 与 Popup 结合使用，可以给用户提供更多的信息和交互体验。

三　维　篇

随着人们对时空信息需求的日益增长，地理信息系统及相关技术已逐渐渗入社会各行各业，并得到广泛应用。三维 GIS 将地理学、几何学、计算机科学、CAD 技术、遥感技术、GPS 技术、互联网、多媒体技术和虚拟现实技术等融为一体，利用计算机图形学与数据库技术采集、存储、编辑、显示、转换、分析和输出地理图形及其属性数据，并根据需要将这些信息图文并茂地输送给用户，便于分析及决策。由于其表达真实性、信息丰富、呈现直观等特点已成为地理信息科学领域的重要发展方向，为数字城市、交通规划等提供了必不可少的技术支撑。本篇介绍三维 GIS 最新的发展趋势和概念，也对三维相关的技术进行简单介绍，同时就三维 WebGIS 开发时最常用的框架——Cesium 的使用进行简单介绍。

第11章　三维GIS

11.1　概述

11.1.1　产生与发展

随着计算机技术与网络技术的发展，GIS 技术的应用也逐渐深入。传统的二维地图早已无法满足现代工业的需求，人们越来越希望从三维空间的视角来处理问题和解决问题。21 世纪初，三维地理信息系统（后文简称"三维 GIS"）逐步向我们走来，20 多年来经历了漫长而曲折的 4 次浪潮：首先是 21 世纪初地形三维可视化和三维地形分析的出现，引发了三维 GIS 的第一次浪潮。其次，基于全球剖分的三维 GIS 技术引发了第二次浪潮。第三次浪潮的出现，是始于二三维一体化 GIS 技术的出现与应用。最后，倾斜摄影、激光点云和 BIM 等新型三维数据采集和创作技术的诞生，引发了第四次浪潮。

三维 GIS 技术突破了空间信息在二维地图平面中单调表现的束缚，为各行各业以及人们的日常生活提供了更有效的辅助决策支持。在智慧城市建设与城市安全中，三维 GIS 更是发挥着日益重要的时空信息承载引擎和空间智能技术支撑的作用。大数据时代的到来，让其在 GIS 动态仿真、灾害模拟、辅助决策等方面具有不可替代的作用。

软件方面，早期的三维 GIS 是安装在计算机上的 PC 端软件，如 Google Earth、ArcGlobe、ArcScene、World Wind、Skyline 等。随着技术的发展，Skyline 等可以通过 IE 浏览器的插件使用三维 GIS。2011 年 3 月，WebGL 1.0 规范发布后，使得在无须安装插件的情况下，仅用浏览器就可实现高质量的三维可视化效果和强大的 GIS 功能。至此，无论是 PC 端还是移动端，只要有浏览器，就能使用三维 GIS，常见的软件如 Arcgis for js 4+、Supermap Client、MapboxGL2+、Cesium 等。随着游戏技术的发展以及游戏场景展现出来的优势，三维 GIS 也开始使用 UE4、Unity 等技术来提升三维场景渲染的效果和沉浸感，如 Cesium for Unreal、Unity/UE4+SuperMap 等。

11.1.2　新兴概念

近些年，自然资源三维立体"一张图"和国土空间规划等应用需求、实景三维中国建设、新基建下的 BIM+GIS、CIM、数字孪生、元宇宙等的出现，共同推动着三维 GIS 技术不断创新发展，从而打造出多行业、新型的三维 GIS 应用。"十四五"时期，时空信息作为国家重要的新型基础设施。在万物互联的新时代，实景三维建设是实现智慧城市建设与管理精细化、动态化和智能化，构建数字孪生城市的重要基础底座。

1. BIM

BIM（Building Information Model，建筑信息模型）能够把建设工程项目全生命周期的工程信息、资源等集成在一个模型中，方便各参与方使用，是一个完备的三维空间和多维信息模型。通过三维数字技术模拟建筑物所具有的真实信息，为工程设计、施工和运维提供相互协调、内部一致的信息模型，实现设计、施工和运维一体化及各专业的协同工作，从而降低生产成本、确保工程建设的速度和质量。在融合 BIM 和 GIS 技术的基础上，新基建牵引下的可视化、数字化、信息化转变，逐渐成为了一些行业的共识。例如，在一些工程项目中，设计必须要结合地质、自然保护区、行政区划、国土空间规划、耕地保护等因素，进行设计方案的合理性评价。将工程规划的 BIM 模型引入 GIS 平台中，实现BIM 与无人机实景三维模型、影像地形、CAD、点云、GIS 矢量数据等多元空间数据的融合，将微观设计数据与宏观地理环境联系起来，为方案决策等提供信息化支持。

2. CIM

CIM（City Information Model，城市信息模型）是以三维 GIS 和 BIM 技术为基础，集成并利用互联网、物联网、云计算、大数据、虚拟现实、增强现实、人工智能等先进技术，进行数据采集、分析、整合、挖掘、信息展示等，以反映城市规划建设、发展和运行的情况，助力城市规划、城市建设和城市管理等。CIM 的核心是 BIM、GIS 和 IOT（物联网），通过 GIS 提供的城市基础信息等，正是 CIM 得以实现的基本要素之一。

3. 智慧城市

智慧城市是充分运用信息和通信技术手段感测、分析、整合城市运行核心系统的各项关键信息，从而对包括民生、环保、公共安全、城市服务、工商业活动在内的各种需求做出智能响应，为人类创造更美好的城市生活。智慧城市的组成包括智慧物流体系、智慧制造体系、智慧贸易体系、智慧能源应用体系、智慧公共服务、智慧社会管理体系、智慧交通体系、智慧健康保障体系、智慧安居服务体系、智慧文化服务体系等。三维 GIS 技术大幅度提升了信息的承载量，增强了信息表达的可视化效果，提高了数据的准确性，使得智慧城市的建设和运行更加稳定。

4. 数字孪生

数字孪生是一个虚拟模型，用于准确地反映物理对象。所研究的对象（例如风力涡轮）会配备各种与重要功能领域相关的传感器，这些传感器产生与物理对象不同方面的性能相关的数据，如能量输出、温度、天气条件等。然后，这些数据将转发到处理系统并应用于数字副本。获得这类数据后，虚拟模型就可以用来运行模拟，研究性能问题和生成可能的改进，最终目的是产生有价值的见解，而见解又可以反过来应用于原始物理对象。

GIS 创建自然环境和人工环境的数字孪生体并以独特方式集成多种类型的数字模型。地理空间技术连接了不同类型的数据和系统，以创建可在工程的整个生命周期中进行访问的单个视图。GIS 增强了数据捕获和集成，实现更好的实时可视化，提供对未来预测的高级分析和自动化，同时支持信息共享和协作。

例如，在城市建设中，城市基础时空地理数据作为智慧城市的数字底板，就是现实空间中的城市环境在信息空间中的数字孪生重建。在信息空间中对复杂城市环境进行全面、透彻的高逼真可视化表达，一方面需要在信息空间中建立与现实世界一致的三维立体空间框架，实现对整个城市三维立体空间的统一描述，如进行三维复杂模型的自动简化，以保证城市三维场景的加载效率和存储的优化利用；另一方面需要集成融合建筑、交通、水系、植被、管线、场地、地质、城市部件等多类要素的三维数据，实现城市多尺度表达的全空间可视化，保证不同场景下三维模型切换的流畅性。城市模型的加载、模型切换，这些都在基于三维 GIS 的场景中进行，要达到以上目的除建立更好的模型外，还需要依托三维 GIS 的开发技术，才能够实现。

5. 元宇宙

元宇宙是描述未来互联网迭代的概念，由连接到一个可感知的虚拟宇宙的持久、共享的 3D 虚拟空间组成。广义上的元宇宙不仅指虚拟世界，还指整个互联网，包括增强现实的整个范围。元宇宙是孪生的数字世界，其三维数字底座包含地形、地貌、地下空间（地质、管廊、管线等）以及地上的各种构造物等各种体模型数据。现实世界的动态感知系统（物联网）捕获的实时信息与数字世界中的点、线、面、体等各种 GIS 数据进行关联，实现数字世界与现实世界的同步。GIS 提供强大的空间分析能力、大数据处理能力，能够快速挖掘数字世界中历史数据、实时数据背后的价值，为元宇宙贡献空间的智慧，并反作用于现实世界，辅助更加科学、合理的决策。GIS 在技术上赋能了元宇宙的发展，为元宇宙提供了技术、数据和模型，以及虚拟地址空间和地理资源信息。同样，元宇宙也加速了 GIS 的技术变革，推动了三维 GIS 的发展。

11.2　WebGL

WebGL（Web Graphics Library）是一种三维绘图协议，是基于 OpenGL ES 的 JavaScript API，可以为 HTML 5 Canvas 提供硬件三维加速渲染，这样 Web 开发人员就可以借助系统显卡在浏览器里更流畅地展示三维场景和模型，还能创建复杂的导航和数据视觉化。随着技术和硬件的发展，大部分三维 GIS 都是基于 WebGL 实现的。本节主要对常用的基于 WebGL 的三维 GIS 框架进行讲述。

1. Three.js

Three.js 是一款运行在浏览器中的三维引擎，可以用来创建各种三维场景，包括摄影机、光影、材质等各种对象。Three.js 对 WebGL 提供的接口进行了非常好的封装，简化了很多细节，大大降低了学习成本。

2. Babylon.js

Babylon.js 是一个 JavaScript 开源框架，基于 WebGL 和 TypeScript 语言开发，官方网站是 http://www.babylonjs.com。Babylon.js 用于为 Web 开发三维应用程序 / 视频游戏，它提供了一套功能强大且全面的工具和功能，用于构建高性能图形应用。使用 Babylon.js 框架对用户来说很容易，它包含创建和管理三维对象、特效和声音等所需的所有工具，无论是想创建虚拟现实体验、建模和渲染复杂的场景，还是制作各种类型的游戏，Babylon.js 都可以提供所需的工具和功能。

3. PlayCanvas

PlayCanvas 是一款游戏引擎，集 UI、二维、三维、编辑器于一体，结合了物理、光影、音效等工具，用于创建一个复杂的界面。

（1）图形：基于 WebGL1 和 2 构建的高级二维 + 三维图形引擎。

（2）动画：强大的基于状态的动画，用于角色和任意场景属性。

（3）物理：与三维刚体物理引擎 Ammo.js 完全集成。

（4）输入：鼠标、键盘、触摸、游戏手柄和 VR 控制器 API。

（5）声音：基于 Web Audio API 构建的三维位置声音。

（6）资产：基于 glTF 2.0、Draco 和 Basis 压缩构建的异步流系统。

（7）脚本：使用 Typescript 或 JavaScript 编写游戏行为。

4. EchartGL

EChartsGL 为 ECharts 补充了丰富的三维可视化组件，因此如果读者对 ECharts 有一定了解，也可以很快上手。通过简单的配置，不需要了解 WebGL 和三维动画的原理也能轻易绘制出想要的图表。

5. deck.gl

deck.gl 是 Uber 开源的基于 WebGL 的地理大数据可视化框架，官方网址为 https://deck.gl/。deck.gl 设计目的是简化大数据集的可视化，它使用户能够通过现有层的组合，以有限的努力快速获得令人印象深刻的可视化结果，同时为将基于 WebGL 的高级可视化打包为可重用的 JavaScript 层提供完整的体系结构。

6. harp.gl

harp.gl 是用 TypeScript 编写的一个实验性的、开源的三维地图渲染引擎，使用此引擎有如下作用。

（1）开发具有视觉吸引力的三维地图。

（2）使用流行的 three.js 库，用 WebGL 创建高效动画和动态的地图可视化。

（3）创建可创建主题的地图，主题可以随时更改。

（4）通过高性能的地图渲染和解码创建平滑的地图体验。Web Workers 将 CPU 密集型任务并行化，以实现最佳响应。

（5）以模块化的方式设计地图，可以根据需要交换模块和数据提供程序。

7. L7

L7 是由蚂蚁集团 AntV 数据可视化团队推出的基于 WebGL 的开源大规模地理空间数据可视分析引擎。L7 专注于空间数据的可视化表达，以图形符号学为理论基础，将抽象复杂的空间数据转换成二维、三维符号，通过颜色、大小、体积、纹理等视觉变量实现丰富的可视化表达。另外，L7 可以很好地与高德地图或者 MapboxGL 进行结合。

8. Cesium

Cesium 是一个跨平台、跨浏览器的展示三维地球和地图的 JavaScript 库。使用 WebGL 进行硬件加速图形，使用时不需要任何插件支持，但是浏览器必须支持 WebGL。基于 Apache2.0 许可的开源程序，可以免费用于商业和非商业用途。Cesium 具有以下特点。

（1）支持二维、2.5 维、三维形式的地图展示。

（2）可以绘制各种几何图形、高亮区域，支持导入图片甚至三维模型等多种数据可视化展示。

（3）用于动态数据可视化，并提供良好的触摸支持，支持绝大多数的浏览器和移动端。

（4）Cesium 还支持基于时间轴的动态数据展示。

11.3 Cesium 三维开发

Cesium 是开源的三维 WebGIS 框架，用户较多、功能齐全、上手容易，很多三维 WebGIS 框架都是在其开源源代码的基础上进行再开发、封装、优化，如超图的 SuperMap iClient3D for Cesium、火星科技的 mars3d 等。Cesium 能够支持 OBJ、GLTF、OSGB/ BIM/ MAX/ SKP 模型（转换成 3D Tile），支持 GEOJSON、SHP、KML 等数据源，且拥有比较丰富的生态、文档和教程，拥有众多的优秀案例。

Chrome 浏览器 41.0 及以上系统的版本，均能够支持 Cesium 的使用。本节对 Cesium 的使用及相关 API 进行说明，并附带简单的使用示例。

11.3.1 Cesium 引用

Cesium 的引用方式有两种，一种方式是通过官网下载 Cesium 安装包，然后使用 script 标签引用。这种引用方式比较简单，比较方便学习或者适合小型项目的开发。下载安装包后，引用方式如下：

```
<link type="text/css" href="/lib/cesium/Widgets/widgets.css">
<script src="/lib/cesium/Cesium.js"></script>
```

另一种方式是通过 npm 的方式引用。Cesium 支持通过 npm 的方式引用，引用前需要先通过命令 npm install cesium –S 安装依赖，如果是 vite 工程，还需要安装 vite 依赖插件 npm i vite-plugin-cesium –D，之后在 vite.config.js 中配置 Cesium 启动项。

```
// vite.config.js 文件中增加配置
import { defineConfig } from 'vite'
import vue from '@vitejs/plugin-vue'
import cesium from 'vite-plugin-cesium';

export default defineConfig({
  plugins: [vue(), cesium()]
})
```

项目配置完成后，就可以在 Vue 工程项目中进行引入使用。Cesium 可以以按需和全量两种方式引用，按需引用方式为：

```
import { Viewer } from 'cesium';
import './css/main.css';
// 创建 viewer
const viewer = new Viewer('cesiumContainer');
全量引用并创建 viewer:
import * as Cesium from 'cesium';
const viewer = new Cesium.Viewer('cesiumContainer')
```

11.3.2 Cesium 核心类

Cesium 核心类包括 Viewer、Scene、ScreenSpaceEventHandler、CesiumWidget、Entity、Camera 和 DatasourceCollection。

1. Viewer

Viewer 是 Cesium 的基础类也是核心类，用于显示 3D 场景的组件。它提供创建和控制 3D 场景所需的所有基本功能，包括加载 3D 模型、添加图像覆盖物、设置相机位置和方向、处理用户输入等。在创建 Viewer 时，可以指定要使用的 HTML 元素（例如 Canvas），该元素将用于呈现 3D 场景。一旦创建了 Viewer 对象，就可以通过调用其方法来添加实体、图像覆盖物和其他元素，并对相机进行操作。

2. Scene

如图 11-1 所示，Scene 场景是所有 3D 图形对象的容器（HTML canvas），是由 Viewer 或 CesiumWidget 内部隐式创建的。场景对象中可以控制 Globe（地球）（imageryLayers 底图、terrainProvider 地形）、camera（相机）、skyBox（天空盒）、Sun（太阳）、Moon（月亮）、primitives（默认矢量数据层）、postProcessStage（后处理效果）等。

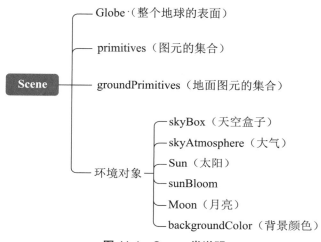

图 11-1　Scene 类说明

3. ScreenSpaceEventHandler

响应鼠标单击事件，通过对单击、右击、双击等方式为鼠标动作创建一个监听，通过拾取屏幕坐标位置获取添加实体或矢量，实现诸如高亮等功能。常用监听图形操作的事件如下。

（1）鼠标单击事件：Cesium.ScreenSpaceEventType.MOUSE_CLICK。

（2）鼠标移动事件：Cesium.ScreenSpaceEventType.MOUSE_MOVE。

（3）鼠标滚轮事件：Cesium.ScreenSpaceEventType.WHEEL。

4. CesiumWidget

CesiumWidget 是包含 Cesium 场景的部件，CesiumWidget 与 Scene 是包含关系，而 CesiumWidget 与 Viewer 在某种意义上是并列关系，因为无论是使用 CesiumWidget 还是 Viewer，都可以创建出一个三维地球。三者之间的关系如图 11-2 所示。

5. Entity

Entity 定义了一组高级对象，把可视化和信息存储到统一的数据结果中的对象称为 Entity。Entity 更加关注数据展示而不是底层的可视化机制，提供了方便于创建复杂的、与静态数据相匹配的、随时间变化的可视化效果。Entity 内部也是使用了 Primitive，它的实现细节无须关心，Entity 提供了一些一致性的、容易学习和使用的接口。通常使用 viewer.entities.add 方法进行添加 Entity 矢量数据，或使用 CustomDataSource 对象进行管理。

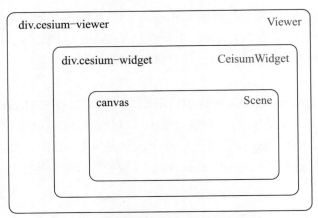

图 11-2　给出具体名称三者之间的关系

6. Camera

Camera 控制场景的视图。有很多方法可以操作 Camera，如旋转（rotate）、缩放（zoom）、平移（pan）、飞到目的地（flyTo）等。CesiumJS 有鼠标和触摸事件用来处理与 Camrea 的交互，还有 API 来以编程方式操作摄像机。

7. DatasourceCollection

DatasourceCollection 为可支持的数据源，如 czml、geojson、kml 等，不同的文件类型只是为了用不同方式输入数据结构而已，本质上内部还是转换为 Entity 对象保存。

11.3.3　基础使用教程

1. 创建一个 Viewer

下面通过简单的代码创建一个 Viewer，代码中需要的 Access Tokens 可在 Cesium 网站 https://cesium.com/ion/ 进行注册申请。

```
<!DOCTYPE html>
<html lang="en">
<head>
    <meta charset="UTF-8" />
    <link rel="icon" type="image/svg+xml" href="public/vite.svg" />
     <link rel="stylesheet" type="text/css" href="public/lib/cesium/Widgets/
widgets.css">
    <meta name="viewport" content="width=device-width, initial-scale=1.0" />
    <title>viewer</title>
    <style>
        html, body, .container {
            padding: 0;
            margin: 0;
            width: 100%;
            height: 100vh;
            overflow: hidden;
        }
    </style>
</head>
<body>
<div id="container" class="container"></div>
<script src="public/lib/cesium/Cesium.js"></script>
<script>
    Cesium.Ion.defaultAccessToken = '< 你申请的 token>';
```

```
    const viewer = new Cesium.Viewer('container');
</script>
</body>
</html>
```

上述代码运行后的效果如图 11-3 所示，界面可分为 9 部分。

（1）Geocoder：地名地址搜索，地点搜索默认使用必应地图。

（2）HomeButton：主页视图，可覆盖该按钮的方法，自定义主页视图。

（3）SceneModePicker：场景切换，可选择三维、二维或者 2.5D。

（4）BaseLayerPicker：基础图层选择器。

（5）NavigationHelpButton：视图操作说明。

（6）Animation：动画视图。

（7）CreditsDisplay：版权信息。

（8）Timeline：时间轴。

（9）FullscreenButton：全屏按钮。

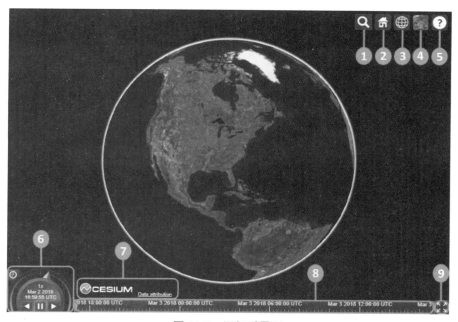

图 11-3　运行后界面

Viewer 的常见配置如表 11-1 所示。

表 11-1　viewer 的常见配置

类别	名称	类型	默认值	说明
控件	homeButton	Boolean	true	视角复位按钮
	sceneModePicker	Boolean	true	投影模式，有三种：三维、二维、哥伦布视图
	navigationHelpButton	Boolean	true	帮助按钮
	animaton	Boolean	true	左下角动画部件按钮

续表

类别	名称	类型	默认值	说明
控件	timeline	Boolean	true	下侧时间轴
	fullscreenButton	Boolean	true	全屏按钮
	shouldAnimate	Boolean	false	自动播放
	vrButton	Boolean	false	vr 模式按钮
	geocoder	Boolean	true	查找位置工具，查找到之后会将镜头定位至找到的地址
	infoBox	Boolean	true	信息框
	selectionIndicator	Boolean	true	单击选中提示框
参数	scene3DOnly	Boolean	false	3D 场景模式
	showRenderLoopErrors	Boolean	true	渲染出错弹窗
	sceneMode	SceneMode	SceneMode、SCENE3D	初始化场景模式
	terrainExaggeration	Number	1	地形夸张系数
	fullscreenElement	String	body	全屏时，渲染的 div 元素 id
图层	baseLayerPicker	Boolean	true	底图选择器
	imageryProviderViewModels	baselLayerPicker 为 true 时有效	createDefaultImageryProviderViewModels( )	可选底图组
	terrainProviderViewModels		CreateDefaultTerrainProviderViewModels( )	可选地形组
	imageryProvider		无	底图设置
	terrainProvider		new EllipsoidTerrainProvider( )	地形设置

通过结合表 11-1 中的说明，使用以下方式可以创建一个不含控件的三维地图界面。执行如下代码，效果如图 11-4 所示。

```
// 设置配置参数
const options = {
    infoBox: false,
    animation: false,
    timeline: false,
    geocoder: false,
    baseLayerPicker: false,
    homeButton: false,
    sceneModePicker: false,
    navigationHelpButton: false,
    fullscreenButton: false,
    vrButton: false,
    selectionIndicator: false,
    shouldAnimate: true
}
// 创建视图
const viewer = new Cesium.Viewer('container', options);
//去 cesium logo 水印
viewer.cesiumWidget.creditContainer.style.display = "none";
```

2. 配置 ImageryProvider

如果不做配置，Cesium 默认加载的是必应的地图，但是受网络的限制，必应地图的服务比较慢，有时甚至加载不出来，因此，需要配置国内的地图服务或者自己的地图服务。Cesium 提供的 ImageryProvider 类就可以完成这件事，它的子类如图 11-5 所示。

```
ImageryProvider
    |——UrlTemplateImageryProvider
        |——OpenStreetMapImageryProvider
    |——SingleTileImageryProvider
    |——WebMapServiceImageryProvider
    |——WebMapTileServiceImageryProvider
    |——TileMapServiceImageryProvider
    |——MapboxStyleImageryProvider
    |——ArcGisMapServerImageryProvider
    |——BingMapsImageryProvider
    |——GoogleEarthEnterpriseMapsProvider
    |——GridImageryProvider
    |——IonImageryProvider
    |——MapboxImageryProvider
    |——TileCoordinatesImageryProvider
```

图 11-4　不含控件的界面　　　　图 11-5　ImageryProvider 类及其子类

（1）通过 UrlTemplateImageryProvider 子类，可以配置底图为 xyz 的切片，如使用高德影像，实现方法如下：

```
const imgProvider = new Cesium.UrlTemplateImageryProvider({
    url: 'https://Webst0{s}.is.autonavi.com/appmaptile?style=6&x={x}&y={y}&z={z}',
    subdomains: ['1', '2', '3', '4']
})
options = {
    imageryProvider: imgProvider,
    ...options
}
const viewer = new Cesium.Viewer('container', options);
```

（2）通过 WebMapServiceImageryProvider 子类，可以配置 WMS 服务作为底图，实现方式如下：

```
const imgProvider = new Cesium.WebMapServiceImageryProvider({
    url : 'https://ahocevar.com/geoserver/wms',
    layers : 'ne:ne',
    parameters: {
        service: 'WMS',
        format: 'image/png',
        transparent: true
    }
})
options = {
    imageryProvider: imgProvider,
    ...options
}
const viewer = new Cesium.Viewer('container', options);
```

（3）SingleTileImageryProvider 子类可以配置底图为单张图片，实现方式如下：

```
const imgProvider = new Cesium.SingleTileImageryProvider({
```

```
    url: 'public/world.jpg'
})
options = {
    imageryProvider: imgProvider,
    ...options
}
const viewer = new Cesium.Viewer('container', options);
```

（4）同时，也可以将多个 ImageryProvider 叠加。将高德影像和标注一起叠加如下：

```
const imgProvider = new Cesium.UrlTemplateImageryProvider({
url: 'https://webst0{s}.is.autonavi.com/appmaptile?style=6&x={x}&y={y}&z={z}',
subdomains: ['1', '2', '3', '4']
})
options = {
    imageryProvider: imgProvider,
    ...options
}
const viewer = new Cesium.Viewer('container', options);
const lblImgProvider = new Cesium.UrlTemplateImageryProvider({
    url: 'http://wprd0{s}.is.autonavi.com/appmaptile?lang=zh_cn&size=1&x={x}&y={
y}&z={z}&scl=4&style=8&ltype=4',
    subdomains: ['1', '2', '3', '4']
})
viewer.scene.imageryLayers.addImageryProvider(lblImgProvider)
```

3. 配置 TerrainProvider

通过 TerrainProvider，实现地形高地起伏的效果，在使用中，可以通过 CesiumTerrain
Provider 来配置。

```
const terrainProvider = new Cesium.CesiumTerrainProvider({
    url: 'http://localhost: 8086/dem1',
    // 请求水波纹效果
    requestWaterMask: true,
    // 请求照明
    requestVertexNormals: true
});
options = {
    terrainProvider: terrainProvider,
    ...options
}
const viewer = new Cesium.Viewer('container', options);
```

为方便测试，可以使用 Cesium 实验室的工具进行制作，由于地形数据比较庞大，为
提高效率，将地形数据制作成了地形切片，其文件及组织如图 11-6 所示。

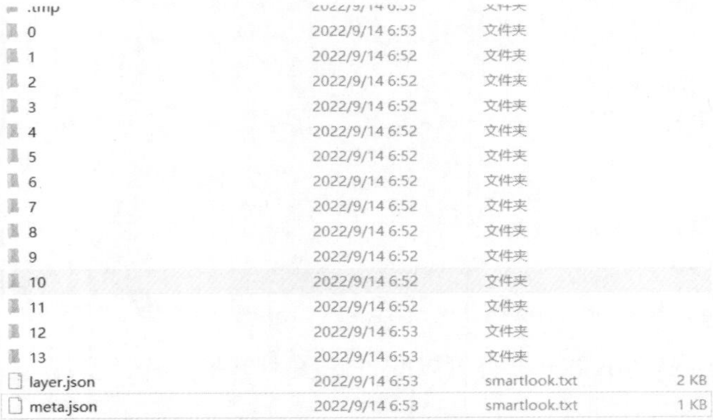

图 11-6　CesiumTerrainProvider 数据

具体如下。

（1）meta.json 为元数据描述信息，其内容如图 11-7（a）所示。

（2）layers.json 为图层信息的描述文件，其内容如图 11-7（b）所示。

（3）文件夹里面的文件为 *.terrain 的地形切片文件。

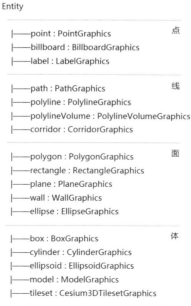

（a）meta.json　　　　　（b）layers.json

图 11-7　meta.json 和 layers.json 文件内容

4. 添加 Entity

Cesium 中的实体包括点、线、面、体几个大类，每个大类中都包含不同的小类。Cesium 中的实体类的类型如图 11-8 所示。

```
Entity

|——point : PointGraphics              点
|——billboard : BillboardGraphics
|——label : LabelGraphics

|——path : PathGraphics               线
|——polyline : PolylineGraphics
|——polylineVolume : PolylineVolumeGraphics
|——corridor : CorridorGraphics

|——polygon : PolygonGraphics         面
|——rectangle : RectangleGraphics
|——plane : PlaneGraphics
|——wall : WallGraphics
|——ellipse : EllipseGraphics

|——box : BoxGraphics                 体
|——cylinder : CylinderGraphics
|——ellipsoid : EllipsoidGraphics
|——model : ModelGraphics
|——tileset : Cesium3DTilesetGraphics
```

图 11-8　Cesium 中的实体

1）添加图标

添加图标的代码如下，运行效果如图 11-9（a）所示。

```
const entity = viewer.entities.add({
    id: 'entity' + val.id,
    name: val.name,
    // 位置
    position: Cesium.Cartesian3.fromDegrees(val.x, val.y),
    billboard: {
        image: faceImg,      // 图标
        scale: 1,            // 缩放比例
        horizontalOrigin: Cesium.HorizontalOrigin.CENTER,
        verticalOrigin: Cesium.VerticalOrigin.CENTER,
        heightReference: Cesium.HeightReference.CLAMP_TO_GROUND,
        rotation: Math.PI
    },
});
```

2）添加点

添加点的代码如下，运行效果如图 11-9（b）所示。

```
const entity = viewer.entities.add({
    name: val.name,
    position: Cesium.Cartesian3.fromDegrees(val.x, val.y),
    point: {
        pixelSize : 10,                // 点的大小
        color :Cesium.Color.YELLOW // 点的颜色
    },
    properties: val
});
```

3）添加标注

添加标注的代码如下，运行效果如图 11-9（c）所示。

```
const entity = viewer.entities.add({
    name: val.name,
    position: Cesium.Cartesian3.fromDegrees(val.x, val.y),
    label: {
        text: val.name, // 标注的内容
        font: 'bold 19px 微软雅黑 ',
        style: Cesium.LabelStyle.FILL_AND_OUTLINE,
        fillColor: Cesium.Color.RED,
        outlineColor: Cesium.Color.WHITE,
        outlineWidth: 3,
        verticalOrigin: Cesium.VerticalOrigin.CENTER,
        extrudedHeight: 1000
    },
    properties: val
});
```

扫码看彩图

（a）添加图标　　　　　　　　（b）添加点　　　　　　　　（c）添加标注

图 11-9　图标、点、标注展示

4）添加线

添加线的代码如下，运行效果如图 11-10（a）所示。

```
const redLine = viewer.entities.add({
    name: "Red line on terrain",
    polyline: {
        positions: Cesium.Cartesian3.fromDegreesArray([-75, 35, -125, 35]),
        width: 5,
        material: Cesium.Color.RED, // 线材质
        clampToGround: true,
    },
});
```

5）添加面

添加面的代码如下，运行效果如图 11-10（b）所示。

```
const redPolygon = viewer.entities.add({
    name: "Red polygon on surface",
    polygon: {
        hierarchy: Cesium.Cartesian3.fromDegreesArray([
            -115.0,
            37.0,
            -115.0,
            32.0,
            -107.0,
            33.0,
            -102.0,
            31.0,
            -102.0,
            35.0,
        ]),
        material: Cesium.Color.RED,
    },
});
```

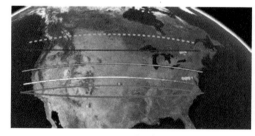

扫码看彩图

（a）添加线　　　　　　　　　　　　　（b）添加面

图 11-10　添加线和面

6）添加长方体

添加长方体的代码如下，运行效果如图 11-11（a）所示。

```
viewer.entities.add({
    name : 'Red box with black outline',
    position: Cesium.Cartesian3.fromDegrees(106.591202, 26.841079, 5000.0),
    box : {
        dimensions : new Cesium.Cartesian3(3000.0, 4000.0, 5000.0),
        material : Cesium.Color.RED.withAlpha(0.5),
        outline : true,
        outlineColor : Cesium.Color.BLACK
    }
});
```

7）添加拐角

添加拐角的代码如下，运行效果如图 11-11（b）所示。

```
var redCorridor = viewer.entities.add({
    name: "Red corridor on surface with rounded corners",
    corridor: {
        positions: Cesium.Cartesian3.fromDegreesArray([
            -100.0,
            40.0,
            -105.0,
            40.0,
            -105.0,
            35.0,
        ]),
        width: 200000.0,
        material: Cesium.Color.RED.withAlpha(0.5),
    },
});
```

扫码看彩图

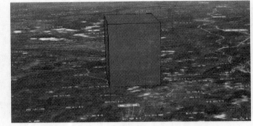

（a）添加长方体　　　　　　　　　（b）添加拐角

图 11-11　添加长方体和拐角

8）添加椭圆

添加椭圆的代码如下，运行效果如图 11-12（a）所示。

```
var greenCircle = viewer.entities.add({
    position: Cesium.Cartesian3.fromDegrees(-111.0, 40.0, 150000.0),
    name: "Green circle at height with outline",
    ellipse: {
        semiMinorAxis: 300000.0,
        semiMajorAxis: 300000.0,
        height: 200000.0,
        material: Cesium.Color.GREEN,
        outline: true,
    },
});
```

9）添加椭球体

添加椭球体的代码如下，运行效果如图 11-12（b）所示。

```
var blueEllipsoid = viewer.entities.add({
    name: "Blue ellipsoid",
    position: Cesium.Cartesian3.fromDegrees(-114.0, 40.0, 300000.0),
    ellipsoid: {
        radii: new Cesium.Cartesian3(200000.0, 200000.0, 300000.0),
        material: Cesium.Color.BLUE,
    },
});
```

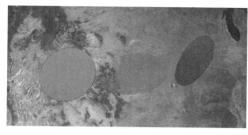

扫码看彩图

（a）添加椭圆　　　　　　　　　　　（b）添加椭球体

图 11-12　添加椭圆和椭球体

10）添加平面

添加平面的代码如下，运行效果如图 11-13（a）所示。

```
var bluePlane = viewer.entities.add({
    name: "Blue plane",
    position: Cesium.Cartesian3.fromDegrees(-114.0, 40.0, 300000.0),
    plane: {
        plane: new Cesium.Plane(Cesium.Cartesian3.UNIT_X, 0.0),
        dimensions: new Cesium.Cartesian2(400000.0, 300000.0),
        material: Cesium.Color.BLUE,
    },
});
```

11）添加墙体

添加墙体的代码如下，运行效果如图 11-13（b）所示。

```
var redWall = viewer.entities.add({
    name: "Red wall at height",
    wall: {
        positions: Cesium.Cartesian3.fromDegreesArrayHeights([
            -115.0,
            44.0,
            200000.0,
            -90.0,
            44.0,
            200000.0,
        ]),
        minimumHeights: [100000.0, 100000.0],
        material: Cesium.Color.RED,
    },
});
```

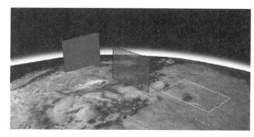

扫码看彩图

（a）添加平面　　　　　　　　　　　（b）添加墙体

图 11-13　添加平面与墙体

12）添加模型

添加模型的代码如下，运行效果如图 11-14（a）所示。

```
viewer.entities.add({
    name: '/model/car.glb',
    position:  Cesium.Cartesian3.fromDegrees(
        106.591202, 26.841079,
        0
    ),
    model: {
        uri: '/model/car.glb',
        minimumPixelSize: 128,
        maximumScale: 20000,
    },
});
```

13）添加矩形

添加矩形的代码如下，运行效果如图 11-14（b）所示。

```
const [west, south, east, north] = [113.207, 37.4351, 119.427, 42.7022]
viewer.entities.add({
    rectangle: {
        coordinates: Cesium.Rectangle.fromDegrees(west, south, east, north),
        material: Cesium.Color.RED,
        height: 0
    }
});
```

扫码看彩图

（a）添加模型 （b）添加矩形

图 11-14 添加模型和矩形

14）添加图片

添加图片的代码如下，是通过图片的四至将图片覆盖到地图上，并可调整图片透明度。

```
const [west, south, east, north] = [113.207, 37.4351, 119.427, 42.7022]
viewer.entities.add({
    rectangle: {
        coordinates: Cesium.Rectangle.fromDegrees(west, south, east, north),
        material: new Cesium.ImageMaterialProperty({
            image: temImg,
            transparent: true
        }),
        height: 0
    }
});
```

5. 添加数据

1）添加 geojson

（1）添加点数据的代码如下，实现后的效果如图 11-15（a）所示。

```
const promise = Cesium.GeoJsonDataSource.load(`data/${data.value}`);
```

```
promise.then(function(dataSource) {
  viewer.dataSources.add(dataSource);
  const entities = dataSource.entities.values;
  for (let i = 0; i < entities.length; i++) {
    let entity = entities[i];
    entity.billboard.image = faceImg
    entity.billboard.scale = 1
    entity.billboard.verticalOrigin = Cesium.VerticalOrigin.CENTER
  }
  viewer.flyTo(promise);
});
```

（2）添加线数据的代码如下，实现后的效果如图 11-15（b）所示。

```
const promise = Cesium.GeoJsonDataSource.load(`data/${data.value}`);
promise.then(function(dataSource) {
  viewer.dataSources.add(dataSource);
  const entities = dataSource.entities.values;
  for (let i = 0; i < entities.length; i++) {
    let entity = entities[i];
    entity.polyline.width = 1.1
    entity.polyline.material = Cesium.Color.RED
  }
  viewer.flyTo(promise);
});
```

（3）添加面数据的代码如下，实现后的效果如图 11-15（c）所示。

```
const promise = Cesium.GeoJsonDataSource.load(`data/${data/$(data.value)`}
promise.then(function(dataSource) {
  viewer.dataSources.add(dataSource);
  const entities = dataSource.entities.values;
  let colorHash = {};
  for (let i = 0; i < entities.length; i++) {
    let entity = entities[i];
    const name = entity.name;
    let color = colorHash[name];
    if (!color) {
      color = Cesium.Color.fromRandom({
        alpha : 1.0
      });
      colorHash[name] = color;
    }
    entity.polygon.material = color;
    entity.polygon.outline = false;
    entity.polygon.extrudedHeight = 5000.0;
  }
  viewer.flyTo(promise);
});
```

（a）点数据　　　　　　（b）线数据　　　　　　（c）面数据

图 11-15　点、线、面数据展示

（4）添加建筑物白膜的代码如下，实现后效果如图 11-16 所示。

```
const promise = Cesium.GeoJsonDataSource.load(`data/${data.value}`
promise.then(function(dataSource) {
  viewer.dataSources.add(dataSource);
  const entities = dataSource.entities.values;
  for (let i = 0; i < entities.length; i++) {
    let entity = entities[i];
    let color = Cesium.Color.fromRandom({
      alpha : 0.6
    })
    const h = 3 * entity.properties.Floor.getValue()
    entity.polygon.material = color;
    entity.polygon.outline = false;          // polygon 边线显示与否
    entity.polygon.height = h;               // 底面距离地面高度
    entity.polygon.extrudedHeight = 0;       // 顶面距离地面高度
  }
  viewer.flyTo(promise);
});
```

图 11-16　建筑物白膜

2）添加 kml 数据

添加 kml 数据的代码如下，实现后的效果如图 11-17（a）所示。

```
const options = {
  camera: viewer.scene.camera,
  canvas: viewer.scene.canvas,
  screenOverlayContainer: viewer.container,
};
viewer.dataSources.add(
    Cesium.KmlDataSource.load(
        `data/${data.value}`,
        options
    )
).then(function (dataSource) {
  viewer.flyTo(viewer.entities, {
    duration: 3
  });
  const rider = dataSource.entities.getById("tour");
  viewer.flyTo(rider).then(function () {
      viewer.trackedEntity = rider;
      viewer.selectedEntity = viewer.trackedEntity;
      viewer.clock.multiplier = 30;
      viewer.clock.shouldAnimate = true;
  })
})
```

3）添加 czml 数据

添加 czml 数据的代码如下，实现后的效果如图 11-17（b）所示。

```
fetch(`data/${data.value}`).then(res => {
  return res.json()
}).then(json => {
  const dataSourcePromise = Cesium.CzmlDataSource.load(json);
  viewer.dataSources.add(dataSourcePromise);
  viewer.zoomTo(dataSourcePromise);
})
```

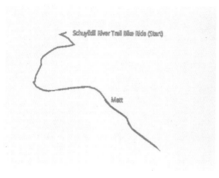
（a）kml数据

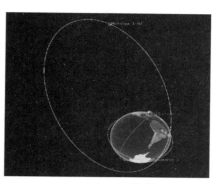
（b）czml数据

图 11-17　添加 kml 和 czml 数据

6. 添加 3D Tiles

3D Tiles 是用于流式传输大规模异构 3D 地理空间数据集的开放规范。为了扩展 Cesium 的地形和图像流，3D Tiles 将用于流式传输 3D 内容，包括建筑物、树木、点云和矢量数据。

1）加载倾斜摄影 OSGB 数据

OSGB 切片的文件组织如图 11-18所示。

图 11-18　OSGB 切片的文件组织

Data 目录下的内容如图 11-19 所示。

tileset.json 文件的内容如图 11-20 所示。

其调用代码如下，实现后的效果如图 11-21 所示。

```
const tileset = new Cesium.Cesium3DTileset({
  url: 'http://localhost:8086/building/tileset.json'
});
viewer.scene.primitives.add(tileset);
viewer.zoomTo(tileset);
```

名称	修改日期	类型	大小
tile_0_0_0_tex.b3dm	2019/3/24 12:10	B3DM 文件	579 KB
tile_0_0_0_tex.json	2019/3/24 12:10	smartlook.txt	3 KB
tile_1_0_0_tex.b3dm	2019/3/24 12:10	B3DM 文件	623 KB
tile_1_0_0_tex.json	2019/3/24 12:10	smartlook.txt	3 KB
tile_1_0_16_tex.b3dm	2019/3/24 12:10	B3DM 文件	503 KB
tile_1_0_16_tex.json	2019/3/24 12:10	smartlook.txt	3 KB
tile_1_16_0_tex.b3dm	2019/3/24 12:10	B3DM 文件	612 KB
tile_1_16_0_tex.json	2019/3/24 12:10	smartlook.txt	3 KB
tile_1_16_16_tex.b3dm	2019/3/24 12:10	B3DM 文件	558 KB
tile_1_16_16_tex.json	2019/3/24 12:10	smartlook.txt	3 KB
tile_2_0_0_tex.b3dm	2019/3/24 12:09	B3DM 文件	545 KB
tile_2_0_0_tex.json	2019/3/24 12:09	smartlook.txt	3 KB
tile_2_0_8_tex.b3dm	2019/3/24 12:09	B3DM 文件	557 KB
tile_2_0_8_tex.json	2019/3/24 12:09	smartlook.txt	3 KB
tile_2_0_16_tex.b3dm	2019/3/24 12:10	B3DM 文件	554 KB
tile_2_0_16_tex.json	2019/3/24 12:10	smartlook.txt	3 KB
tile_2_0_24_tex.b3dm	2019/3/24 12:10	B3DM 文件	424 KB
tile_2_0_24_tex.json	2019/3/24 12:10	smartlook.txt	3 KB
tile_2_8_0_tex.b3dm	2019/3/24 12:09	B3DM 文件	584 KB
tile_2_8_0_tex.json	2019/3/24 12:09	smartlook.txt	3 KB
tile_2_8_8_tex.b3dm	2019/3/24 12:10	B3DM 文件	546 KB
tile_2_8_8_tex.json	2019/3/24 12:10	smartlook.txt	3 KB
tile_2_8_16_tex.b3dm	2019/3/24 12:10	B3DM 文件	551 KB
tile_2_8_16_tex.json	2019/3/24 12:10	smartlook.txt	3 KB

图 11-19　Data 目录下的内容

```
{
    "asset": {
        "version": "0.0"
    },
    "geometricError": 64.0,
    "root": {
        "transform": [
            -0.9122364767355214,
            -0.40966402150196509,
            0.0,
            0.0,
            0.15530380865142832,
            -0.3458292449221269,
            0.9253555318767766,
            0.0,
            -0.3790848685077301,
            0.8441430701269952,
            0.37910043474658258,
            0.0,
            -2419018.4306293169,
            5386650.363449096,
            2402923.025811841,
            1.0
        ],
        "boundingVolume": {
            "sphere": [
                150.36460869579998,
                418.4277826087,
                84.7187465951,
                194.87050504425859
            ]
        },
        "refine": "replace",
        "geometricError": 32.0,
        "content": {
            "url": "./Data/tile_0_0_0_tex.json"
        }
    }
}
```

图 11-20　tileset.json 文件的内容

图 11-21　加载倾斜摄影 OSGB 数据

2）加载 shp 数据

shp 的切片文件和倾斜摄影不一样，其文件组织如图 11-22 所示。

名称	修改日期	类型	大小
NoLod_0.b3dm	2022/9/22 22:36	B3DM 文件	4,648 KB
scenetree.json	2022/9/22 22:36	smartlook.txt	671 KB
tileset.json	2022/9/22 22:36	smartlook.txt	1 KB

图 11-22　shp 的切片文件

调用代码如下，运行后的效果如图 11-23 所示。

图 11-23　shp 切片运行效果

```
const tileset = new Cesium.Cesium3DTileset({
  url:' http://localhost:8086/shenzhen/tileset.json',
  "color" : {
    "conditions" : [
      ["(${Floor} >= 1.0)  && (${Floor} < 10.0)", "color('#FF00FF')"],
      ["(${Floor} >= 10.0) && (${Floor} < 30.0)", "color('#FF0000')"],
      ["(${Floor} >= 30.0) && (${Floor} < 50.0)", "color('#FFFF00')"],
```

```
            ["(${Floor} >= 50.0) && (${Floor} < 70.0)", "color('#00FF00')"],
            ["(${Floor} >= 70.0) && (${Floor} < 100.0)", "color('#00FFFF')"],
            ["(${Floor} >= 100.0)", "color('#0000FF')"]
        ]
    }
});
viewer.scene.primitives.add(tileset);
viewer.zoomTo(tileset);
```

11.4　小结

本章简单介绍了三维 GIS 领域的前沿进展与关键技术，并聚焦于广泛采用的三维 WebGIS 开发框架——Cesium。首先讲解了框架的集成方法，随后介绍了 Cesium 中的核心类，以帮助读者构建坚实的基础知识体系。在核心内容部分，着重展示了 Cesium 框架如何灵活加载并呈现多种类型的数据，包括但不限于地形、建筑模型、矢量图层等，这些功能极大地丰富了三维地理信息的可视化表现力。鉴于三维 WebGIS 开发的深度与广度远超二维领域，想要全面掌握 Cesium 的高级功能及其在三维空间分析中的应用，读者可进一步研读官方文档与专业文献。本章仅作为入门指引，旨在激发读者兴趣并提供一个概览性的理解框架。三维 WebGIS 的世界充满无限可能，等待着每一位探索者的深度挖掘。

实　践　篇

前面的章节既讲到了 Web 基础、GIS 基础、WebGIS 开发框架等内容，同时又针对 WebGIS 开发中用到的地图服务、GeoServer、空间数据、地图控件、地图交互等内容进行了详尽的介绍。但这都属于理论知识。在本篇，使用前面的理论基础，结合一个完整的需求案例，综合讲述各知识点的使用。

在实际工作中，一个完整需求的实现，尤其是一个系统的开发，需要有很多方面相关知识的支撑。例如，面对多种多样的业务场景，要能够快速、正确地理解需求、拆解任务、组织架构，并转化为具体的实践等，每一环节都需要有相应的实践积累或技术积淀做支持。

本章以实现一个台风预报系统为例（可参考温州台风网），从需求准备、工程搭建到具体的功能开发，对每一过程都进行了详细的介绍，让读者对实现一个 WebGIS 系统的全链路有充分的了解。

12.1　功能介绍

台风预报系统是以台风预报信息为主要需求，对台风实况和相关气象数据等进行展示的系统。本例的主要目的是说明地理空间数据在 WebGIS 开发中使用的具体方法和流程，对使用 WebGIS 框架渲染地理空间数据有更加清晰和完整的概念，让读者对开发一个完整需求有全面的认识和了解。

本系统的架构如图 12-1 所示。基础层中，操作系统为 Windows 系统，数据库使用的是关系型数据库 Postgress。服务层包括静态资源服务、地图服务和系统接口。静态资源

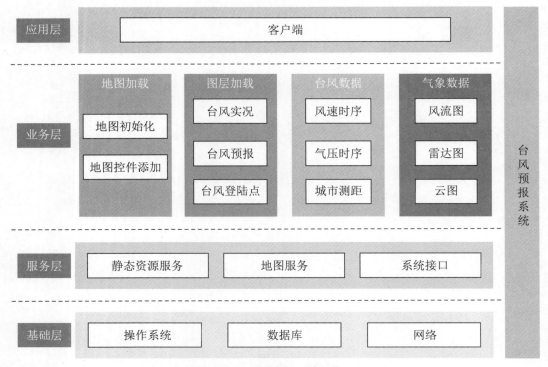

图 12-1　台风预报系统架构图

服务主要指实现气象要素静态出图的服务，地图服务主要指通过 GeoServer 发布图层的服务，系统接口是指为了实现本系统业务逻辑而开发的后端服务系统，如台风列表的获取等。业务层以系统支持的能力为主，包括地图加载、图层加载、台风数据、气象数据。最后，应用层主要指客户端应用，本 Web 系统开发主要兼容的是 Chrome 浏览器。

12.2 搭建一个Web工程

一个 Web 项目的开发需要三个基本条件：开发环境、代码编译器和浏览器。Web 开发主要是配置 Node 环境，浏览器使用的是 Chrome。代码编辑器目前市面上可选的有很多，常用的以 Visual Studio Code 和 IDEA 两款为主，本书编写过程中使用的是 Visual Studio Code。这两款代码编辑器在界面可视化和插件方面均具有丰富的能力，但前端开发一般推荐使用 Visual Studio Code，IDEA 在后端开发中使用得较多。除此之外，还有很多可以作为代码开发的工具，可以根据个人喜好进行选择。

总之，在一个项目开发需要具备的三个基本条件中，开发软件和浏览器都已经选择好后，就可以进行开发环节环境的配置和初始化 Web 工程了。

12.2.1　配置 Node 环境

本示例是在 Windows 系统中开发，所以，此处主要介绍 Windows 系统中配置 Node 环境的方法。

第一步，检查是否具备 Node 环境。

使用 Windows+R 组合键或单击 Windows 系统左下角的"开始"菜单，输入 cmd 命令后按 Enter 键，打开命令行窗口。输入 npm -v 命令，检查是否已经具备 Node 环境。如果有，则会出现如图 12-2 所示的 npm 版本号；如果没有，则会出现相应的错误提示，此时需要下载安装 Node.js，并设置环境变量。

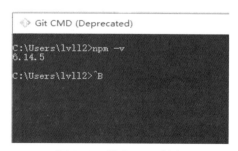

图 12-2　检查 npm 版本

第二步，配置 Node 环境。

若第一步中发现已经配置好 Node 环境，则跳过该步骤。否则，按以下步骤执行。首先进入 Node.js 官方网站（https://nodejs.org/en/），选择适合的 Node.js 版本下载并安装。安装完成后，右击"计算机"图标，在弹出的快捷菜单中执行"属性"→"高级系统设置"→"环境变量"命令，新建系统变量，变量名为 node_home，变量值为 Node.js 的安装文件夹。最后，在 Path 系统变量下添加 %node_home%。

设置完成后，继续第一步中的方法，检查是否正确安装。

12.2.2 初始化 Web 工程

配置好 Node 环境后，开始准备初始化 Web 工程。基于框架的 Web 开发都可以使用脚手架来初始化一个项目，本项目中使用 Vue 3 框架。首先全局安装脚手架，命令为 npm install -g @vue/cli。安装完成后，通过命令 vue -V 查看是否正确安装，若安装成功则会获得当前的 vue-cli 版本号。

Vue3 框架使用 vite 脚手架进行初始化 Web 工程（注：脚手架可以生成项目的基本结构，执行脚手架命令后，会形成一个包含相关配置的、能运行起来的项目工程，vite 是搭配 Vue3 框架的一个开发构建工具。使用框架开发，建议对脚手架和构建工具等有所了解）。初始化一个 Vue3 项目的步骤如下。

（1）新建目录，进入目录进行项目初始化。执行以下命令后，依次选择 vue、vue-ts 模板。创建完成后，命令行如图 12-3 所示。

```
mkdir vite-project
cd .\vite-project\
npm create vite@latest
```

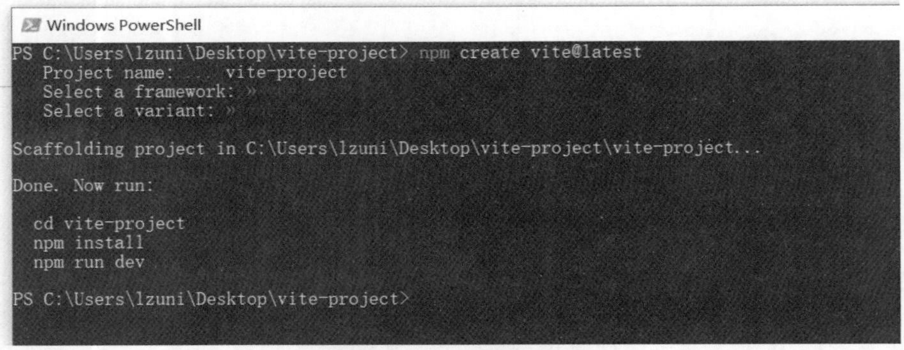

图 12-3　工程创建完成

（2）安装依赖，运行项目。

按照提示先执行命令 cd .\vite-project\ 进入工程目录，然后执行命令 npm install 安装依赖。依赖安装完成后，运行命令 npm run dev 启动工程。启动后，在浏览器地址栏中输入 http://localhost:5173/（注意：端口号需要根据命令行提示确定，当 5173 端口号被占用时，会自动指定另一个新的端口），启动后的界面如图 12-4 所示。

（3）添加 vue-router、sass，调整目录。

执行命令 npm i vue-router –S, 安装 vue-router（Vue 中的路由管理模块）。执行命令 npm i sass –D，安装 sass（css 扩展语言）。

依赖安装完成后，按照如图 12-5 所示调整工程目录。说明：也可以在初始化工程时选择包括 vue-router 和 sass 的模板，此时不需要在此处手动添加。

目录结构说明：

① public：公用静态资源。为方便使用，可以在该目录下的 index.html 中通过 script 标签引入 mapbox-gl。

图 12-4　工程启动后界面

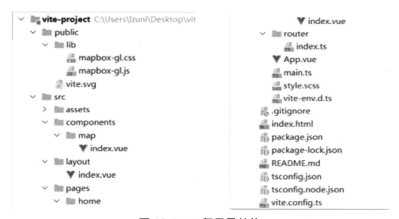

图 12-5　工程目录结构

② src：代码目录，包括 assets、components、layout、pages、router 目录。

● assets：资源目录，存放图片、样式等。

● components：组件目录。抽象出来的组件都写在这个目录，为方便组织，建议给组件单独建文件夹，不建议将Vue组件直接放在该目录下。

● layout：布局相关。

● pages：页面相关。建议不同的页面通过文件夹的方式进行组织。

● router：路由配置相关。

提示：该初始化完成的项目可在本书资源包中查看，存放目录为 /vite-vue3-project，读者可以下载并直接启动。

12.3　数据库设计

本系统共需要 6 张数据库表，数据库表关系如图 12-6 所示。

（1）台风信息表，存储台风的基本信息。

（2）台风实况表，存储台风的实况点信息。

（3）台风预报表，存储台风的预报点信息。

（4）台风登陆点信息表，存储台风的登陆点信息。

（5）预报机构表，存储台风预报机构的信息。

（6）台风图例表，存储台风强度在地图上显示的颜色，同时也是生成图例的数据源。

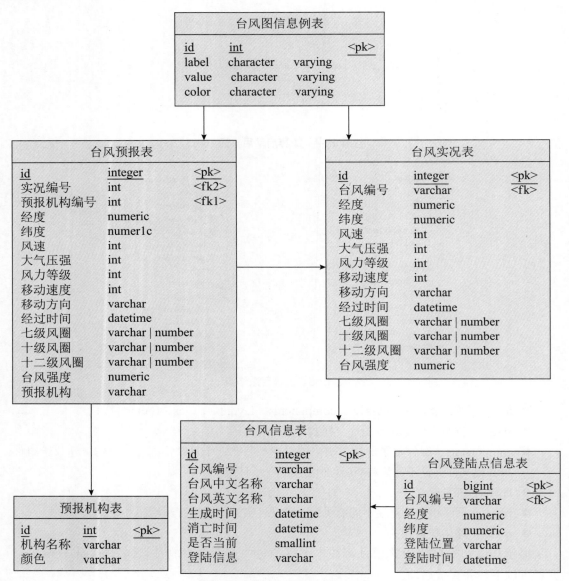

图 12-6　表设计以及表之间的关系

1. 台风信息表

表 12-1 为台风信息表。

表 12-1 台风信息表

编号	1		表名	typhoon_list
描述	台风基本信息表			
字段	类型		说明	
id	integer		编号，主键	
name	character varying（32）		台风中文名称	
name_en	character varying（32）		台风英文名称	
tfbh	character varying（12）		台风编号	
year	integer		生成年份	
is_current	boolean		是否活动	
start_time	timestamp without time zone		生成时间	
end_time	timestamp without time zone		消亡时间	

创建台风信息表的 SQL 语句如下：

```
CREATE TABLE public.typhoon_list
(
    id serial NOT NULL,
    name character varying(32) NOT NULL,
    name_en character varying(32) NOT NULL,
    tfbh character varying(12) NOT NULL,
    year integer NOT NULL,
    is_current boolean NOT NULL,
    start_time timestamp without time zone,
    end_time timestamp without time zone,
    PRIMARY KEY (id)
)
```

2. 台风实况表

表 12-2 为台风实况表。

表 12-2 台风实况表

编号	2		表名	typhoon_live_info
描述	台风实况信息表			
字段	类型		说明	
id	integer		编号，主键	
tfbh	character varying（12）		台风编号	
lon	numeric		经度	
lat	numeric		纬度	
wind_speed	numeric		风速	
wind_grade	numeric		风力等级	
pressure	numeric		大气压强	
move_speed	numeric		移动速度	
move_dir	character varying（12）		移动方向	
pass_time	timestamp without time zone		经过时间	
strong	character varying（32）		台风强度	
circle7	character varying（128）		七级风圈	
circle10	character varying（128）		十级风圈	
circle12	character varying（128）		十二级风圈	

在数据库中创建台风实况表的 SQL 语句如下：

```
CREATE TABLE public.typhoon_live_info
(
    id serial NOT NULL,
    tfbh character varying(12),
    lon numeric NOT NULL,
    lat numeric NOT NULL,
    wind_speed numeric,
    pressure numeric,
    wind_grade numeric,
    move_speed numeric,
    move_dir character varying(12),
    pass_time timestamp without time zone,
    circle7 character varying(128),
    circle10 character varying(128),
    circle12 character varying(128),
    strong character varying(32),
    PRIMARY KEY (id)
)
```

3. 台风预报表

表 12-3 为台风预报表。台风在行进过程中，需要不断地根据台风的当前状况对台风未来的强度、走向等信息进行预报。

表 12-3　台风预报表

编号	3		表名	typhoon_forc_info
描述	台风预报信息表			
字段	类型		备注	
id	integer		编号，主键	
live_id	integer		实况编号	
lon	numeric		经度	
lat	numeric		纬度	
wind_speed	numeric		风速	
wind_grade	numeric		风力等级	
pressure	numeric		大气压强	
move_speed	numeric		移动速度	
move_dir	character varying（12）		移动方向	
pass_time	timestamp without time zone		经过时间	
strong	numeric		台风强度	
circle7	character varying（128）		七级风圈	
circle10	character varying（128）		十级风圈	
circle12	character varying（128）		十二级风圈	
sets	character varying（32）		预报机构	

在数据库中创建台风预报表的 SQL 语句如下：

```
CREATE TABLE public.typhoon_forc_info
(
    id serial NOT NULL,
    live_id integer NOT NULL,
    lon numeric NOT NULL,
```

```
        lat numeric NOT NULL,
        wind_speed numeric,
        power numeric,
        wind_grade numeric,
        move_speed numeric,
        move_dir character varying(12),
        pass_time timestamp without time zone,
        circle7 character varying(128),
        circle10 character varying(128),
        chircle12 character varying(128),
        strong character varying(32),
        sets character varying(32),
        PRIMARY KEY (id)
)
```

4. 台风登陆点信息表

表 12-4 为台风登陆点信息表，其中 tfbh 字段与台风信息表中的 tfbh 字段关联。

表 12-4　台风登陆点信息表

编号	4		表名	typhoon_land_info
描述	台风登陆点信息表			
字段	类型		备注	
id	integer		编号，主键	
tfbh	character varying （12）		台风编号	
lon	numeric		经度	
lat	numeric		纬度	
land_position	character varying （64）		登陆位置	
land_time	character varying （32）		登陆时间	

在数据库中创建台风登陆点信息表的 SQL 语句如下：

```
CREATE TABLE public.typhoon_lands
(
    id serial NOT NULL,
    tfbh character varying(12) NOT NULL,
    lon numeric NOT NULL,
    lat numeric NOT NULL,
    land_position character varying(64),
    land_time character varying(32),
    PRIMARY KEY (id)
)
```

5. 预报机构表

表 12-5 为预报机构表，在台风活动过程中，会有多个机构对台风的状态进行预报。

表 12-5　预报机构表

编号	5		表名	typhoon_forc_sets
描述	台风预报机构信息			
字段	类型		备注	
id	integer		编号，主键	
name	character varying （32）		预报机构的名称	
color	character varying （32）		不同机构预报的路径的展示颜色	

在数据库中创建预报机构信息表的 SQL 语句如下：

```
CREATE TABLE public.typhoon_forecast_org
(
    id serial NOT NULL,
    name character varying(32) NOT NULL,
    color character varying(32) NOT NULL,
    PRIMARY KEY (id)
)
```

6. 台风图例信息表

表 12-6 为台风图信息例表

表 12-6　台风图例信息表

编号	6	表名	typhoon_power_legend
描述	台风图例		
字段	类型	备注	
id	integer	编号，主键	
label	character varying（64）	不同强度的标注文本	
color	character varying（32）	不同强度台风的颜色	
value	character varying（64）	强度范围	

在数据库中创建台风图例信息表的 SQL 语句如下：

```
CREATE TABLE public.typhoon_legends
(
    id serial NOT NULL,
    label character varying(64),
    value character varying(64),
    color character varying(32),
    PRIMARY KEY (id)
);
```

12.4　服务端工程搭建

后端服务使用 Node.js 和 Express 框架进行开发，减少了跨语言、跨框架学习的成本。

12.4.1　Express 简介

Express 是一个简洁而灵活的 Node.js Web 应用框架，它提供一系列强大的特性以帮助开发人员创建各种 Web 应用。使用 Express 可以快速地搭建一个完整功能的网站，Express 框架的核心特性如下。

（1）可以设置中间件响应 HTTP 请求。

（2）定义路由表用于执行不同的 HTTP 请求动作。

（3）可以通过向模板传递参数动态渲染 HTML 页面。

（4）可以与 MongoDB、MySQL、PostgreSQL 等多种数据库进行集成。

12.4.2　后端工程搭建

搭建 Node.js 后端工程的基本步骤包括初始化项目、安装依赖、项目启动。

1. 初始化工程

可以在终端或命令行中执行以下命令，完成项目的初始化工作。

```
# 创建目录
mkdir typhoon-server
# 进入目录
cd .\typhoon-server\
# 初始化工程
npm init -y
```

上述命令运行后会创建一个名为 typhoon-server 的文件夹，并在文件夹根目录中创建 package.json 文件，该文件是用来定义项目所需的各种模块、项目配置信息（比如名称、版本、许可证、如何启动项目、运行脚本等）等的文件。

2. 安装基本依赖

搭建后端服务需要两个基本依赖：express 和 pg。

1）express：node.js 的 Web 应用框架。

2）pg：用于连接 postgres 数据库。

安装依赖的运行命令为 npm i express pg –S。安装完成后，按照如图 12-7 所示的结构创建文件和文件夹。

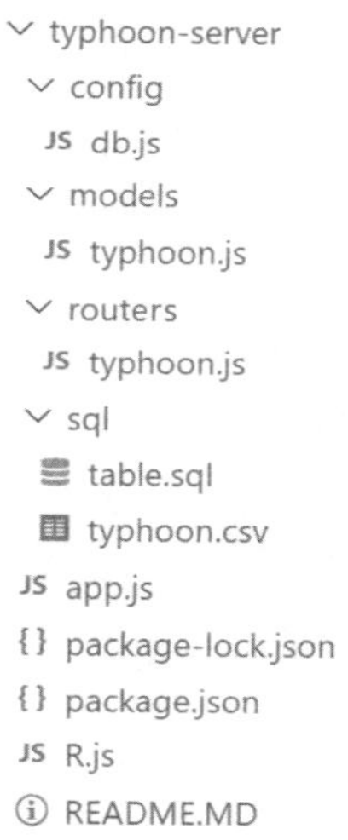

（1）config 文件夹：配置项目录。其中，db.js 文件是数据库相关配置，内容如下。

```
const config = {
    host: 'localhost',          // 数据库服务器地址
    port: 5432,                 // 连接端口号
    user: 'postgres',           // 用户名
    password: 'webgis_admin',   // 密码
    database: 'gis',            // 数据库名
    // 扩展属性
    max: 40,                    // 连接池最大连接数
    idleTimeoutMillis: 3000,    // 连接最大空闲时间 3s
};

module.exports = config;
```

```
∨ typhoon-server
  ∨ config
    JS db.js
  ∨ models
    JS typhoon.js
  ∨ routers
    JS typhoon.js
  ∨ sql
    ≣ table.sql
    ▦ typhoon.csv
  JS app.js
  {} package-lock.json
  {} package.json
  JS R.js
  ① README.MD
```

图 12-7　后端工程目录结构

（2）models 文件夹：实现基于业务的封装。在这里可以新建多个文件，将每一类型的业务实现封装在不同的类中，如 typhoon.js 文件主要用于与台风相关的业务逻辑的实现，包括获取台风列表、根据台风编号获取详细信息等。如下为 typhoon.js 文件中定义的一个用来获取台风列表的实现。

```
const dbConfig = require('../config/db');
const pg = require('pg');
const pool = new pg.Pool(dbConfig);
const R = require('../R')

let typhoon = {
    // 获取台风列表
    getTyphoonList: function (req, res, next) {
        const { year } = req.query
        let SQL = 'select * from typhoon_list where 1 = 1';
        if(year) SQL += `and year = ${year}`
        pool.connect((isErr, client, done) => {
            client.query(
                SQL,
```

```
                    function (isErr, result) {
                        done();
                        if (isErr) {
                            res.json(new R().err(isErr));
                        } else {
                            const data = result.rows
                            res.json(new R().ok(data));
                        }
                    }
                );
            })
        },
    };

    module.exports = typhoon
```

（3）routers 文件夹：路由项。根据不同的业务逻辑拆分路由，可以在一个文件中编写，也可以定义在不同的文件中。路由是用来给 Web 页面请求的接口，如 typhoon.js 文件中定义获取台风数据的接口，其中，/list 接口用于前端调用来获取台风列表。

```
var express = require('express');
var router = express.Router();
var typhoon = require('../models/typhoon');

// 定义 list 接口，获取台风列表
router.get('/list', (req, res, next) => {
    typhoon.getTyphoonList(req, res, next)
});

module.exports = router;
```

（4）sql 文件夹：存放 SQL 语句，方便做服务器部署。

（5）app.js 文件：服务启动入口文件。该文件中需要配置服务启动的端口和路由的集成等，还可以配置中间件、执行一些其他方法等。该文件的部分配置如下：

```
const express = require('express');
const typhoonRouter = require('./routes/typhoon');
const app = express();

// 自定义跨域中间件
const allowCors = function (req, res, next) {
    res.header('Access-Control-Allow-Origin', req.headers.origin);
    res.header('Access-Control-Allow-Methods', 'GET,PUT,POST,DELETE,OPTIONS');
    res.header('Access-Control-Allow-Headers', 'Content-Type');
    res.header('Access-Control-Allow-Credentials', 'true');
    next();
};
app.use(allowCors);// 使用跨域中间件
// 使用路由
app.use('/typhoon', typhoonRouter);
// 监听 18888 端口，也就是本服务的启动端口
app.listen(18888, () => {
    console.log('running at http://localhost:18888');
})
```

（6）R.js 文件：通用类。该文件中定义了一个对接口返回结果进行规范化处理的类，它接收接口响应的数据，并根据响应成功或失败，按照规定的格式返回。这种方式可以保证本服务的所有接口使用统一的格式返回，便于前端进行接口解析、方法封装等。其内容如下：

```
class R {
    constructor() {
        this.code = '200'
        this.msg = 'success'
        this.data = {}
        return this
    }
    // 接口响应成功
    ok(data) {
        this.code = 200
        this.msg = 'success'
        this.data = data
        return this
    }
    // 接口响应失败
    err(msg = '') {
        this.code = 500
        this.msg = msg || 'error'
        this.data = null
        return this
    }
}

module.exports = R
```

3. 启动

完成上述初始化工作后，就可以启动工程。Node.js 后端工程的启动有两种方法。

（1）开发时启动。启动方式为，在命令行输入 node .\app.js。

（2）运行时启动。需要借助 pm2 进行服务的发布，通过此种方式启动服务的命令为
pm2 start .\app.js（注意安装 pm2 依赖）。

服务启动后，就可以调用该服务中的接口，如调用台风列表的接口，在浏览器地
址栏中输入 http://localhost:18888/typhoon/list?year=2022，会返回如下所示的台风列表
数据。

```
{
  "code": 200,
  "msg": "success",
  "data": [
    {
      "id": 1,
      "name": " 马勒卡 ",
      "name_en": "MALAKAS",
      "tfbh": "202201",
      "year": "2022",
      "is_current": false,
      "land_points": " 广东 ",
      "start_time": "2022-04-15T09: 00: 00.000Z",
      "end_time": "2022-04-18T00: 00: 00.000Z"
    }
  ]
}
```

小提示：

同样，本后端工程存放在本书资源包的 /webgis-typhoon-code/typhoon-server 目录下，
扫码下载后，只需要执行 npm install 命令，就可以启动运行。

12.5　功能开发

本章中功能开发使用的 WebGIS 框架是 MapboxGL。Web 端的完整代码在本书资源包的 /webgis-typhoon-code/typhoon-web 目录下，扫描封底二维码下载。示例系统部署在 https://lzugis.cn/webgis-book/typhoon，读者也可部署自己的系统。

12.5.1　地图初始化

地图初始化主要完成地图的加载、地图控件的加载以及地图的初始化配置，为方便应用，将其封装成了一个 Vue 组件。

地图初始化代码如下，配置了地图初始化的中心位置为 [108.9，34.5]，地图初始缩放级别为 3.2 级，并开启了 doubleClickZoom、dragPan 交互，禁用 hash 模式和 attribute 控件。

```
Let map = new mapboxgl.Map({
    container: "map", // container ID
    center: [108.9,34.5], // starting position [lng, lat]
    zoom: 3.2, // starting zoom
    doubleClickZoom: true,
    dragPan: true,
    hash: false,
    attribute: false
})
```

12.5.2　台风警戒线

台风警戒线在实际生产和使用中有着非常重要的作用，通过台风警戒线的划定，可以提醒人们及时采取防范措施、保障人员生命安全和财产安全、指导救援和灾后恢复工作等，是台风应对和灾害管理的重要工具。台风警戒线包括 48 小时警戒线和 24 小时警戒线，在 48 小时警戒线外侧时，记录台风的间隔是 6 小时，过了 48 小时警戒线，记录的时间间隔就缩小到 3 小时。

台风警戒线的效果如图 12-8 所示，蓝色实线为 24 小时警戒线，绿色虚线表示 48 小时警戒线。下列代码中，addWarnLines() 方法为实现台风警戒线的方法。

```
addWarnLines() {
    // 定义警戒线数据
    const lineData = [
        {
            "type": "Feature",
            "geometry": {
                "type": "LineString",
                "coordinates": [
                    [105, 0],
                    [113, 4.5],
                    [119, 11],
                    [119, 18],
                    [127, 22],
                    [127, 34]]
            },
            "properties": {
                "color": "blue",
                "dashArray": [1, 0],
                'label': '24 小时警戒线 '
```

```
            }
        },
        {
            "type": "Feature",
            "geometry": {
                "type": "LineString",
                "coordinates": [
                    [105, 0],
                    [120, 0],
                    [132, 15],
                    [132, 34]
                ]
            },
            "properties": {
                "color": "green",
                "dashArray": [4, 2],
                'label': '48 小时警戒线 '
            }
        }
    ]
// 添加数据源
 this.map.addSource('source-warn-lines', {
     "type": "geojson",
     "data": new Geojson(lineData)
 });
// 添加图层
 this.map.addLayer({
     id: 'layer-warn-lines',
     source: 'source-warn-lines',
     type: 'line',
     paint: {
         'line-color': ['get', 'color'],
         'line-width': 2,
         'line-opacity': 0.8,
         'line-dasharray': ['get', 'dashArray']
     }
 })
}
```

通过这个功能的实现，完成了线数据在 WebGIS 系统中的展示，并根据不同的属性值设置不同的显示样式。

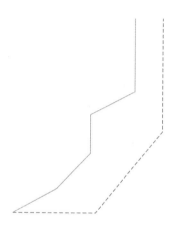

图 12-8　地图初始化以及警戒线添加

12.5.3　台风列表

以列表的方式展示生成的台风，包括展示台风编号、台风中文名称、英文名称，同时
支持按年份筛选。台风列表的实现效果如图 12-9 所示，具体实现过程如下。

图 12-9　台风列表

（1）编写 HTML。在 Vue 组件中，需要在 <template> 中编写用于展示台风的表格和
筛选框，可以在 <style> 中设置样式。HTML 内容如下：

```
<template>
<div class="typhoon-list">
  <div class="title">
    <!-- 年份筛选框 -->
    <div class="year-select">
        <el-select v-model="selectYear" class="m-2" placeholder="Select"
size="small">
        <el-option
            v-for="item in yearList"
            : key="item.value"
            : label="item.label"
            : value="item.value"
        />
      </el-select>
    </div>
  </div>
  <!-- 台风列表 -->
  <el-table
      class="list"
      : data="typhoonList"
      height="250"
      style="width: 100%"
      @select="selectChange"
  >
    <el-table-column type="selection" width="55" />
    <el-table-column prop="tfbh" label=" 台风编号 " />
    <el-table-column prop="name" label=" 中文名称 "  />
    <el-table-column prop="ename" label=" 英文名称 " />
  </el-table>
</div>
</template>
```

（2）获取台风数据，调用本系统后端服务的接口，获取到数据，并赋值给 typhoonList
变量，借助 Vue 的双向绑定可渲染到表格中。

```
getTyphoonList() {
  const url = `https://ip:port/data/complex/${this.selectYear}.json`
  fetch(url).then(res => res.json()).then(res => {
    this.typhoonList = res
  })
}
```

12.5.4 台风预报

台风预报功能是根据各机构对台风未来走向与强度等的预测，将台风预报点、预报路径、各预报点的详细信息进行可视化，实现功能包括预报点图层展示、预报路径线图层展示、添加地图交互。具体实现步骤如下。

1）添加数据源

如下代码所示，需要添加的数据源有点数据源，用以预报点数据的存放；线数据源，用以预报路径数据的存放。代码中，**tfbh** 代表台风编号，每一个台风都会创建一个新的数据源。

```
map.addSource('source-points-' + tfbh, {
    "type": "geojson",
    "data": new Geojson()
});
map.addSource('source-lines-' + tfbh, {
    "type": "geojson",
    "data": new Geojson()
});
```

2）添加图层

台风预报的地图展示包括预报点位和预报路径，与之相对应的需要添加两个图层：预报点图层（点图层）和预报路径图层（线图层）。这与创建数据源一致，每个台风都会创建两个新的图层。

```
// 创建预报路径图层
map.addLayer({
    id: 'typhoon-path-forc-' + this.tfbh,
    source: 'source-lines-' + this.tfbh,
    type: 'line',
    paint: {
        'line-width': 2,
        'line-dasharray': [2, 2],
        'line-color': [
            'match',
            ['get', 'sets'],
            '中国', '#f5000e',
            '中国香港特别行政区', '#6533b5',
            '中国台湾省', '#1f46b0',
            '韩国', '#41c1f6',
            '菲律宾', '#000',
            '美国', '#3187d6',
            '#f600ad'
        ]
    }
});
// 创建预报点图层
map.addLayer({
    id: 'typhoon-points-forc-' + this.tfbh,
    source: 'source-points-' + this.tfbh,
```

```
        type: 'circle',
        filter: ['==', 'index', -1],
        paint: {
            'circle-radius': 4,
            'circle-color': ['get', 'color'],
            'circle-stroke-color': '#6a6a6a',
            'circle-stroke-width': 1
        }
});
```

3）解析数据，并为数据源设置数据

如下代码中，forecast 为每个台风、每个实况点的预报数据，是预报点的集合（数据来源于后端服务接口获取）。此处获取到的预报点数据为经纬度格式，需要转换成 GeoJSON 格式。

代码中定义的 pointFeatures 和 linesFeatures 变量为转换后预报点和预报路径的要素集合，转换完成后调用 map.getSource('source-id').setData(geojson) 方法，设置对应数据源的数据。

```
// 解析预报点
forecast.forEach(forc => {
    const sets = forc.sets
    const pointsForc = forc.points
    const coords = [[lng, lat]]
    pointsForc.forEach(pointForc => {
        pointForc.index = index
        pointForc.color = this.getColor(pointForc.power)
        pointForc.type = 'forc'
        const geomForc = new Geometry('Point', coord)
        const featureForc = new Feature(pointForc, geomForc)
        pointFeatures.push(featureForc)
    })
})
// 将预报点连线，生成预报路径
forecast.forEach(forc => {
    const sets = forc.sets
    const pointsForc = forc.points
    const coords = [[lng, lat]]
    pointsForc.forEach(pointForc => {
        const coord = [pointForc.lng, pointForc.lat]
        coords.push(coord)
    })
    const _geom = new Geometry('LineString', coords)
    const _feat = new Feature({
        index: index,
        type: 'forc',
        sets: sets
    }, _geom)
    linesFeatures.push(_feat)
})
```

4）预报详细信息的展示

预报详细信息是指在光标经过预报点时，通过 Popup 的方式展示该点的详细信息，Popup 的内容包括移动方向、移动速度、大气压强、经过时间等。该功能是通过注册预报点图层 typhoon-points-forc-tfbh 的 mouseover 事件来触发，具体实现如下：

```
// 定义预测图层编码
const forcLayer = 'typhoon-points-forc-' + this.tfbh
```

```
// 注册 mouseover 事件
map.on('mouseover', forcLayer, e => {
    // 设置鼠标样式
    map.getCanvasContainer().style.cursor = 'pointer'
    const { properties } = e.features[0]
    // 定义 Popup 展示内容
    const dict = [
        {"name": "移向", code: "move_dir", unit: ''},
        {"name": "移速", code: "move_speed", unit: 'm/s'},
        {"name": "压强", code: "pressure", unit: '百帕'},
        {"name": "七级风圈", code: "radius7", unit: '千米'},
        {"name": "十级风圈", code: "radius10", unit: '千米'},
        {"name": "十二级风圈", code: "radius12", unit: '千米'},
        {"name": "移速", code: "speed", unit: 'm/s'},
        {"name": "经过时间", code: "time", unit: ''},
    ]
    const pos = [properties.lng, properties.lat]
    let content = `
        <h4 class="field-header">${that.typhoonData.
         <div class="field-item"><label class="field-label">中心位置:</label>${pos.
join(',')}</div>
    `
    dict.forEach(d => {
        const {code, name, unit} = d
        let value = properties[code]
        value = value ? value + unit : '/'
        content += '<div class="field-item"><label class="field-label">${name}
</label>${value}</div>
    })
    // 创建 Popup, 并添加到地图上
    this.popup = new mapboxgl.Popup({
        offset: [0, -5],
        anchor: 'bottom',
        className: 'my-popup',
        closeButton: false
    }).setLngLat(pos).setHTML(content).addTo(map);
});
// 注册事件: 光标移出时, 移除 pupup
map.on('mouseout', forcLayer, e => {
    map.getCanvasContainer().style.cursor = ''
    if(this.popup) this.popup.remove()
});
```

12.5.5 台风实况

台风实况是台风在移动的过程中，根据一定的规则（48 小时警戒线右侧每隔 6 小时，左侧每隔 3 小时）记录的台风的信息，包括台风位置、台风强度、移动方向、移动速度、风速大小、大气压强、台风影响范围（台风风圈）等。具体功能点包括实况点展示、实况路径展示、实况风圈展示、实况点详细信息。

1）台风实况点

展示台风经过时记录的位置，并依据台风强度的不同，将位置点渲染成不同颜色。台风实况点的展示，需要一个台风实况点图层（点图层），然后处理实况点数据，并形成实况点要素集合。

如下代码中，points 为实况点数据，pointFeatures 为转换后的 GeoJSON 格式的实况点要素集合。将 pointFeatures 添加在地图上，就可以展示出台风实况点。台风实况点展示效

311

果如图 12-10 所示。

```
// 添加台风实况图层
map.addLayer({
    id: 'typhoon-points-live-' + this.tfbh,
    source: 'source-points-' + this.tfbh,
    type: 'circle',
    filter: ['==', 'index', -1],
    paint: {
        'circle-radius': 4,
        'circle-color': ['get', 'color'],
        'circle-stroke-color': '#6a6a6a',
        'circle-stroke-width': 1
    }
});
// 处理实况点数据
points.forEach((point, index) => {
    point.index = index
    point.type = 'live'
    point.color = this.getColor(point.power)
    const {lng, lat, forecast} = point
    const geom = new Geometry('Point', [lng, lat])
    const feature = new Feature(point, geom)
    pointFeatures.push(feature)
});
```

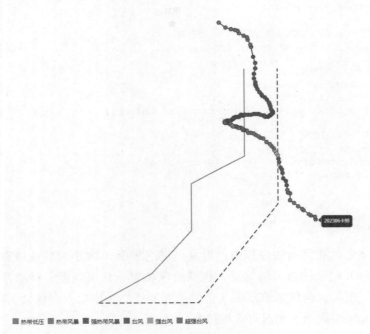

图 12-10　台风实况与台风路径

2）台风风圈

台风风圈是指台风周围的一圈风力较大的区域。通常情况下，台风风圈被分为四个象限，分别为东北象限、东南象限、西南象限和西北象限。其中，东北象限指的是台风中心向东北方向的区域，以此类推。

根据台风强度和影响范围的大小，台风风圈一般分为七级风圈、十级风圈和十二级风圈，分别是以距离台风位置 7、10 和 12km 为界。台风风圈的大小和风力强度受到多种因素的影响，如台风的强度、速度和路径等，根据气象部门发布的台风路径和强度数据，可以计算出台风风圈的范围和强度，并据此制定防范和应对措施。

从气象部门获取到的台风风圈数据，一般会给出风圈在指定方向上的影响距离，共包括四个方向：ne（东北方向）、se（东南方向）、sw（西南方向）、nw（西北方向），数据格式如下：

```json
{
    "time": "2018-08-15T14: 00: 00",
    "lng": 126.6,
    "lat": 28.1,
    "strong": "热带风暴 (TS)",
    "radius7_quad": {
        "ne": 200,
        "se": 200,
        "sw": 160,
        "nw": 160
    },
    "radius10_quad": {
        "ne": 0,
        "se": 0,
        "sw": 0,
        "nw": 0
    },
    "radius12_quad": {
        "ne": 0,
        "se": 0,
        "sw": 0,
        "nw": 0
    }
}
```

绘制台风风圈的一个重要工作，就是通过风圈参数生成风圈的影响范围。具体实现过程是，将一个圆划分成 60 等份，已知的是该风圈在各方向上的半径，利用三角函数将它们转换为风圈扇形的边界；将 60 等份扇形的点依次连接，形成一个闭合的、由四个扇形组成的多边形，就形成了一个台风风圈。

台风风圈的具体实现过程如下，绘制结果如图 12-11 所示。

```javascript
// 添加风圈图层
map.addLayer({
    id: 'typhoon-circle-' + this.tfbh,
    source: 'source-circle-' + this.tfbh,
    type: 'fill',
    paint: {
        'fill-color': ['get', 'color'],
        'fill-opacity': 0.2
    }
});
// 添加线图层：用来绘制风圈边界线
map.addLayer({
    id: 'typhoon-circle-line-' + this.tfbh,
    source: 'source-circle-' + this.tfbh,
    type: 'line',
    paint: {
        'line-color': ['get', 'color'],
        'line-width': 2
```

```
        }
    });
    // 计算台风风圈
    const {radius7_quad, radius10_quad, radius12_quad} = point
    // 七级风圈
    if(radius7_quad.ne && radius7_quad.ne > 0) {
        const coords = this.getCircle([lng, lat], radius7_quad)
        const feature = new Feature({
            color: '#00bab2',
            index: index
        }, new Geometry('Polygon', [coords]))
        circleFeatures.push(feature)
    }
    // 十级风圈
    if(radius10_quad.ne && radius10_quad.ne > 0) {
        const coords = this.getCircle([lng, lat], radius10_quad)
        const feature = new Feature({
            color: '#ffff00',
            index: index
        }, new Geometry('Polygon', [coords]))
        circleFeatures.push(feature)
    }
    // 十二级风圈
    if(radius12_quad.ne && radius12_quad.ne > 0) {
        const coords = this.getCircle([lng, lat], radius12_quad)
        const feature = new Feature({
            color: '#da7341',
            index: index
        }, new Geometry('Polygon', [coords]))
        circleFeatures.push(feature)
    }
    // 计算台风风圈
    getCircle(center, radiusData) {
        if(!radiusData.ne) return
        center = proj4(proj4('EPSG: 4326'), proj4('EPSG: 3857'), center);
        let latlngs = [];
        // 将圆划分为60等份，每6°取一个点
        let _angInterval = 6;
        // 计算每个方向的点数（后面计算点位置时使用）
        let _pointNums = 360 / (_angInterval * 4);
        let quadrant = {
            // 逆时针算角度
            '0': 'ne',
            '1': 'nw',
            '2': 'sw',
            '3': 'se'
        };
        // 遍历每个方向
        for (let i = 0; i < 4; i++) {
            // 将风圈半径转换为米
            let _r = parseFloat(radiusData[quadrant[i]]) * 1000;
            if (!_r) _r = 0;
            for (let j = i * _pointNums; j <= (i + 1) * _pointNums; j++) {
                let _ang = _angInterval * j;
                let x = center[0] + _r * Math.cos((_ang * Math.PI) / 180);
                let y = center[1] + _r * Math.sin((_ang * Math.PI) / 180);
                const coord = proj4(proj4('EPSG: 3857'), proj4('EPSG: 4326'), [x, y]);
                latlngs.push(coord);
            }
        }
        return latlngs
    }
```

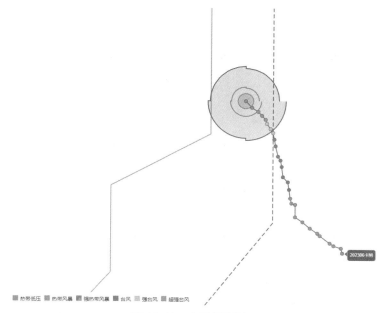

图 12-11　台风风圈展示

3）台风实况路径

台风实况路径是由台风实况点连接而成，绘制台风实况路径需要先创建实况路径图层，然后处理数据，形成实况路径要素集合。下面代码中，points 为实况数据，linesFeatures 为实况路径要素集合。具体实现过程如下，绘制结果如图 12-12 所示。

```
// 台风实况路径图层
map.addLayer({
    id: 'typhoon-path-live-' + this.tfbh,
    source: 'source-lines-' + this.tfbh,
    type: 'line',
    paint: {
        'line-color': '#6a6a6a',
        'line-width': 2
    }
});

points.forEach((point, index) => {
    // 实况线
    if(index > 0) {
        const coords = []
        for (let i = 0; i <= index; i++) {
            const _points = points[i]
            const _lat = _points.lat
            const _lng = _points.lng
            coords.push([_lng, _lat])
        }
        const _geom = new Geometry('LineString', coords)
        const _feature = new Feature({
            index: index,
            type: 'live'
        }, _geom)
        linesFeatures.push(_feature)
    }
});
```

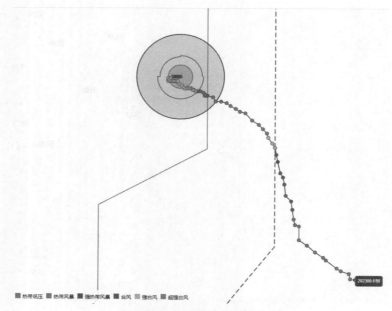

图 12-12 台风实况路径展示

4）实况点信息展示

在鼠标移动的过程中，当经过实况点时，在对应位置展示该点的详细信息，包括移动方向、移动速度、大气压强、经过时间、风圈信息等，如图 12-13 所示。

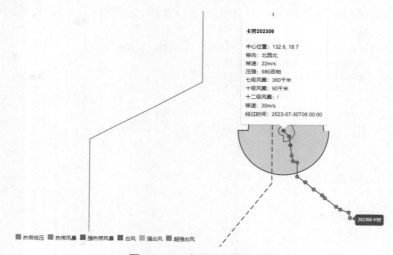

图 12-13 台风实况点信息

实况点详细信息展示通过 Popup 实现，需要注册台风实况点图层（图层 id 为 typhoon-points-live-tfbh）的 mouseover 事件触发。实现代码如下所示，this.tfbh 为台风 id，每个台风都会创建一个 Popup，在地图 mouseover 中，获取到台风信息为 Popup 赋值并展示。

```
// 定义图层 id
const liveLayer = 'typhoon-points-live-' + this.tfbh
const that = this
// 注册 mouseover 事件
```

```
map.on('mouseover', liveLayer, e => {
    map.getCanvasContainer().style.cursor = 'pointer'
    const { properties } = e.features[0]
    // 定义 Popup 显示内容
    const dict = [
        {"name": "移向", code: "move_dir", unit: ''},
        {"name": "移速", code: "move_speed", unit: 'm/s'},
        {"name": "压强", code: "pressure", unit: '百帕'},
        {"name": "七级风圈", code: "radius7", unit: '千米'},
        {"name": "十级风圈", code: "radius10", unit: '千米'},
        {"name": "十二级风圈", code: "radius12", unit: '千米'},
        {"name": "移速", code: "speed", unit: 'm/s'},
        {"name": "经过时间", code: "time", unit: ''},
    ]
    const pos = [properties.lng, properties.lat]
    let content = `
            <h4 class="field-header">${that.typhoonData.name}${that.typhoonData.
tfbh}</h4>
                <div class="field-item"><label class="field-label">中心位置:
</label>${pos.join(', ')}</div>
            `

    dict.forEach(d => {
        const {code, name, unit} = d
        let value = properties[code]
        value = value ? value + unit : '/'
            content += `<div class="field-item"><label class="field-label">${name}:
</label>${value}</div>`
    })
    // 创建 Popup, 并添加到地图
    this.popup = new mapboxgl.Popup({
        offset: [0, -5],
        anchor: 'bottom',
        className: 'my-popup',
        closeButton: false
    }).setLngLat(pos).setHTML(content).addTo(map);
});
// 鼠标移出时, 移除 Popup
map.on('mouseout', liveLayer, e => {
    map.getCanvasContainer().style.cursor = ''
    if(this.popup) this.popup.remove()
});
```

12.5.6 风速气压

风速气压图是将台风移动过程中每一个观测时间点的风速和气压以统计图的方式展示，有助于了解台风的强度、路径和趋势等信息，方便了解台风变化的规律。

风速气压图是使用 Echarts 库实现的可视化，实现过程如下。

（1）引入 Echarts 包。

（2）创建两个 div 用于承载气压图和风速图，并设置 div 样式。

（3）获取数据。

（4）通过 Echarts 绘图，实现可视化。

风速气压图的实现效果如图 12-14 所示。在下列代码中，获取台风数据的 url 是一个后台服务接口，通过 fetch(url) 方法可以获取到来自后台服务返回的数据（说明：fetch 是 Web 提供的一个可以获取异步资源的 API）。chart1 和 chart2 为用来绘制气压图和风速的 Echarts 实例。

```
  // 获取台风数据
getTyphoonData() {
  // 获取台风数据
  const url = `https://lzugis.cn/v2/data/complex/${this.tfbh}.json`
  fetch(url).then(res => res.json()).then(res => {
    this.typhoonData = res[0].points
    let times = [], ws = [], prs = []
    this.typhoonData.forEach(d => {
      times.push(new Date(d.time).format('yyyy-MM-dd hh:mm'))
      ws.push(d.speed)
      prs.push(d.pressure)
    })
    // 气压图,getChartOption 方法为 Echarts 初始化方法
    chart1.setOption(this.getChartOption({
      name: '气压',
      unit: 'mPa'
    }, times, prs));
    // 风速图
    chart2.setOption(this.getChartOption({
      name: '风速',
      unit: 'm/s'
    }, times, ws));
  })
}
```

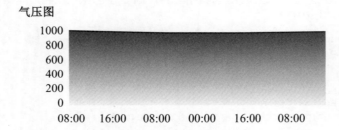

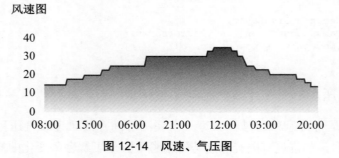

图 12-14　风速、气压图

12.5.7　城市测距

　　城市测距是根据台风当前的位置，计算台风与城市之间的距离，将距离最近的前十个城市展示出来，以对距离比较近的城市做出预警。

　　下列代码中，城市测距数据是通过后台接口获取，城市预测列表的实现可参照 12.5.3 节台风列表。代码中，this.cityDistance 为获取到的城市测距数据。完整代码请扫描图书封底二维码下载本书资源包，实现效果如图 12-15 所示。

```
function getCityDistance() {
  const url = 'http://ip:port/data/city-distance?lon=110.23&lat=29.36'
```

```
fetch(url).then(res => res.json()).then(res => {
  this.cityDistance = res
})
}
```

城市测距	
城市	距离
舟山	1326km
上海	1339km
南通	1366km
宁波	1383km

图 12-15　城市测距

12.5.8　云图、雷达图

在台风预报中，利用卫星云图和雷达图可以识别不同的天气系统，估计降水强度、发展趋势等，为天气分析和天气预报提供依据。

在台风预报 WebGIS 系统中，一般是将云图和雷达数据在后端生成图片，前端以静态图片的方式叠加展示，并根据时间生成时序动画。由于是静态图片，所以其更新也比较及时，对于直观反映天气状况、及时预报有重要的作用。云图的实现效果如图 12-16 所示，在前端的实现中，云图和雷达图的实现主要包括获取时序数据和生成动画两个步骤。

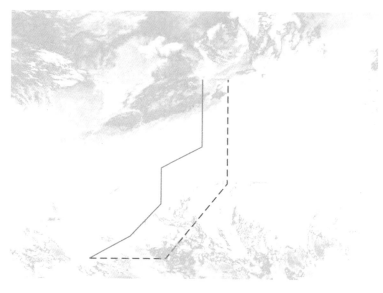

图 12-16　云图

1. 获取时序数据

时序数据是后端接口将生成的图片按照一定规则获取到最新的数据，返回数据格式如下：

```
{
    name: "202401220600.png",
    url: "/202401/22/2024012206000yQZtyFV.png"
}
```

获取时序数据的实现代码如下，代码中 url 为请求时序数据的后端接口，this. imageData 用来存储获取到的数据。数据获取到后，将标记图片播放变量 this.playIndex 的值设置为 0，开始按时序播放。

```
fetch(url).then(res => res.json()).then(res => {
  this.imageData = res
  this.playIndex = 0
  this.startPlayImage()
})
```

2. 生成动画

生成动画是将获取到的时序数据在页面上以动画的形式展示出来。实现代码如下：

```
// 定义图片四至
const [xmin, ymin, xmax, ymax] = [89.26, -4.14, 161.46, 44.56]
const coords = [
  [xmin, ymax],
  [xmax, ymax],
  [xmax, ymin],
  [xmin, ymin]
];
if (this.playIndex < this.imageData.length) {
  const url = this.imageData[this.playIndex].url
  // 创建 image, 并设置图片地址
  const img = new Image()
  img.src = url
  // 注册 onload 事件, 在图片加载完成后进行逻辑实现
  img.onload = () => {
    // 判断是否添加过, 如无则新建数据源与图层, 否则更新数据源
    if (map.getSource('loopimage')) {
      map.getSource('loopimage').updateImage({
        url: url,
        coordinates: coords
      })
    } else {
      map.addSource('loopimage', {
        type: 'image',
        url: url,
        coordinates: coords
      });
      map.addLayer({
        'id': 'loopimage',
        'source': 'loopimage',
        'type': 'raster',
        'paint': {
          'raster-opacity': 0.6,
          'raster-fade-duration': 0 // 设置为 0, 保证动画平滑播放
        }
      });
    }
    this.playIndex++
    setTimeout(this.startPlayImage, 60)
  }
}
```

说明：①云图和雷达图都是后端生成的静态图片，调用时只需要知道图片的四至范围和图片地址即可完成调用；②由于图片的加载是异步的，所以，在实现时需要先通过 new Image( ) 创建图片，并设置图片的 src 属性来请求图片，然后再注册 onload 事件，图片加载完成后展示图片，并开始播放下一张图片。

12.6　系统部署

1. 前端部署

前端工程打包后生成的是一些静态文件，可以使用 Nginx、Tomcat、IIS 等进行部署。本示例的前端工程使用 Nginx 部署。

部署的第一步，是从 nginx 官方网站（https:ginx.org/en/download.html）下载稳定版本的 Nginx，并解压到磁盘目录。

第二步，在项目根目录下，执行命令 npm run build 打包前端工程，Vue 项目默认打包在 dist 文件夹中。

第三步，将打包好的 dist 文件夹复制到 Nginx 根目录下，并修改 Nginx 配置。Nginx 配置文件位于 Nginx 根目录的 \conf\nginx.conf 位置。

说明：Nginx 服务包含 Linux 和 Windows 两个版本，它们在使用上的区别不大，但在性能上有一定的差别。一般生产环境部署都使用 Linux 部署，Linux 环境对于支持 Nginx 的高性能、高可扩展、启用外部模块等具有更明显的优势。本示例的系统是在 Windows 环境中部署。下面的示例列举了 Windows 环境中 Server 项的部分配置：

```
server {
    listen        8088; # 修改服务端口号
    server_name  localhost;

    location / {
        root    /dist; # 修改部署目录。默认是 Nginx 根目录下的 html，读者可以指定到具体目录，如 D: \typhoon-web
        index  index.html;
        # 解决 history 模式 404 问题
        try_files $uri $uri/ /index.html;
    }

    error_page   500 502 503 504  /50x.html;
    location = /50x.html {
        root   /usr/share/nginx/html;
    }
}
```

Nginx 是一个高性能的 HTTP 和反向代理服务，也是一个 IMAP/POP3/SMTP 服务。它具有处理响应请求快、高并发连接、低内存消耗、高可靠性、高扩展性、热部署等特性，还有很多可以提高性能、优化使用的配置在此处不做列举，在使用中可以多尝试 Nginx 的使用。

配置修改完成后，双击运行 nginx.exe，即可启动 Nginx。上述配置启用了 8088 端口。服务启动后，在浏览器中输入 http://localhost:8088，即可访问系统。

2. 后端部署

基于 Node 搭建的后端服务，在开发中可以通过 node ./app.js 命令启动，在部署时，通过 pm2 就可以完成启动。

　　首先，全局安装 pm2，运行命令为 npm install pm2 -g。安装完成后，即可在服务入口文件目录下，通过命令 pm2 start ./app.js 启动后端服务。同理，以 docker 部署为例，通过命令 RUN pm2 start ./app.js 可以启动部署在 Docker 中的服务。如图 12-17 所示，表示服务启动成功。

```
D:\lzugis22\learn\docs\webgis-typhoon-code\typhoon-server>pm2 start app
[PM2] Applying action restartProcessId on app [app](ids: [ 0 ])
[PM2] [app](0) √
[PM2] Process successfully started
```

id	name	namespace	version	mode	pid	uptime	↺	status	cpu	mem	user	watching
0	app	default	1.0.0	fork	568	1s	225	online	65.7%	40.5mb	lzuni	disabled

```
[PM2][WARN] Current process list is not synchronized with saved list. Type 'pm2 save' to synchronize.
```

图 12-17　通过 pm2 完成后端部署

　　通过 pm2 启动的服务，服务启动后，可通过命令 pm2 stop [appname/appid] 停止服务，通过命令 pm2 show [appname/appid] 查看服务信息，通过命令 pm2 logs app [--lines 1000] 查看运行日志。

　　小课堂：

　　服务部署最初是以手动部署为主，经过一系列的发展，现阶段大多使用自动化部署方案。

　　手动部署的过程大概分为部署前准备、安装工具、安装 Web 服务器和部署测试等过程，这个过程复杂、漫长，而且常会由于各种各样的原因出错，以上任何一个环节出错都可能造成部署的失败。手动部署项目效率低下，且一个较大型的系统部署动辄就需要数小时的时间。随着项目体量的不断变大，部署更新频率变多，手动部署自然难以满足频繁部署的需要，自动化部署随之诞生。

　　自动化部署以持续构建和持续集成为主要特点，从开发人员提交代码开始，自动化构建、自动执行单元测试、自动更新上线的一系列任务就开始执行。自动化部署能够更好地降低人为操作失误的风险、减少手动反复操作步骤，并可以进行版本管控、增加系统部署的一致性与透明化，确保服务存活，保持每次更新都顺畅完成。

　　自动化部署是目前互联网系统部署的主要方式，一些稍大型的或公司级的系统，都会通过自动化方式进行部署。市面上可用的自动化部署工具也有很多，常见的如 GitLab、GitHub、Gitee、Jenkins、Docker、K8S 等，其中，GitLab、GitHub 和 Gitee 是用于版本控制的工具，Jenkins 是一个自动化构建工具，Docker 为一个快速部署环境的工具，K8S 是用于管理 Docker Container 的工具。一些公司也会自主研发自动化部署 DevOps 工具，像腾讯、阿里、字节跳动等，都有自己的自动化部署工具，用于公司内部的自动化项目部署发布。

　　自动化部署是目前推荐的部署方案，尤其是 GitHub、GitLab、Docker 等，都是免费开源的工具，可以降低很多部署成本，提高系统部署成功率和部署效率。

　　3. 服务访问

　　通过以上过程，系统成功进行了部署。访问服务中配置的地址，可以查看到所部署的功能。

以上是在本机环境中进行的部署，在部署完成后，可以通过 localhost（本机）进行访问。若服务部署在其他机器上，则需要通过域名或 IP 进行访问。如本章开发的系统，我们将它部署在腾讯云的测试服务器上，读者可以通过 https://lzugis.cn/webgis-book/typhoon 进行访问。

12.7 小结

本章通过一个全面而精炼的案例——"基于 Vue 的 WebGIS 台风预报系统"详尽阐述了 WebGIS 开发的全生命周期。案例从系统需求分析、数据架构设计、后端接口实现，到前端工程搭建、核心功能开发，直至最终的系统部署上线，每一步都力求展现 WebGIS 开发的精髓。此过程不仅使读者能够直观掌握 WebGIS 开发的完整流程，还通过实践进一步深化"基础篇"与"高级篇"中理论知识。

在功能实现方面，台风警戒线、实况路径、预报路径的展示，以及台风风圈的模拟，着重展现了 WebGIS 中矢量数据的高效展示与丰富的交互能力。雷达图与云图功能生动呈现了栅格图像在 WebGIS 中的创新应用，为气象数据的可视化提供了新的思路。此外，风速图和气压图通过图表化呈现，是 GIS 技术与其他第三方组件的组合使用，不仅直观呈现了复杂的气象业务逻辑，还深化了数据的分析维度，为用户提供了更为全面深入的洞察。

值得注意的是，WebGIS 与具体业务的融合远不止于此。其边界的拓展既受限于业务需求的多样性，也依赖于 Web、GIS 及 WebGIS 技术本身的不断进步。因此，要想充分发挥 WebGIS 的潜力，既需要深入洞察业务需求，也需要紧跟技术前沿，保持学习的热情与探索的勇气。在这个过程中，做到"用以促学，学以致用"。这是一条既充满挑战又极具价值的道路，期待与每一位读者携手共进。

参考资料